JN322152

原発避難白書

関西学院大学 災害復興制度研究所
東日本大震災支援全国ネットワーク(JCN)
福島の子どもたちを守る法律家ネットワーク(SAFLAN)
編

人文書院

■第4次航空機モニタリング
　から作成した地表1m高の
　空間線量率

注：第4次航空機モニタリングの実施期間は2011年10月22日〜11月5日。測定結果を2011年11月5日現在の値に換算。

地表面から1mの高さの空間線量率（μSv/h）
［2011年11月5日現在の値に換算］

- 19.0 <
- 9.5〜19.0
- 3.8〜9.5
- 1.9〜3.8
- 1.0〜1.9
- 0.5〜1.0
- 0.2〜0.5
- 0.1〜0.2
- ≦ 0.1

測定結果が得られていない範囲

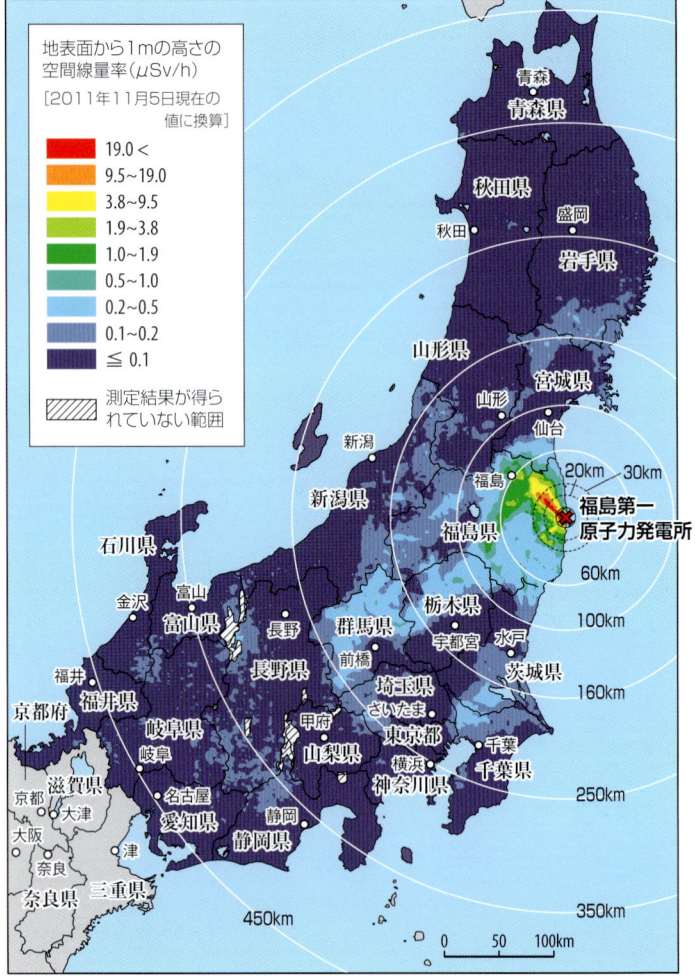

■ヨウ素131（ガス成分）
　の地表への沈着量シ
　ミュレーション（2011
　年6月14日時点での推
　計）

出所：*UNSCEAR 2013 Report*, ATTACHMENT C-10 より抜粋。

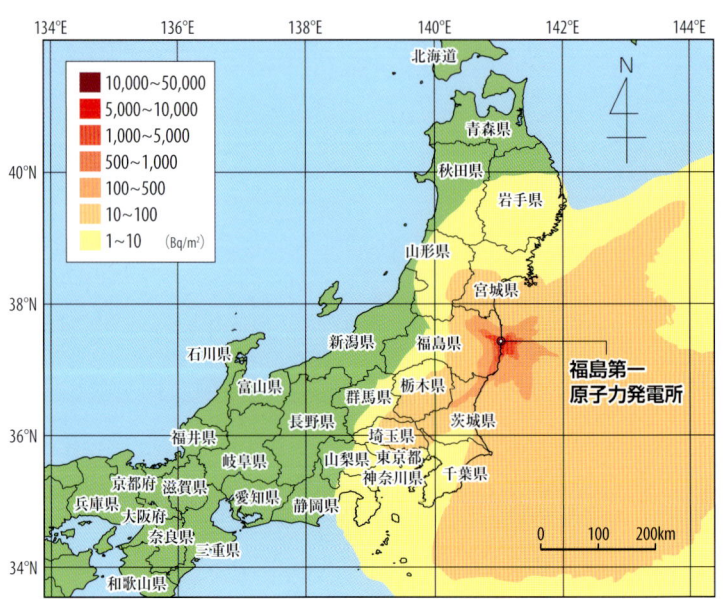

- 10,000〜50,000
- 5,000〜10,000
- 1,000〜5,000
- 500〜1,000
- 100〜500
- 10〜100
- 1〜10 （Bq/m²）

avoidance指示の変遷①

■避難指示区域と特定避難勧奨地点（2011年8月3日時点）

政府は2011年4月22日に警戒区域と計画的避難区域、緊急時避難準備区域を設定。その後、順次、特定避難勧奨地点を指定した。

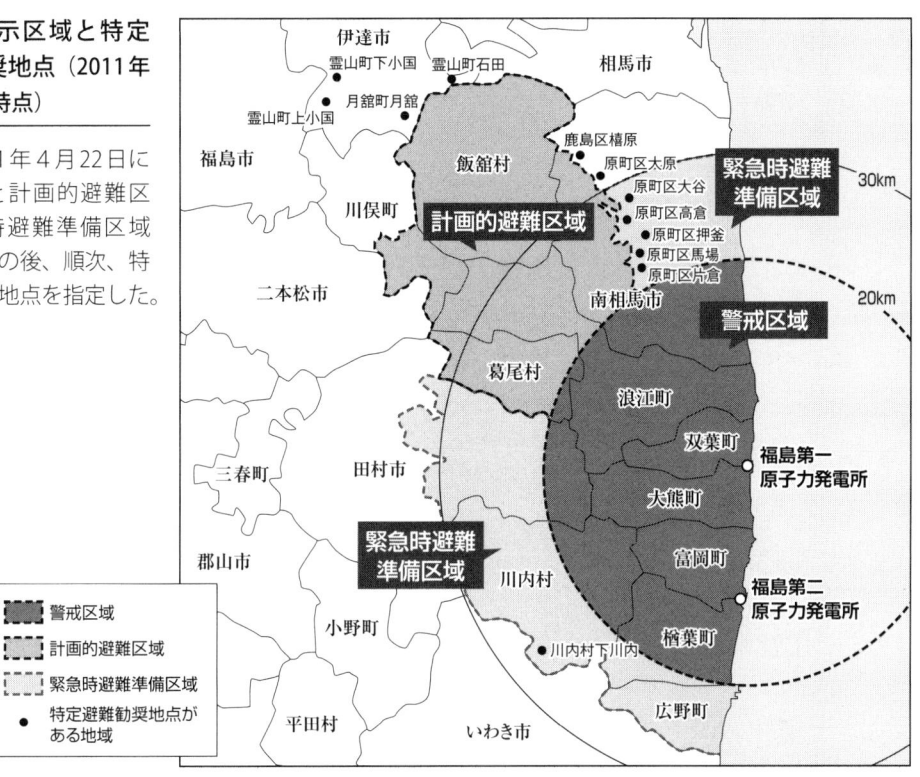

凡例：
- 警戒区域
- 計画的避難区域
- 緊急時避難準備区域
- ● 特定避難勧奨地点がある地域

■緊急時避難準備区域の解除（2011年9月30日時点）

警戒区域の外、福島第一原発から半径20〜30km圏内（いわき市を除く）にあたる緊急時避難準備区域を解除した。

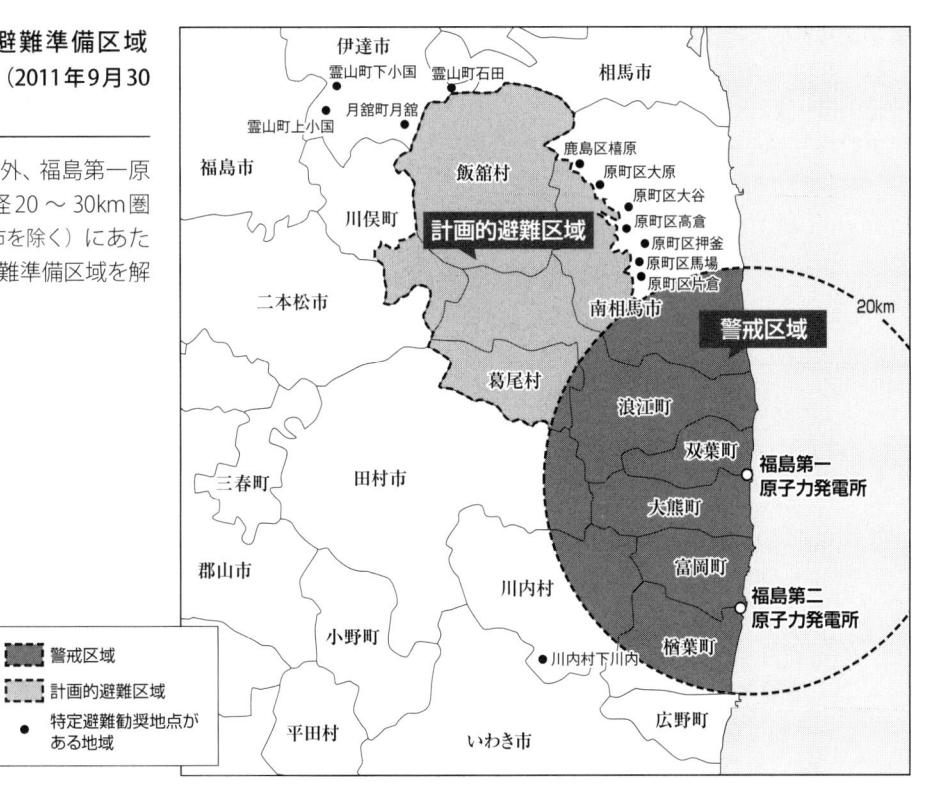

凡例：
- 警戒区域
- 計画的避難区域
- ● 特定避難勧奨地点がある地域

避難指示の変遷②

■ 警戒区域の解除と避難指示区域の再編（2012年4月16日時点）

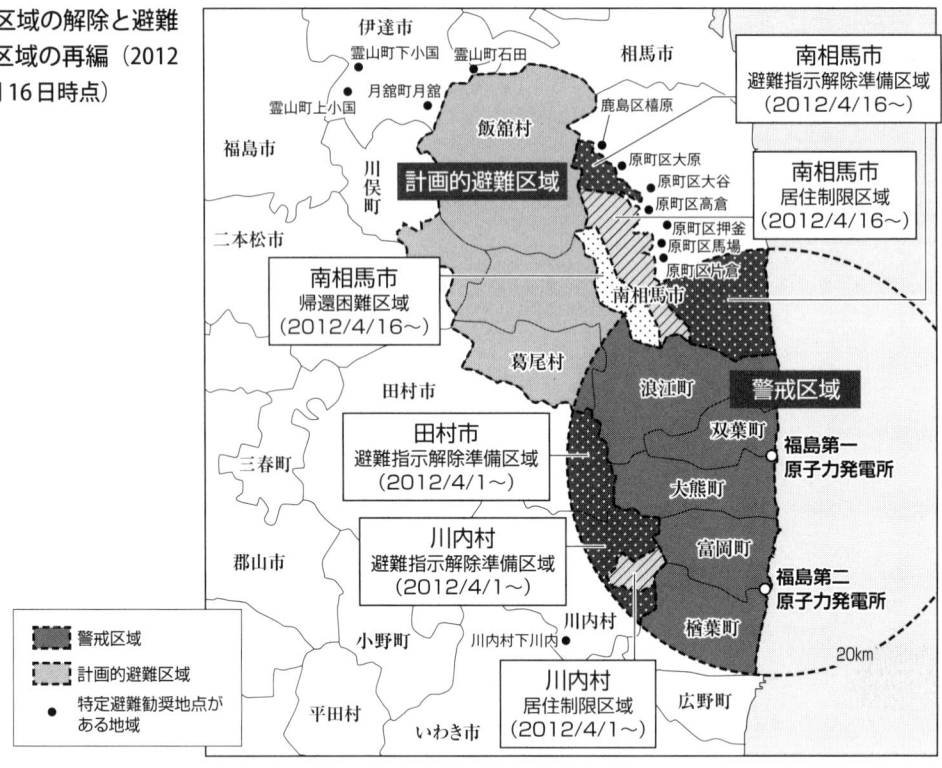

南相馬市 避難指示解除準備区域（2012/4/16～）
南相馬市 居住制限区域（2012/4/16～）
南相馬市 帰還困難区域（2012/4/16～）
田村市 避難指示解除準備区域（2012/4/1～）
川内村 避難指示解除準備区域（2012/4/1～）
川内村 居住制限区域（2012/4/1～）

計画的避難区域
警戒区域
福島第一原子力発電所
福島第二原子力発電所

凡例：
- 警戒区域
- 計画的避難区域
- 特定避難勧奨地点がある地域

■ 避難指示区域の解除開始（2014年10月1日時点／田村市と川内村の避難指示解除準備区域が解除済）

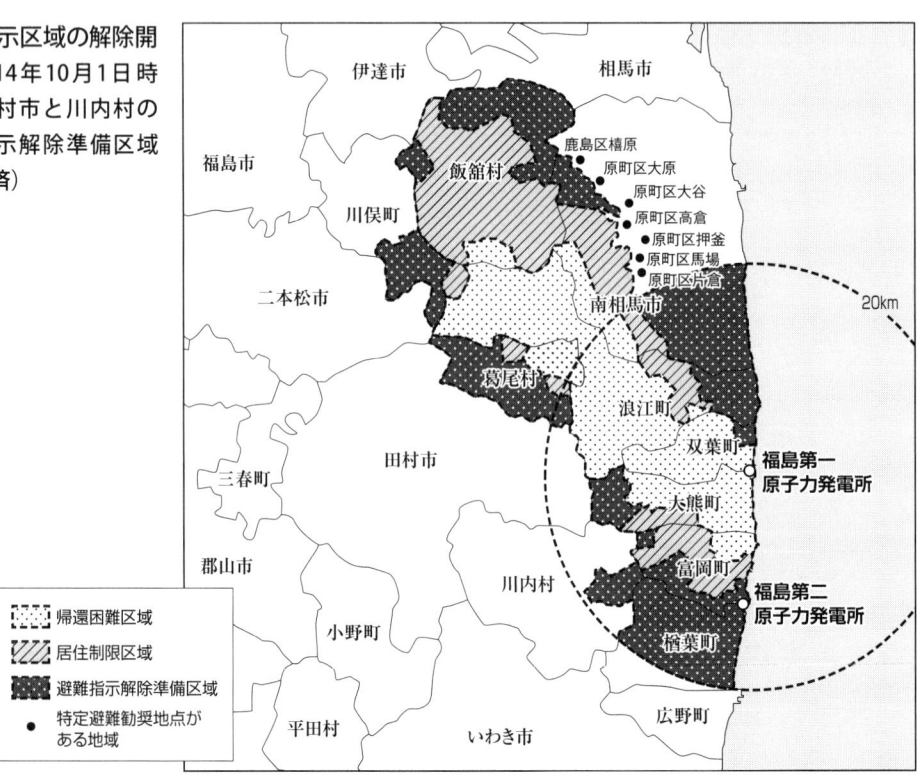

凡例：
- 帰還困難区域
- 居住制限区域
- 避難指示解除準備区域
- 特定避難勧奨地点がある地域

原発避難白書

目次

まえがき……………………………………………………………………木野龍逸・河﨑健一郎　11

I　避難者とは誰か

原発避難の全体像を捉える……………………………………河﨑健一郎　16

「原発避難」の全体像が見えない／原発避難を理解する上での三つの軸／線量基準をめぐる攻防／原発避難に対する損害賠償の現状

1　原発避難の発生と経過……………………………………日野行介　19

事故発生と避難指示／住民避難の開始／年間20mSvの避難指示基準／不満残った「避難勧奨地点」／自主避難者とは／不明な初期被ばくも影響／避難者への住宅支援／「収束宣言」と避難指示区域の再編／骨抜きの「子ども・被災者支援法」／進む避難指示の解除／避難の終了を迫る政府

2　不十分な実態把握…………………………………………日野行介　31

避難者を定義せずに人数を集計／東京都と埼玉県の集計制度に格差／取材過程で埼玉県が避難者数を倍増／原発事故が広域避難を生んだ／「原発避難者特例法」の対象は13市町村のみ／実態と乖離した復興庁のデータ／自主避難者を把握するルールを作らない国／「避難者とは誰か」の定義が支援への第一歩

3　賠償の全体像………………………………………………江口智子　36

はじめに／賠償についての法的根拠／原賠審が策定する指針の内容と意味合い／ADRセンターへの集団申し立てにおける賠償格差／被害実態に即した賠償を

4　賠償訴訟の全体像…………………………………………林　浩靖　44

はじめに／各地の提訴状況／当事者／責任の根拠／本件原発事故の特徴——損害をとらえる前提として／中間指針の限界——中間指針は裁判規範として妥当しないこと／現状と課題

II 避難元の状況

原発避難者の分類を考える ……………………………………………………… 福田健治 56
なぜ分類するのか／強制避難／自主避難／避難指示再編／東京電力からの賠償の支払い状況／本書が採用した7分類

A・B・C 地域　避難指示区域 ……………………………………………………… 江口智子 62

概況 …………………………………………………………………………………………… 62
A地域：帰還困難区域／B地域：居住制限区域／C地域：避難指示解除準備区域

支援施策 ……………………………………………………………………………………… 69

避難者が抱える困難 ………………………………………………………………………… 71

当事者へのヒアリング
- ①A地域 ── 双葉町／吉田俊秀さん　72
- ②A地域 ── 浪江町／篠原美陽子さん　74
- ③A地域 ── 飯舘村長泥地区／鴫原良友さん　76
- ④B地域 ── 富岡町／市村高志さん　78
- ⑤B地域 ── 飯舘村蕨平地区／菅野哲男さん　80
- ⑥C地域 ── 楢葉町／金井直子さん　82

D 地域　中間的区域 …………………………………………………………………… 江口智子 84

概況 …………………………………………………………………………………………… 84
D1地域：特定避難勧奨地点／D2：緊急時避難準備区域／D3：屋内退避区域／D4：南相馬市の一部の区域

支援施策 ……………………………………………………………………………………… 89

避難者が抱える困難 ………………………………………………………………………… 91

当事者へのヒアリング
- ①D1地域 ── 南相馬市原町区／林マキコさん　92
- ②D2地域 ── 南相馬市原町区／藤原保正さん　94
- ③D2地域 ── 田村市／熊本美彌子さん　96

E・F・G 地域　避難指示区域外 …………………………………………………… 福田健治 98

概況 …………………………………………………………………………………………… 98
E地域：自主的避難等対象区域／F地域：半額賠償区域／G地域：その他の地域

支援施策 ……………………………………………………………………………………… 102

避難者が抱える困難 ………………………………………………………………………… 105

当事者へのヒアリング
- ①E地域 ── 郡山市／宍戸慈さん　106
- ②E地域 ── 郡山市／磯貝潤子さん　108
- ③F地域 ── 白河市／都築啓子さん　110
- ④F地域 ── 宮城県丸森町／吉澤武志さん　112
- ⑤G地域 ── 栃木県那須塩原市／井川景子さん　114
- ⑥G地域 ── 東京都世田谷区／田代光一さん　116
- ⑦G地域 ── 千葉県流山市／後藤素子さん　118

● ヒアリングを終えて……………………………………………………福田健治　*120*
　── 原発事故が避難者にもたらしたもの
　　　奪われたもの／壊されたコミュニティ／区域外避難の苦しみ／苦しみを増幅する政
　　　府の施策／帰らない／闘いと新たなつながり

III 避難先の状況

● 避難先での支援の違いを知る………………………………橋本慎吾・津賀高幸　*124*
　　　避難者の状況／受け入れ支援の地域差／民間による取り組みの特徴と課題／今後の
　　　支援について／第III部の読み方

福島県…………………………………………………………………………………*129*

北海道・東北…………………………………………………………………………*131*

関　東…………………………………………………………………………………*136*

中　部…………………………………………………………………………………*144*

近　畿…………………………………………………………………………………*150*

中　国…………………………………………………………………………………*157*

四　国…………………………………………………………………………………*161*

九州・沖縄……………………………………………………………………………*163*

IV テーマ別論考

さまざまな視点から考える ……………………………… 河﨑健一郎 *170*

匿名の電話相談から見えてくるもの／自主避難とは何だったのか／きわめて不安定な避難者の住まいの確保／避難者支援の現状と立法的解決の試み

1 電話相談から見える複合的な問題① ……………………… 遠藤智子 *172*
――「よりそいホットライン」の事例から

被災者から寄せられる相談／原発避難に関する相談内容／広域避難者の現状とは／広域避難者の「居場所と出番」の確保が求められる

2 電話相談から見える複合的な問題② ……………………… 太田久美 *180*
――「チャイルドライン」の事例から

チャイルドラインについて／主訴ありで会話が成立した電話の割合の比較／2011年の子どもの声から／福島県発の電話の特徴（事柄・内容）と子どもの発した気持ち／子ども支援の動きは後回し？

3 自主避難者の社会的・心理的特性 ……………………… 高橋征仁 *186*
――放射線恐怖症という「誤解」

逃げられない災害としての原発事故――自主避難という決断の背景／自主避難者の社会的特性――地域と家族構成／メディアリテラシーとチェルノブイリ情報／自主避難者のパーソナリティと不安／「放射線恐怖症」という誤解

4 避難区域外の親子の原発事故後4年間の生活変化 ……… 成 元哲 *191*

5 分散避難・母子避難と家族 ……………………………… 原口弥生 *195*

同居率が高かった福島で、家族の分散避難が発生／分散避難が家族の形態を恒常的に変える／自主避難者の「自己責任」感が増大する懸念／絶望の社会から逃れる母子避難者たち

6 原発避難者の住まいをめぐる法制度の欠落 ……………… 津久井 進 *201*

住まいの社会的意義／原発避難者の置かれた状況／みなし仮設住宅と災害救助法／災害救助法の枠外／新たに期待する施策

7 「仮の町」から復興公営住宅へ……………………………町田徳丈 204

避難自治体の役場機能が各地に移転／役場・住宅・学校などが一体の「仮の町」／ニュータウン型に反発したいわき市／二重の住民票／復興公営住宅の整備へ／復興公営住宅のニーズのゆくえ

8 県外避難者支援の現状と課題……………………原田 峻・西城戸 誠 209
―― 埼玉県の事例から

福島県外における原発避難者支援を取り巻く困難／埼玉県における避難者支援の経緯と内容／支援の課題と今後の方向性

9 子ども・被災者支援法の成立と現状……………福田健治・河﨑健一郎 213

立法運動の高まりと子ども・被災者支援法の成立／子ども・被災者支援法の概要／放置された基本方針と骨抜きになる支援法／改めて問われる原発事故被害者の権利

10 チェルノブイリ原発事故「避難者」の定義と
避難者数の把握………………………………………………尾松 亮 218
―― ロシア・チェルノブイリ法の例を参考に

はじめに ―― 参考例としてのチェルノブイリ法／チェルノブイリ法における「避難者」の定義と類型／「避難・移住」の類型／避難者数の把握／汚染地域以外の地域からの避難、国外への避難／なぜ「原発事故避難者」の実態を把握する必要があるのか／「子ども・被災者支援法」に引き継がれるチェルノブイリ法の思想

Appendix1　原発避難をめぐる学術研究……………………原田 峻・西城戸 誠 227
―― 社会科学を中心として

原発避難に関する学術研究の概要捜索／避難者を対象にした研究／周辺自治体のコミュニティに関する研究／受け入れ地域の支援に関する研究／今後の方向性

Appendix2　原発避難関連文献一覧……………………………………原田 峻 233

*

あとがき………………………………………河﨑健一郎・松田曜子・栗田暢之 240

まえがき

木野龍逸・河﨑健一郎

原発避難の発生

　2011年3月11日に発生した東日本大震災は、東京電力福島第一原子力発電所からすべての交流電源を奪った。冷却機能を喪失した福島第一原発は、震災翌日の12日午後3時過ぎには1号機、14日には3号機の原子炉建屋が水素爆発を起こし、黒煙を天空に噴き上げる様子はテレビを通じて世界に伝えられた。3基の原発がメルトダウンするという、世界史上空前の原発事故の発生だった。

　「原発避難」が発生したのは事故の直後からだった。11日夕刻、最初の避難指示が出て、原発避難は始まった。翌12日未明以後は、原発周辺の自治体による大規模な避難誘導が行われた。

　さらに政府は4月22日、福島第一原発から20kmの範囲に居住制限などの強制力を持つ警戒区域を設定したほか、被ばく量が年間20mSv（ミリシーベルト）を超える地域に避難指示を出した。これらの避難者は「強制避難者」になる。

　しかし放射能汚染を危惧して避難したのは避難指示区域の住民だけではなかった。政府が正確な情報を出さない中で、避難指示区域の外からも数万人の人たちが日本全国に避難をした。こうした人たちは、自ら避難したという意味で「自主（的）避難者」あるいは「区域外避難者」と呼ばれる。

　だが、事故から1ヵ月半後に政府が公表した放射能汚染地図は、事故前の一般の被ばく限度だった年間1mSvを超える深刻な汚染が、政府の避難指示区域を越えて広がっている状況を描き出していた。

　このような状況で生まれた避難者を、自らの意思で避難した印象のある「自主避難」とすることには疑問がある。彼ら、彼女らは、避難せざるを得ない状況で避難したのである。本書では一般に呼称が定着していることから「自主避難者」と表記するが、こうした背景についても考慮していることを述べておきたい。

「原発避難」とは何か

　原発事故から4年半が経過したが、今なお原発避難は継続している。福島県が公表している避難者数は、2015年7月1日時点で県内に6万5300人、県外へは4万5395人の計11万人にのぼる。

　もっとも、この数字が状況を正確に捉えているとは言い難いのが現状だ。

避難者数は復興庁が毎月、全都道府県からの報告をもとに集計したものを公表している。福島県の数字は、この復興庁のデータを下敷きにしている。ところがこのほかにも、内閣府原子力被災者生活支援チームが推計した自主避難者数や、新潟県のように避難先の自治体が独自に集計した数字などがあり、これらは互いに関連性がない。政府は避難者の定義や集計方法を定めていないため、調査主体がそれぞれの判断で集計しているのである。

原発避難の特徴は、避難期間が長期に及ぶことと、避難が極めて広い地域にまたがることだ。放射能汚染がすぐには消えないうえに広範囲であるためだ。

長期の避難は被災者の生活や精神に重い負担をもたらし、広域避難は被災者の状況把握を困難にする。それだけに、まず避難者数という基本データを正確に捉えることが必要だ。

しかし政府はそれを避けているかのごとく情報の集約を怠っており、避難者数の推移を把握することさえままならないのが現状である。

政府が避難者の定義を定めないことにより、「原発避難」の存在は曖昧になり、被害の総体は覆い隠されていく。

避難者の全貌を明らかにする

一方、当事者やその支援団体、複数分野の研究者、マスコミなどは独力で実態調査を試みてきた。それでも多くは個別課題の抽出にとどまっており、原発事故に伴う避難の実態をマクロ・ミクロの両面から明らかにしたものはいまだにない。

長期にわたる被害の実像を明らかにするためには、避難者の実態把握が不可欠なはずだった。政策の対象となる人数すらわからないのに、的確な避難者の補償・救済・支援ができるだろうか。しかし国はいまも必要な実態把握を怠っている。加えて、原発政策を推進してきたという意味で加害者でもあるはずの国（行政）の側が、被害者の範囲や損害賠償の金額を決めるという現実。こうした理不尽が被害者に二重の苦難を与えているといえる。

本書の編者たちが抱いたこうした危機意識が、本白書の出発点になった。

本白書は、これまで原発避難者の支援に携わってきた支援者、弁護士、そして原発事故の調査を続けてきた研究者やジャーナリストらの民間有志で基礎資料を整備し、避難者が求めているものや現在の施策の問題点を明らかにすることで、問題の抜本的な解決に一歩でも近づくことを狙いとしている。

第Ⅰ部では、2011年3月11日の東日本大震災、福島第一原発事故によって原発避難がどのような状況で発生したのかを再確認するとともに、ジャーナリストの視点から、政府が「避難者とは誰か」という定義づけをしないことで被害実態を覆い隠そうとしている現状を明らかにする。さらに弁護士の視点で国が定めた賠償の全体像を俯瞰し現状との齟齬を浮き彫りにし、問題点を指摘する。併せて賠償訴訟の具体例を紹介することで、賠償問題への理解を深めていく。

第Ⅱ部では、弁護士たちの手で、複雑に入り組んだ地域ごとの賠償基準や支援策を整理し、地域ごとの課題を明確化した。加えて被災者へのヒアリングを通し、それぞれの地域住民が抱える問題を具体的に提示し、解決への道を探っている。

第Ⅲ部では支援団体のネットワークによって、原発避難者が居住する47都道府県における支援状況、避難者が置かれている状況を整理した。公平性を重んじる行政の姿勢とは裏腹に、どこに避難したかによって避難生活に大きな違いが出ている矛盾が見渡せるだろう。
　第Ⅳ部では、支援者・研究者・弁護士・ジャーナリストらの手によってさまざまな課題に対する考察をし、原発避難の問題を深掘りすることを狙った。
　電話相談を通した表に出てこない被災者の悩み、子どもの思いから見えるものは何か。自主避難者に対する「勝手に逃げた」という誤解はなぜ生まれたのか。自主避難者たちの生活、放射能に対する考え方は事故後の4年間でどのように変化していったのか。大家族がバラバラになる母子避難は、避難者にどのような精神的負担をもたらしているのか。これらの問題を生み出した政府の責任も指摘する。
　さらに、自治体が長期避難に対応するための「仮の町」構想を政府が否定した経緯を検証したほか、「原発事故子ども・被災者支援法」の現状分析と、法律から見る避難の権利を考察した。加えて、子ども・被災者支援法の元になった「チェルノブイリ法」の成立経緯などを通して、支援法に実効性を持たせるためにどうすればいいのかを考えた。
　他方、長期におよぶ原発避難を支援してきた中で明らかになった支援者側の問題についても検証し、必要な体制・施策について論じていった。
　最後に、原発事故に関する論文を社会科学の視点から分析し、支援を充実させるために求められる研究について論考した。

原発事故は終わったのか

　時間の経過とともに避難者数は漸減しているが、避難が発生した原因の根本にある原発事故は収束せず、広範囲に広がった放射能汚染は依然として人々を苦しめている。それにもかかわらず、政府や福島県は原発事故を乗り越えたかのような施策を数多く打ち出し、被災者の生命・財産を守るという行政の役目はどこかに置き去りにされている。
　現実に合わない施策は被災者をさらに苦しめるだけでなく、問題を復興のベールで覆うことで人々の目から隠し、問題の存在すら見えにくくしてしまっている。
　こうした中、政府は原発事故を早期に終結させようとする姿勢を鮮明にしてきた。
　2015年6月、政府は原発事故対応の基本方針となっている「原子力災害からの福島復興の加速に向けて」を改訂し、2016年度末で帰還困難区域を除く避難指示をすべて解除する方針を打ち出したのだ。その直後、福島県は自主避難者に対する住宅の無償提供を、同じく2016年度末で打ち切る方針を示した。
　さらに7月10日、復興庁は「原発事故・子ども被災者支援法」の基本方針の改定案を公表。現在は「避難指示区域以外の地域から避難する状況にはな」いため、支援対象を縮小することが適当であるとした。発表時の記者会見で竹下亘復興大臣は、避難指示区域の内外を問わず、「原則として帰っていただきたい」というのが福島県の思いであり、「それができるよう、復興庁としては最大の努力をする」と述べ、帰還の促進を強調した。被災者の切り捨てになることは明白

だった（なお基本方針の改定は、本書第Ⅰ部〜第Ⅳ部の本文執筆時には未発表だったため、記述していない）。

　しかし避難指示解除の基準は、年間 20mSv という極めて高い数値だ。汚染のレベルは半減期によって低下傾向にあるが、事故前の被ばく上限である年間 1mSv を超える地域は福島県にとどまらない。この実態を一顧だにしない政府の姿勢は、異なる状況に置かれた当事者間での無理解を増幅するという悪循環の要因にもなっている。それはいずれ、社会全体の無理解と対立にも波及するのではないだろうか。これもまた、原発事故による被害の一形態といえる。

　本書では「原発避難」といういまもなお続いている巨大な社会的事件について、可能な限りファクトを積み上げる形で描き出すことを心掛けた。

　本書が、政府によっていままさに切り捨てられようとしている原発避難者の方々のために、よりよい政策形成がなされるための基礎資料となることを願っている。

Ⅰ 避難者とは誰か

大熊町から見た福島第一原発。汚染水のタンクや大型クレーンが林立する様子が見える。手前の集落は中間貯蔵施設の予定地になっている。

［撮影：木野龍逸］

原発避難の全体像を捉える

河﨑健一郎（弁護士）

「原発避難」の全体像が見えない

　東京電力福島第一原子力発電所の事故により、多数の人々が避難を余儀なくされたことは広く知られている。しかしどれくらい多くの人々が、どのような経緯で避難を余儀なくされたのか、彼らはいまどのような状況に置かれているのか、そうした原発避難の全体像について正確に答えられる人は極めて少ない。

　これは原発避難という問題の地域的な広がり、時間的な継続、置かれた状況の複雑さを考えれば、やむを得ないこととも言える。しかし原発避難という問題の全体像が見えにくくなっていることが、この問題を社会全体が受け止め、より良く解決していく上での大きな障害となっていることは否めない。

　原発事故によって生じた被害には一定の際立った特徴がある。原発事故の被害はその大部分が目に見えないものであるということ。ことに低線量の放射線被ばくに伴う健康被害については、ある種の病気になる人の割合が上昇する可能性があるという確率的な表現しかできず、被害がつかみにくいこと。その影響が極めて広範囲に及び、災害救助の基本単位となっている自治体の範囲を超えてしまっていること。そして、その被災が現在に至るまで長期間継続し続けていることなどである。

　一方で、一口に「原発避難」と言っても、避難者の一人一人が置かれた状況によって、その内実は大きく異なる。多種多様な原発避難者の状況を可能な限り丁寧に掬い上げ、表現することが本書の大きな狙いである。第Ⅰ部では、詳細な分析に入る前に、原発避難という問題の全体像をおおまかに把握することを目的としたい。

原発避難を理解する上での三つの軸

　原発避難の全体像を理解する上では三つのポイントがある。
　「時系列」「線量基準をめぐる攻防」「損害賠償をめぐる攻防」である。順に見ていこう。
　一つ目のポイントは「時系列」である。原発事故発生以降の時系列で出来事を捉えることは、原発避難という問題がなぜ発生したのか、そしてどのような経緯を経て現在の状況に至っているのかを理解する上での必須の前提となる。政府は原発事故発生直後に原発からの距離のみを基準として同心円状の避難等の指示を出し、わずか数日の間にその範囲を半径30kmの範囲にまでに

広げた。これが、政府による最初の線引きであった。

　事故後1ヵ月ほど経って政府は、単純な距離のみの基準でなく、拡散した放射性物質による放射線被ばくの推定線量を加味した距離＋線量基準に線引きをし直した。原発からみて北西の方角に位置する飯舘村などが避難指示区域に含まれたのは、この見直しの際であった。以降、こうした政府による線引きが形を変えて生き続け、被害者の間に様々な分断を生じさせることになる。その後の避難指示の解除の過程もあわせて、政府による避難指示という名の線引きの経緯を時系列で把握することが、原発避難の全体像を捉えるための第一歩となる。

線量基準をめぐる攻防

　原発避難の全体像を理解する上での二つ目のポイントは、どの程度の被ばく線量までが許容されるのか、という被ばく線量をめぐる綱引きである。政府による避難区域の設定の具体的な基準は、「年間の被ばく線量20mSv（ミリシーベルト）」をもって設定された。なぜ年間の被ばく線量が20mSvに設定されたのか。政府の説明によれば、年間100mSv以下の線量では健康被害は確認されていない。そうした中、権威ある国際機関である国際放射線防護委員会（ICRP）の勧告が定める「緊急時被ばく状況」の参考線量20～100mSvのうち、最も低い水準をもって設定したのだ、というものであった。

　しかし、事故前の国の基準は、年間1mSvであった。すべての国内でのルールがこの1mSvを前提に設計されていた。これは科学的認識に基づいて社会的に決定されたルールだった。事故の前後を通じて急に科学的認識が変化することもないし、社会的に決定されたルールが変更される必要もない。20mSvを基準とした政府の方針は、その実質において放射線被ばくの許容基準を、何らの法的根拠なく引き上げるものであった。

　これに対して、学会からも、住民からも大きな反発が生じた。これが20mSv撤回運動である。これと軌を一にするかのように、政府指示による20mSv基準には満たないものの、1mSvを上回る地域からの避難者が大量に発生した。これがいわゆる区域外避難、あるいは「自主」避難の問題であった。

　この線量基準をめぐる攻防を抜きに、原発避難の全体像を捉えることはできない。

原発避難に対する損害賠償の現状

　原発避難の全体像を理解する上での三つ目のポイント。それは損害賠償をめぐる綱引きである。避難者に対する損害賠償は、通常の公害などの場合と異なり、裁判所における判決を待って国が基準を策定するのではなく、事故直後のかなり早い段階で国の審査会が一定の賠償基準を設定し、また、国の設置した裁判外紛争処理機関（原子力損害賠償紛争解決センター：ADRセンター）が、おおむねその賠償基準に基づいて賠償の支払いを仲介するという、特殊な展開をたどっている。

　こうした損害賠償の枠組み設定自体をめぐる綱引きや、賠償基準をめぐる攻防などが繰り返さ

I 避難者とは誰か

れてきた。こうした法的な視点からも、原発避難者の置かれた状況を把握する必要がある。

　ここで問題となるのが、損害賠償責任を負う主体、すなわち加害者は誰か、という点である。加害者は東京電力なのか、それとも国なのか。

　そもそも原子力発電を利用したエネルギー政策自体は国策であり、原発は国策で推進されてきた。しかし、原子力発電所そのものの所有の主体は各地の電力会社である。

　結論から言うならば、法的な意味での損害賠償責任を負うのは一義的には原子力事業者である東京電力ということになる。原子力損害賠償法にそのように定められているからである。したがって原発事故の被害者たる原発避難者がその失われた生活基盤や精神的苦痛を理由とした損害賠償請求を行う際には、その相手方は原発の所有者である東京電力という一民間企業となる。

　しかし、一民間企業の責任であるといっても、国策として原子力政策を推進してきた国の責任は問われなくてよいのだろうか。ここに、原発避難を含む原発賠償の根本的な複雑さが秘められている。

　第Ⅰ部の最後では、全国各地で次々に提起されている原発被害の損害賠償を求める裁判の現況も整理している。そうした訴訟の中には、東京電力の責任だけではなく、国の責任をも含めて損害賠償責任を問う訴訟も含まれている。

　法的に損害賠償責任を問うということは、何が被害かを明確にし、誰が加害者かを特定する作業に他ならない。そうした攻防の中で、原発事故被害の全体像が浮かび上がってくる点に注視していく必要がある。

1 原発避難の発生と経過

日野行介（毎日新聞記者）

事故発生と避難指示

　2011年3月11日に発生した福島第一原発事故は3回の水素爆発と2号機の格納容器損傷を伴い、大量の放射性物質が大気中に放出された。原子力災害が起き、事業者の通報を受けて首相が緊急事態宣言を発出すると、官邸に原子力災害対策本部、オフサイトセンターに現地対策本部を立ち上げる。現場に近い地方自治体が対応の責任を負う自然災害と異なり、国が対応の最終責任を負う形だ。

　菅直人首相（当時）は3月11日19時3分に緊急事態を宣言する。しかし最初に住民避難を指示したのは国ではなく福島県だった。20時50分に福島第一原発から半径2km圏内の住民に独自に避難を指示する。それから約30分後、政府は3km圏内に避難指示、10km圏内の屋内退避を指示する。だが避難指示は出たものの、自治体と住民への伝達は困難を極めた。

　国会事故調報告書によると、「翌12日朝（5時44分）に10km圏内に避難指示が出るまで、住民の原発事故に対する認知度は全般的に低かった」としている。防災行政無線が機能せず、地震と津波による通信器機の損壊が理由とされる。自然災害が絡まった複合型の原子力災害においては、事故前に作成していたマニュアルや訓練はまるで役立たなかった。

　さらに交流電源の喪失によって圧力や水位など原子炉内の状況が正確につかめず、冷却水の注入もなかなかできず、事態は悪化の一途をたどり、それに伴って避難指示区域も拡大していく。

　政府は12日18時25分、避難指示を20km圏内に拡大。さらに15日11時には半径20〜30km圏内の屋内退避を指示する。この避難指示区域の拡大は原子力防災の歴史を踏まえると興味深い。米国・スリーマイル原発事故（1979年）を受けて策定した原子力防災指針は防災対策を実施する区域を原発から半径8〜10kmとしてきた。放射性物質が気流に乗って拡散した旧ソ連・チェルノブイリ原発事故の教訓から、見直しを求める指摘は常に上がっていたが、国は聞き入れなかった。区域を拡大すれば、対策費用もかさむうえ、自治体をまたげば増設や再稼働にあたって地元同意を得るのが困難になる。こうして現実離れした指針は温存されていた。

　しかし日本初の過酷事故（シビアアクシデント）の発生で避難指示区域はあっけなく想定を超えて拡大した。事前に作成した指針も、1日で収束することを想定した訓練も、現実の過酷事故では何ら役に立たなかった。

　政府事故調査委員会の調書によると、枝野幸男官房長官（当時）は「20キロで本当に大丈夫なのかということについて、誰も明確なことは言ってくれない。一方で、30キロなら30キロまで

逃がさないといけないのか、専門家は誰も明確に言ってくれなかった」と供述している。

住民避難の開始

　国会事故調報告書や政府事故調の報告書によると、政府から自治体への避難指示の伝達には大きな問題があった。政府、あるいは県から自治体への避難指示の連絡を受けた自治体は、双葉町、大熊町、田村市のみで、富岡町や楢葉町、浪江町などは連絡を受けていないか、連絡を受ける前に報道等の情報をもとに自らの判断で住民に対して避難指示を出していた。

　また避難に際して政府は避難用のバスを手配したものの、自治体への割り振りがうまくいかず、ほとんどの自治体では独自に用意したバスや、自家用車での避難になった。地震によって道路が破損していたことも重なり、避難時には大規模な渋滞が発生した。

　それでも、国会事故調報告書によれば避難指示が出てから数時間後には、双葉町・大熊町・富岡町の住民の80〜90％が避難を開始していたとされる。しかし政府が3月23日までSPEEDI（緊急時迅速放射能影響予測ネットワークシステム）の推計結果を公表せず、放射性プルームが流れた原発の北西方向に住民を避難させた自治体もあり、後々まで禍根を残すことになった。

　さらに、また3kmから10km、10kmから20km、20kmから30km（屋内退避）へと段階的に政府の避難指示が出されたことについて「不必要に被ばくさせた」「多数回の避難をさせた」との批判も上がったが、これに対して原子力安全委員会の班目春樹委員長（当時）は「一気に避難指示区域を拡大すれば道路が渋滞してかえって避難が遅れる」と反論している（国会事故調報告書から）。

　20〜30km圏の「屋内退避」をめぐっても大きな混乱が生じた。当然だが、屋内退避は短期間を想定した措置だ。しかし結果的には、枝野幸男官房長官（当時）が3月25日に自主避難を要請するまで10日間も続いた。国会事故調報告書は「避難を住民の判断に委ねるという対応をしたものであり、政府は国民の生命、身体の安全の確保という国家の責務を放棄したと言わざるを得ない」と厳しく批判している。

年間20mSvの避難指示基準

　政府は2011年4月22日、福島第一原発から半径20km以内を災害対策基本法などに基づく警戒区域に設定し、原則として立ち入りを禁止した。3月中旬以降、避難指示が出ていた区域に立ち入って自宅からモノを運び出す住民が増えていたことへの対応が主な目的だった（政府事故調中間報告書）。

　同時に政府は、半径20〜30kmの地域、およびSPEEDIによって放射能汚染が深刻であることが明確になっていた福島第一原発から北西方向の地域を「計画的避難区域」と、「緊急時避難準備区域」に指定した。計画的避難区域については、1ヵ月程度の間に当該区域外への立ち退きを指示した。緊急時避難準備区域は、引き続き居住はできるが、緊急時にすぐに避難できるよう準備しておくことなどを指示した。この計画的避難区域の指定に際して、政府が新たに採用した基準が、今でも事故による被ばくをめぐる議論の中心となっている「年間20mSv」だ。

原発作業員など放射線作業従事者を除く一般人の被ばくについて、法令などは「年間1mSv」を超えないよう国に義務づけている。しかし、実際に原発事故が起きた場合に、避難指示を出す線量基準をどのように設定するのか。実は事故前から問われていた課題だった。

　国際放射線防護委員会（ICRP）は2007年勧告で、原発事故が発生した直後の「緊急時被ばく状況」、緊急事態が収束したものの放射性物質が存在し続けている「現存被ばく状況」の概念を示し、それぞれ「20～100mSv」「1～20mSv」という参考レベルの範囲から年間被ばく線量を決

表1-1　避難指示および解除に関する経緯

2011年	3月11日	19時3分　原子力緊急事態宣言
		20時50分　福島県、福島第一原発から半径2kmに避難指示
		21時20分　政府、半径3kmに避難指示、10kmに屋内退避を指示
	3月12日	5時44分　政府、半径10km避難指示
		18時25分　政府、避難指示を20kmに拡大
	3月15日	政府、半径20～30kmに屋内退避を指示
	4月19日	文科省、校舎と校庭の利用について基準を年間20mSvにすると発表
	4月22日	政府、「警戒区域」「計画的避難区域」「緊急時避難準備区域」を指定
	5月27日	文科省、校庭利用の基準について年間1mSvを目指す方針に変更
	6月16日	政府、特定避難勧奨地点の指定を発表（最終的に260世帯が指定）
	9月30日	政府、緊急時避難準備区域を解除
	12月15日	「低線量被ばくのリスク管理に関するワーキンググループ」が報告書で年間20mSv以下での避難指示解除を妥当と位置づけ
	12月16日	野田首相、冷温停止状態の達成で原発事故の「収束」を宣言
	12月26日	政府、避難指示区域を「帰還困難区域」「居住制限区域」「避難指示解除準備区域」に再編する方針を発表
2012年	4月1日	政府、田村市・川内村の避難区域を再編
	4月16日	政府、南相馬市の避難区域を再編
	7月17日	政府、飯舘村の避難区域を再編
	8月10日	政府、楢葉町の避難区域を再編
	12月10日	政府、大熊町の避難区域を再編
	12月14日	政府、伊達市・川内村の特定避難勧奨地点を解除
2013年	3月22日	政府、葛尾村の避難区域を再編
	3月25日	政府、富岡町の避難区域を再編
	4月1日	政府、浪江町の避難区域を再編
	5月28日	政府、双葉町の避難区域を再編
	8月8日	政府、川俣町の避難区域を再編
	11月11日	「帰還に向けた安全・安心対策に関する検討チーム」、個人線量計での被ばく管理により年間20mSvを下回る地域の避難指示解除を妥当と結論づけ
2014年	4月1日	政府、田村市の避難指示を解除
	10月1日	政府、川内村のうち避難指示解除準備区域を解除
	12月28日	政府、南相馬市の特定避難勧奨地点を解除

めるよう求めている。

　100mSv以下のいわゆる低線量被ばくで、基準を設定するうえで根拠になる数字は少ない。「年間1mSv（公衆被ばく限度）」「年間5mSv（放射線管理区域＝3ヵ月1.3mSvが上限で年間だと5.2mSv）」の2つと、ICRP勧告が示した「年間20mSv」の3つだけと言ってよい。

　この中で政府が新たな避難指示基準に選んだのは、「年間20mSv」だった。原発から20km以遠で、年間の累積被ばく線量が20mSvに達する恐れがある地域を「計画的避難区域」に設定したのだった。具体的には原発から北西の方向にあたる浪江町、葛尾村、川俣町山木屋地区、南相馬市と、飯舘村の全域だった。

　それでは、なぜ年間20mSvになったのか。船橋洋一著『カウントダウン・メルトダウン』（文藝春秋）など事故発生直後の首相官邸を記した一連の著作によると、年間10mSvにすれば福島県は全域が事実上避難区域になり、復興も事故対応も難しくなるとして、年間20mSvになったとされている。

　政府は「緊急時被ばく状況の参考レベルのうち最も厳しい年間20mSvを選んだ」と説明してきた。しかし「高すぎる」との反発は当時から上がっていた。特に注目を集めたのが、小佐古敏荘東京大学教授による内閣官房参与の辞任会見（4月29日）だった。小佐古氏は、文部科学省が4月19日に小中学校の屋外活動を制限する線量限度を年間20mSvにしたことについて、「年間20mSv近く被ばくするのは原発の業務従事者でも少ない。この数値を子どもに求めるのは受け入れがたい」と涙ながらに訴えた。この影響は大きく、福島県内の母親たちを中心に反対運動が起き、文科省は5月に「年間1mSv以下を目指す」と修正した。この1件は、「年間20mSv」の数字が大きな関心を集めるきっかけになり、後々まで大きな影響を与えた。

不満残った「避難勧奨地点」

　原発からの距離（半径20km）に年間20mSvの線量基準を加えて複雑に設定された避難指示基準だったが、すぐに綻びが明らかになる。20km以遠で計画的避難区域にならなかった地域で、年間20mSvを超えると推定される地点、いわゆる「ホットスポット」が次々と判明したのだ。放射性物質は原発からの距離に応じて正確に降り注ぐわけではないし、自治体の境界で止まるわけでもない。こうした問題が起きるのは当然と言えた。

　政府は2011年6月16日、こうした地点を「特定避難勧奨地点」に指定すると発表した。これは「地域的な広がりはない」として地域単位での一律的な避難指示はしないものの、線量調査の結果に基づき世帯単位で指定するもので、指定された世帯は賠償（精神的損害）も支払われ、避難先で応急仮設住宅の供与を受けられる。特定避難勧奨地点は最終的に伊達市、南相馬市、川内村の計260地点、282世帯が指定された。実質的には避難指示と違いがないが、その法的根拠は乏しく、明らかに「苦肉の策」と言える。指定されなかった被災者からは「線量が高いのに」「計測がおかしい」などと反発も出て、地域内に疑心暗鬼とあつれきを生んだ。

　さらに深刻な不信を引き起こしたのが、特定避難勧奨地点に指定されなかった福島市のケースだ。福島第一原発の北西方向にある福島市南東部の渡利、小倉寺地区では、原発から約60kmも

離れているにもかかわらず線量の上昇が見られ、住民の間で特定避難勧奨地点への指定を求める意見が強まった。これを受けて、国は線量調査を実施し、一部に基準を上回った地点があったが、特定避難勧奨地点に指定しない方針を決定した。2011年10月9日付の毎日新聞朝刊福島版によると、8日にあった住民説明会では、「伊達市や南相馬ではここより低い線量でも指定されている」「避難の可否を選択させてほしい」などと反発の声が相次いだとしている。避難指示をめぐるこの間の経緯は深刻な行政不信を生み、その後の自主避難者の増加や、市長選での現職候補の大敗（2013年11月）につながった。

自主避難者とは

　国による避難指示区域の外から避難した人々は一般に「自主避難者」と言われる。一方、避難指示区域内の場合は「強制避難者」となる。その表現は自主的、つまり自らの意思で避難したとの意味合いを含む。しかし前述したとおり、政府が避難指示基準を年間20mSvに設定した妥当性については批判も根強い。また、この原稿を書いている2015年2月時点で、政府がすでに避難指示を解除した地域もある。それでも避難を継続していれば「自主避難」と同じ扱いになる。そうした意味では、「区域外避難者」の方が正確な表現に思えるが、すでに定着した感もあり、ここでは「自主避難者」としたい。

　自主避難者の態様はさまざまだ。数日〜数週間の短期間だけ子どもを連れて遠隔地のホテルや親類宅に避難したケースから、事故から約4年近く避難を続けているケースもある。また福島県内だけではなく関東圏から西日本、海外に避難したケースもある。

　自主避難を続けるかどうかを決めるターニングポイントになるのは、避難先での住宅確保と子どもの進学だろう。後で詳しく述べるが、災害救助法が適用された地域からの避難者は自主避難でも応急仮設住宅（みなし仮設住宅）が無償供与された（一部に埼玉県など自主避難者の入居を制限した自治体もある）。それもあって、山形県や新潟県など福島の隣接県のほか、首都圏の各地や北海道や愛知県などの遠隔地にいたるまで全国に避難者が広がる状況が生まれた。また、子どもを連れている場合に、就学や進学のタイミングで避難を継続するか判断を迫られるが、避難先での進学を選んだ場合には卒業までの避難継続を望むことになる。

　東京電力による賠償も含めた経済的な支援において、強制避難者との格差はきわめて大きい。国の原子力損害賠償紛争審査会（原賠審）は2011年12月、一律で一人8万円（18歳以下と妊婦は40万円、避難した場合は20万円増額）という指針を示した。しかも対象地域は福島県内の23市町村だけだ（滞在者も含む）。自主避難者の支援を目的に議員立法で作られた「原発事故子ども・被災者支援法」（2012年6月成立）がほとんど機能していないこともあり、自主避難者に対する公的な支援はほぼみなし仮設住宅の供与に限られている。

不明な初期被ばくも影響

　自主避難者の増加や長期化の背景として、国や県など行政による放射線量の評価に対して被災者の信頼が失われている点も見逃せない。チェルノブイリ原発事故後に、国際保健機関（WHO）などの国際機関は被ばくによる住民の健康被害として小児甲状腺がんだけを認めた。そのため子どもの甲状腺がんに関心が集まっている。

　ところが甲状腺がんを引き起こすとされる放射性ヨウ素の半減期はわずか8日で、放射性セシウムを中心にした現状の線量分布図とは直接重ならない。甲状腺がんと放射性物質の因果関係を調べるうえで、事故発生直後の被ばく調査（モニタリング）が重要になる。しかし福島原発事故では国の原子力対策本部が2011年3月23〜30日、飯舘村、川俣町、いわき市の3自治体で1080人の子どもを調べたに過ぎない。

　放射性ヨウ素による甲状腺被ばくの解明が不十分にもかかわらず、福島県が実施する甲状腺検査で見つかった100人を超える小児がん患者（疑い例含む）について、国や県は「被ばくとの因果関係は考えられない」との見解を崩していない。当初は「チェルノブイリでは事故後4〜5年後に患者が急増した」として、一巡目の検査で見つかったがん患者について「被ばくとの因果関係は考えられない」と主張していた。しかし二巡目の検査で患者が見つかり始めても主張を変えていない。どのような状態なら因果関係を認めるのかが示されないのでは、「結論ありき」との疑念を抱かれても仕方があるまい。

　そうした中で国や福島県は「リスクコミュニケーション」と言って安全・安心キャンペーンを強める。しかし、かえって子ども連れの避難者に対し「子どもに何があっても国は因果関係を認めないのでは」との印象を与え、特に自主避難問題をより潜在化、複雑化する結果になっている。

避難者への住宅支援

　避難した人々はどこに住むことになるのか。ビッグパレットふくしま（福島県郡山市）やさいたまスーパーアリーナ（さいたま市）などの広い体育館で、避難者たちが段ボールの上に毛布を敷いて休んでいる光景が印象に残っていよう。

　こうした施設は災害救助法で「避難所」と呼ばれ、厚生労働省の告示では避難所の開設期間を「原則7日間」としている。双葉町からの避難者が3年近く生活し続けた埼玉県立旧騎西高校はかなり特殊なケースと言える。

　避難所から自宅に戻ることができない場合には「応急仮設住宅」が無償提供される。こうした災害救助の枠組みを決めたのが「災害救助法」だ。わずか34の条文からなる災害救助法は、都道府県知事の責任で救助に当たり、国が財政面で支援することや、避難所や応急仮設住宅の提供のほか、食事や医療など大まかな救助の中身を定めている。

　今回の東日本大震災と福島第一原発事故において、2011年3月11〜24日にかけて10都県で災害救助法が適用された。災害救助法は主に地震や台風などの自然災害を想定している。放射線災害についてはJCO臨界事故（1999年）でも適用されたが、いずれにしても県境をまたいで避難

する県外避難者が生まれるような大規模な震災とそれに伴う原発事故を想定しているわけではない。

特に被害の大きい岩手・宮城の両県と、津波に加えて原発事故のあった福島の被災3県はその全域が適用対象になった。つまり政府による避難指示区域の内外に関わりなく、対象区域からの避難者に対して応急仮設住宅を提供する法的な根拠が発生したのだ。

厚労省は3月19日から5月30日にかけて、災害救助法の弾力運用を指示する通知計8本を各都道府県に出していく。

3月19日の通知では「地域の実情に応じ、民間賃貸住宅、空き家の借り上げにより設置することも差し支えない」とした。さらに3月25日の通知では、被災地以外の都道府県が避難者を受け入れるため、公営住宅を応急仮設住宅（みなし仮設）とした場合も国庫負担の対象になると判断。積極的に被災者を受け入れるよう促した。

中でも4月4日に出された通知（その5）は興味深い。避難者が福島第一原発周辺地域からかどうかに関係なく全額を被災県に求償（最大9割を国庫負担）できると示した。

繰り返すが、政府が避難指示基準を年間20mSvに定めたのは4月22日だ。福島県全域に災害救助法を適用した3月17日よりも1ヵ月以上も遅いが、線量に基づく避難指示基準の設定前から自主避難者の取り扱いに困っていたのがうかがえる。国は当初、強制か自主かに関係なく避難者に住宅を提供するよう求めていたのだ。

地震と津波による被害が大きかった岩手・宮城・福島の3県に建設されたプレハブや木造の応急仮設住宅のほか、民間賃貸住宅や公営住宅などを借り上げた応急仮設住宅、いわゆる「みなし仮設住宅」に次々と避難者が入居していった。ところで福島県は自主避難者について県内の応急仮設住宅への入居を認めなかった。福島県の担当者は「強制避難者（区域内避難者）の入居を優先した」と説明している。

災害救助法の解釈において、応急仮設住宅はその名称どおりあくまでも応急的な住宅とされ、その供与期間は原則2年間だが、激甚な災害の場合は「特定非常災害特別措置法」に基づき、さらに1年ごとの延長が可能だ。当初の2年間という期間はプレハブ住宅の耐久性を根拠にしているが、現在のプレハブ住宅はかなり頑丈に造られているうえ、今回の震災ではさらに頑丈な木造の仮設住宅も多く導入された。また、みなし仮設住宅であれば、プレハブの耐久性に合わせて一律の期間を設ける意味はない。

しかし政府は東日本大震災と福島第一原発事故でも従来の枠組みを堅持している。つまり1年ごとの延長を繰り返しており、避難者、特に賠償や政府による支援策の乏しい自主避難者からは「これでは先の計画を立てられない」と不満も出ている。

数日とか数週間という短期間で自宅に戻れるのであれば従来どおりのやり方で問題はないだろう。しかし放射線災害は年単位、十年単位で続く。その影響がいつ終わるのかは明確ではない。帰還の見通しを立てるのは困難だ。自主避難者のほか、避難指示解除によって仮に法的には戻れるとしても、放射性物質がなくなるわけではない。被ばくを少しでも減らすために戻りたくないと思うのも当然であろう。避難をいつ終えるのか、見通しを立てるのすら難しいまま長期化している。

福島県は2012年11月、圏外でのみなし仮設住宅の新規供与を年内で停止し、併せて対象から

外れていた県内の自主避難者の一部に家賃を補助すると発表した。停止の理由について、福島県は「帰還する傾向が強まっている」としたが、根拠は示さなかった。帰還する人が増えたから新規を停止するという論理は雑に思えるし、そもそも県内自主避難者にみなし仮設住宅を供与していなかったのは福島県の判断だ。これ以上の県民流出を防ぐのが主な目的なのは明らかであり、みなし仮設の供与を早く止めたい国とも思惑が一致したというのが実状だろう。

余談になるが、福島県は停止に先立つ2012年7月、福島県内の市町村ごとの避難者数と、新規受け入れ数、帰還者数を答えるよう求める照会文書を各都道府県に送っていた。「帰還傾向が強まっている」とした説明の根拠はこの調査結果だ。

しかし福島県は調査結果はおろか、調査の実施自体も明らかにしなかった。私は2013年末になって別の取材から調査の存在を察知。担当した県避難者支援課を取材し、計約4時間に及ぶ押し問答の末にようやく報告書などの開示を受けた。

詳しくは次の論文で説明するが、避難者数の正確な把握方法を国は示しておらず、避難先の自治体によってバラバラなままだ。また打ち切りの根拠とした福島県への帰還者数についても、避難先自治体がみなし仮設からの転居先をすべて把握しているわけではない。調査結果を見ると、例えば手厚い避難者支援で知られる山形県でも帰還248件に対して、不明が136件となっている。

つまり不正確な調査を隠したまま、結果の一部を都合よく使ったというほかない。調査を公表しなかった理由について、県の担当者は「内部での検討用だった。隠したつもりはない」と話した。それにしても、新規供与の停止という重大な意思決定の根拠とする調査を公表しないのは行政として許されるのだろうか。仮に公表していれば調査の正確性や妥当性を問われる。結論ありきのアンフェアな姿勢と言わざるを得ない。

「収束宣言」と避難指示区域の再編

事故発生から半年ほど経った2011年夏ごろから早くも避難指示の解除に向けた動きが出始める。まず原子力安全委員会は2011年8月、解除の要件について、「年間20mSvを下回り、除染によって長期的には年間1mSvを目指すこと」という「最低条件」を示した。

そして政府が進めたのは除染だった。放射性物質が付着した地表面をはぎ取り、線量を下げることで避難指示区域の解除を進める狙いがある。除染の枠組みを決めるうえでの大きな課題は、対象範囲の設定と除染廃棄物の保管・処分だ。対象範囲について、細野豪志・原発事故担当相（当時）を中心に年間5mSvを基準に対象区域を決める案で検討を進めた。しかし、この案が報道されると激しい反発が起き、政府は2011年10月、除染の基準を年間1mSv以上にすることを決めた。11市町村にまたがる避難指示区域は「除染特別地域」として政府直轄で、それ以外の地域は「汚染状況重点調査地域」として市町村が実施し、国が財政支援する枠組みだ。除染の費用負担について、放射性物質汚染対処特別措置法は、原因者である東電が最終的に費用を負担すると規定している。

対象範囲を決めるうえで、線量基準と同様に議論を呼んだのが山林の取り扱いだ。環境省は2012年7月、山林の除染をしないことを決定する。これについては反対を退けたものの、除染の

実効性に対して被災者の疑念を強める結果になった。

　政府が次に打った手は専門家の「お墨付き」だ。政府は2011年11月、放射線の専門家9人で構成する「低線量被ばくのリスク管理に関するワーキンググループ」（低線量WG）を設置。12月15日までに8回もの会合を開いた。急いでまとめた報告書は、除染によって長期的に年間1mSvを目指すことを前提に年間20mSvでの避難指示解除を妥当と結論づけた。つまり原子力安全委員会が示した「最低条件」をそのまま解除の要件として認めたといえる。しかし除染による線量の低減効果は不透明なうえ、「長期的」とされる目標時期は具体的に定めていない。結局のところ、緊急時の避難基準だったはずの年間20mSvがそのまま解除の基準になり、年間1mSvという本来の被ばく限度を実質的に空文化したとも言える。

　ところでチェルノブイリ原発事故（1986年）では、5年かけて年間100mSvから年間20mSvまで段階的に避難指示基準を下げていき、1991年に年間5mSv（移住義務）と年間1mSv（移住選択）を柱とするチェルノブイリ法を作成している。

　低線量WGの結論を受けて、野田佳彦首相（当時）は2011年12月16日、福島第一原発は冷温停止状態になったとして事故収束を宣言する。いわゆる「収束宣言」だ。

　収束宣言を経て、政府は原発避難を新たな段階に移すことになる。それが「避難指示区域の再編」だった。原発から半径20kmの警戒区域と、事故後に決めた年間20mSvの線量基準に基づく計画的避難区域を、線量に応じて▽避難指示解除準備区域（年間20mSv以下）▽居住制限区域（年間20mSv超〜年間50mSv以下）▽帰還困難区域（年間50mSv超）——の3区域に再編するもので、最終的な避難指示の解除に向けた中間段階といえる位置づけだ。「緊急時避難準備区域」は、2011年9月30日付で解除していた。

　収束宣言からわずか10日後の原子力災害対策本部会議で、野田首相は市町村ごとに同意を得て避難指示区域の再編を進めていく方針を示した。それにしても低線量WGの集中開催に加え、最終会合翌日の収束宣言、その10日後の避難指示区域再編の開始宣言という一連の経過を見ると、2012年から避難指示区域再編に着手するための「手続き」として、低線量WGでの議論や収束宣言が位置づけられているのが容易にうかがえる。「結論ありき」「スケジュールありき」と受け止められても仕方あるまい。

　政府は当初、2011年度中の再編完了を目指していた。しかし除染によって年間1mSvを達成できなくても避難指示が解除され、賠償金（精神的賠償）も打ち切られて実質的に帰還を強制されることになりかねないと、避難者の間には不安が広がった。また自治体側も区分による避難者の不平等を考慮し、当初は消極姿勢を示していたが、避難指示が解除されなければ自治体としての存立基盤が危うくなり、地域の復興が遅れかねない。双葉町の井戸川克隆前町長（2013年2月に辞任）のように最後まで強い抵抗を示す首長もいたが、被災者の不安を押し切る形で再編は進められ、2013年8月の川俣町をもって再編は完了した。

骨抜きの「子ども・被災者支援法」

　自主避難者の支援を目的にした「子ども・被災者支援法」は2012年6月に全会一致で成立した。

同法は、避難指示区域外で一定の線量以上の地域を「支援対象地域」と定め、自主避難者のほか、その地域の滞在者や帰還者も含めて政府が医療や生活支援するよう求めた法律だ。チェルノブイリ原発事故の被災者支援を定めた、いわゆる「チェルノブイリ法」を参考に作られた。

しかし支援法は、自主避難者支援のあり方をまとめた理念法（プログラム法とも言う）にとどまり、対象地域の設定や具体的な支援施策をまとめた基本方針の作成は復興庁に委ねられた。

民主党から自公への政権交代（2012年12月）もあったが、復興庁は約1年2ヵ月もの間、基本方針を示さなかった。その間に、基本方針の作成を担当していた水野靖久参事官（当時）による「暴言ツイッター」問題が発覚。支援法を作成した国会議員や支援団体を主に中傷していたことから、支援法に対する復興庁全体の消極姿勢が表れたと受け止められた。

復興庁は2013年8月30日、参院選（7月21日）の終了を待っていたように、突如として基本方針案を発表した。支援対象を決める基準線量は設けず、支援対象地域を福島県内33市町村に限定した。また盛り込まれた全119施策のうち、自主避難者向けの施策は4件だけだった。

最も期待された住宅支援については「一般公営住宅の入居円滑化」だけが盛り込まれた。これは住宅困窮や収入などで厳しく制限されている応募条件を自主避難者向けに緩和するというものだが、公営住宅法の改正はせず、地方自治体に対して明確に条例改正も求めないことから、新たに避難を希望する人の受け皿として実効性は疑問だ。2014年1〜2月に実施したパブリックコメント（パブコメ）にもわずか2件の意見しか寄せられなかった。2014年10月から運用が開始されたが、周知もほとんどなく、応募に必要な書類の発行は開始から半年間でわずか50件にとどまる。

進む避難指示の解除

2013年8月に避難指示区域の再編が完了すると、解除に向けた動きが本格化していく。原子力規制委員会は8月28日、「帰還に向けた安全・安心対策に関する検討チーム」の設置を明らかにした。

設置に至るまでに、規制委のほか、環境省（除染）、経済産業省（避難指示）、復興庁（支援法）という線量基準が関わる省庁が半年間にわたり秘密裏に集まって検討を続けてきた。当初は年間1mSvの被ばく限度の変更を検討したが、最終的に断念。検討チームを設置した段階で、年間20mSvを下回った地域の避難指示を解除していく「青写真」はできていた。結論としては避難指示区域の再編に先立って開かれた低線量WGと同じだが、解除を目指す地域の除染はほぼ完了しており、「除染によって長期的に年間1mSvを目指す」という論法を再び前面に押し出すのは難しい。代わって押し出したのが新型の個人線量計だった。経産省所管の独立行政法人「産業技術総合研究所」などが事故後に開発した新型の個人線量計は、1年以上も電池交換をせずに稼働するうえ、専用のソフトを入れたパソコンにつなぐと1時間ごとの被ばく線量が表示されるため、線量の高い「ホットスポット」を把握し、これを避けることで被ばくを低減できるとの論法だ。

検討チームは11月11日までに計4回の会合を開き、個人線量計によって被ばく低減を図ることで年間20mSvを下回る地域の避難指示解除を妥当と結論づけた。しかし空間線量から個人線量への移行は被ばく線量の「自己管理」を意味する。限度を超えた被ばくをさせないよう事業者

に義務づける考え方の転換になる。わずか4回の専門家会合だけで決められるものだったか疑問だ。

この直前の11月8日、自民、公明の両党は帰還困難区域の住民に対する移住支援などを盛り込んだ復興加速化提言（第3次）を示した。これを受けて、政府も12月20日、移住を決めた避難者に対して新たな住宅確保費用などの賠償上乗せを含む復興加速指針を示した。

2013年末で避難指示解除に向けた「手続き」がすべて整い、政府は2014年から避難指示の解除を進めた。2014年4月1日に田村市都路地区、10月1日に川内村東部の避難指示を解除した。しかし、いずれの地区でも「まだ早い」「線量が下がっていない」と避難者から強い反発が挙がったため、いったんは解除予定を延期したものの、最終的には政府が押し切る形で解除した。楢葉町では2015年4月から解除に向けた準備宿泊に入った。

避難の終了を迫る政府

正確な人数は不明だが、2015年6月時点でも11万人を超える福島県からの原発避難者を、政府はどうするつもりなのか。2015年春以降、その方向性は明白になってきた。

自民、公明の両党は5月29日、安倍晋三首相に福島復興加速化に向けた提言、いわゆる第5次提言を提出した。これに基づき、政府も6月12日に福島復興の指針を改定した。

ところで与党が提言し、直後に政府が方針を決定するという流れは2013年11～12月の第3次提言と復興指針と同じだ。第3次提言については、復興庁や経済産業省の担当幹部たちが深く関与していたことがすでに明らかになっている。被災者の反発を抑えるため、与党による政策提言の形を取ったとも言われている。

第5次提言はこれまでよりも被災者の「自立」を前面に押し出し、被災者、避難者でいることを終えるよう迫る厳しい内容になった。「避難指示の解除は「戻りたい」と考えている住民の帰還を可能にする復興に向けた一歩」と位置づけ、17年3月末までに「避難指示解除準備区域」だけではなく「居住制限区域」まで避難指示を解除するよう求めた。また解除の時期に関係なく、18年3月末まで月10万円の精神的損害の賠償を支払うよう東電に求めた。精神的損害の賠償が解除の1年後に打ち切られる現状の仕組みを踏まえ、今後の解除に対する被災者の強い反発を抑える目的があると見られる。

また福島県の応急仮設住宅（みなし仮設住宅を含む）については、「原子力事故災害の特性を踏まえ」て、避難指示区域の内外で提供期間を分けるよう求めた。これを受けて、福島県の内堀雅雄知事は6月15日、自主避難者とすでに避難指示が解除された地域からの避難者については17年3月末で住宅提供を打ち切る方針を示した。福島県は合わせて、▽低所得者向けの民間賃貸住宅の補助▽公営住宅の確保――などの代替策を検討するとしたが、中身については「あと2年弱の間に考える」（県担当者）と不透明だ。

そもそも福島県などが県内に整備している復興公営住宅への入居や不動産賠償による住宅購入（移住）などのメニューは基本的に帰還が困難な地域からの被災者に限られており、その他の避難者は帰還を前提としたメニューしかない。

表1-2 「原子力災害からの福島復興の加速に向けて」改訂のポイント
(2015年6月12日　原子力災害対策本部が決定)

1. 早期帰還支援の例
- 避難指示解除準備区域と居住制限区域は、遅くとも2017年3月までに避難指示を解除できるよう、環境整備を進める
- 解除時期にかかわらず、事故から6年後の解除と同等の精神的損害賠償を支払う（すでに解除されている川内村、田村市も同様）

2. 新生活支援の例
- 復興拠点の迅速な整備に向けた支援策の柔軟活用
- 帰還困難区域の復興拠点で、区域の見直し等を早急に検討する
- 福島イノベーション・コースト構想を具体化する
- 福島12市町村の将来像を2017年夏に策定する
- JR常磐線の早期の全線開通

3. 事業や生業、生活の再建および自立に向けた取り組みの拡充例
- 自立支援策を実施する新たな主体を官民合同で創設
- 事業の再建、自立や雇用確保、人材確保、風評被害対策、販路開拓などの支援
- 自立支援策を実施する2年間は、営業損害や風評被害への賠償に適切に対応することなどについて、国が東電を指導する

4. より安定的で持続的な事故収束に向けた対応例
- スピードよりリスクを重視した対応や目標工程の明確化、情報公開などを実施

改訂にあたっての、政府の現状認識
「福島の復興・再生は着実な進展を見せている」

田村市、川内村で避難指示を解除したほか、特定避難勧奨地点がすべて解除されたこと、常磐自動車道が全通し国道6号線の一般通行が再開したこと、田村市・川内村・楢葉町などで面的除染が終了したこと、中間貯蔵施設への搬入が地元に受け入れられたこと、福島第一原発ではロボットによる格納容器内部の状況把握等が進んだことなどから、復興が進んでいるという認識を示す。

　「収入」と「住まい」は避難生活を支える基盤であり、失えば避難生活を続けるのは難しい。その両方を終えるということは、行政がそれ以降の「避難」は認めないと宣言するに等しい。
　自然災害と異なる原発事故による被害の特性は、放射性物質による広域で長期の影響と、事故を引き起こした原因者の存在に他ならない。
　この原発事故において、政府が一方的に事故対応の期間を6年間と決め、「自立」を被災者に迫る構図は正しいのだろうか。政府は事故に対する責任をあいまいにしたまま、事故後に引き上げた被ばく限度（年間20mSv）に基づき、放射性物質が残る被災地への帰還か、自力による生活再建を求めているのだ。
　「被災者に寄り添う」。この震災と原発事故後に幾度となく耳にした言葉だ。復興に関わる政治家や官僚たちも被災者の前で口にしてきた。本当に寄り添うというのなら、この理不尽を正面から考える想像力、共感力こそが必要なのではないか。

2 不十分な実態把握

日野行介（毎日新聞記者）

避難者を定義せずに人数を集計

　東日本大震災と福島第一原発事故による避難者の人数については、復興庁が毎月1回、全都道府県からの報告を集計して公表している。2015年4月28日に公表した同月16日時点の調査結果によると、全国の避難者は21万9618人で、いわゆる「被災3県」の避難者は宮城県が6万7510人、福島県が6万9208人、岩手県が2万8482人となっている。この調査はあくまで各都道府県内で避難している避難者数を集計しており、県外への避難者は避難先の都道府県で集計している。

　関東地方にいる避難者の数は3万1539人に上る。発表資料に避難元の都道府県は記載されていないが、欄外に「自県外に避難等している者の数は、福島県から4万6170人、宮城県から7055人、岩手県から1557人となっている」という記載がある。これだけでも福島県から、つまり原発事故に伴う広域避難者が多いことがうかがえる。避難者の人数は支援策を考える最も基本的なデータであり、正確であることが求められる。まずはどの程度正確なのか検証していきたい。

　この調査は、内閣府被災者生活支援チームと総務省消防庁が2011年5月に全都道府県に依頼した「震災による避難者の避難場所別人数調査」を復興庁が引き継いで実施しているものだ。調査依頼書はわずか2枚で、▽学校や体育館など▽公営住宅など▽民間賃貸住宅――など避難場所の形態ごとの人数と、避難元の都道府県ごと（福島県の場合は双葉郡8町村と南相馬市、田村市からの避難者とそれ以外）の人数を報告するよう求めたものだ。どのような人を避難者として数えるのか、避難者の定義や具体的な集計方法の記載はない。学校や体育館などの記載からも、緊急事態で逃げた人々を把握する趣旨の調査であることがうかがえる。

　驚くのは、震災と原発事故から4年が過ぎたにもかかわらず、調査方法にほとんど変更がなく、ほぼそのままの状態で続けられていることだ。つまり避難者の定義や集計方法は今も示されないまま、都道府県がそれぞれ独自の集計方法でまとめて報告しているのである。

東京都と埼玉県の集計制度に格差

　復興庁が発表する避難者数は正確なのか、さらに実態に迫るため、まずは比較的詳細な内容を公表している東京都の発表資料を分析した。東京都は避難者の総数だけではなく、区市町村ごとの数とそれぞれ避難元の都道府県（岩手／宮城／福島／その他）ごとの人数を公表している。さらに応急仮設住宅（みなし仮設）に住む避難者数も区市町村ごとに公表している。

9月11日時点の調査結果によると、東京都の全避難者数7659人のうち、福島県からの避難者は6261人と8割以上を占める。また都営住宅や民間借り上げなどのみなし仮設に住むのは3697人と半分以下に過ぎず、自費もしくは親戚知人宅に住むなど住宅支援を受けていない避難者が多いことがうかがえる。東京都は調査方法も詳細だ。毎月1回、東京都内の応急仮設住宅(みなし仮設)に住む避難者の名簿を各区市町村に送付し、各区市町村が独自に確認している避難者を足し合わせて都に人数を報告する。

同じ関東地方で避難者も多い埼玉県は「正確な把握が難しい」として、事実上みなし仮設に住む避難者のみを避難者数として復興庁に報告していた。これに対して、避難者を支援している『福玉便り』編集部は「支援している感覚として、この避難者数は少なすぎる」として、独自に県内全63市町村に避難者数を照会したところ、▽6770人（2013年2月）▽5885人（2014年1月）──となり、いずれも同時期の県報告分の約2倍に上った。調査結果は『福玉便り』編集部に掲載してきたほか、一部全国紙が埼玉版で報道したが、埼玉県はそれでも集計方法を見直さなかった。

取材過程で埼玉県が避難者数を倍増

私は2014年5月以降、埼玉県庁内でみなし仮設を担当する住宅課や、避難者数の調査を担当する消防防災課などに取材を続けた。住宅課から提供を受けた県の資料によると、県が提供したみなし仮設に住む避難者2063人のうち区域外からの避難者（自主避難者）はわずか403人（2014年6月12日現在）。福島県双葉町が事故直後、旧騎西高校（埼玉県加須市）に役場と避難所を移しており、埼玉県は強制避難者が比較的多いとも考えられるが、それでもなおバランスを欠いたものに思え、集計されていない自主避難者は多いと見込んだ。

消防防災課は同年7月、私の指摘を受け、従来は実施していなかった全63市町村に避難者数を照会した。みなし仮設に住む避難者に限定せず、現在も在住が確認できる避難者数を報告するよう市町村に求めた。最終的な調査結果は約2ヵ月後に明らかになった。6月12日現在の避難者数2640人に対して、8月14日現在の避難者数は5639人。避難者数は一気に2倍以上に膨れあがった。

膨れあがった理由は2つある。一つめは、被災3県が県外で用意した雇用促進住宅やUR住宅に住む避難者を集計から外していたことだ。復興庁は2012年5月、こうした住宅に住む避難者数を情報提供するので集計に含めるよう文書で通知した。しかし情報提供が3ヵ月に1回であることを理由に、埼玉県は集計に含めてこなかった。「ルーティンの業務になっていた」（消防防災課課長）と釈明するように、調査の目的意識そのものが薄れていたと言わざるをえない。

もう一つは、大方の予想どおり、住宅支援を受けていない避難者が多かったことだ。消防防災課の発表によると、従来の集計に含まれていなかったのは、▽「自ら民間賃貸住宅を借りて避難した人」が1148人▽「避難先（の住居形態）の分類は不明だが、上下水道の減免や郵便物の到着状況などで市町村が確認している人」が1149人──となっている。埼玉県は事故直後、みなし仮設への自主避難者の入居を一部制限しており、長期間にわたって集計から漏れていた避難者は多くが自主避難者と見られる。

私の取材に対して、埼玉県内市町村の担当者たちは「照会もされなかったし、避難者のフォロー（把握）はできていない。なぜ突然に……」と戸惑いの声を漏らした。最低限のデータである人数すらわからないとは、避難者の把握自体ができていない実状を意味している。
　私は毎日新聞2014年8月4日朝刊で避難者の人数集計の方法すら都道府県ごとにバラバラで、把握がおぼつかない実状を取り上げた。報道を受けて、復興庁は同日中に、避難者を極力把握するよう求める事務連絡を各都道府県に送った。また埼玉県と同様に集計していた神奈川県も2015年2月に2138人増えて、4174人とした。しかしこれでは根本的な解決とは言えない。

原発事故が広域避難を生んだ

　原発事故における避難者の実態把握、もっと厳密に言えば、所在確認が難しいのにはいくつかの理由がある。まず自治体をまたぐ広域避難が多いことだ。地震や火災、台風などであれば県境をまたぐような広域避難の必要性は乏しいことを考えると、広域避難は広範囲に放射性物質が拡散した原発事故特有の現象なのだ。
　事故直後の3月17日までに福島県全域は災害救助法の対象地域になった。対象地域からの避難者にみなし仮設が供与されることもあり、福島県内でも人口の多い福島市や郡山市、いわき市からの自主避難者が首都圏や新潟県、山形県を中心に広がった。こうして、避難指示区域内からの避難者（強制避難者）を受け入れた自治体、地域から、区域外避難者（自主避難者）が県外に広域避難するという複雑な状況が生まれた。
　さらに放射線量が下がらず、帰還か移住か先を見通せない将来不安が把握を難しくしている。避難者たちの多くは、健康調査や医療、福祉などの各種行政サービスから漏れることを懸念し、事故から4年が経っても住民票を避難元に残している。「移住ではなくあくまで避難だ」「好きこのんで避難しているわけではない」という意識も作用している。
　国は事故直後の早い段階から所在確認の重要性、そして難しさを認識していた。
　片山善博総務相（当時）の指示で、総務省は2011年4月、「全国避難者情報システム」の運用を開始した。避難者が避難先の自治体で住所や連絡先などの情報を提供すると、都道府県を経由してメールで避難元の自治体に伝えるシステムだ。しかし提供は任意のため、帰還や転居などの動きに対応できず、すぐに実態とのかい離が指摘されるようになる。それでも自治体にとってシステムの登録情報は貴重な基礎資料であり、教育や水道料金の減免などの行政サービスや広報の不着などでフォローを続けていくのが一般的だ。結局のところ、避難者の把握は末端行政である市町村に委ねられており、自治体の態勢や意欲によって大きな差がついているのが実状だ。

「原発避難者特例法」の対象は13市町村のみ

　総務省が提出した「原発避難者特例法」が2011年8月5日に全会一致で成立している。制定のきっかけは、片山総務相が同年5月に福島県を訪問した際、全住民が避難している飯舘村の菅野典雄村長から村民が住民票を移さなくとも避難先で堂々と暮らせるよう求められたことだったと

いう。放射線量が高く、近い将来の帰還が見えない中で自治体そのものを維持する狙いもあっただろう。このため特例法では、避難者が住民票を避難元に残したまま、従来並みの住民サービスを受けることができるようになっている。

同法に基づき、受け入れている避難者の人数に応じた事務経費（一人あたり4万2000円）が特別交付税として避難先の自治体に支払われている。そのためには避難者の人数を把握する必要があり、避難先の住所と連絡先などの届け出を避難者に義務づけている（避難者情報システムへの情報提供も届け出とみなす）。しかし対象地域は避難指示区域を中心とする福島県内13市町村に限定され、避難指示が出されなかったいわき市は含まれている一方、同様に自主避難者が多い福島市や郡山市などの中通りは対象から外れている。

ところで同法の付則は将来的な対象拡大に含みを持たせており、片山総務相も成立時の国会審議で拡大に前向きな姿勢を示している。しかし、菅直人内閣の総辞職に伴って片山総務相が退任すると総務省は事実上、原発事故対応から手を引いた。その後、国会で一部野党議員から拡大を求める意見も出されたが、総務省は「福島県から大きな支障は聞いていない」として応じず、対象は13市町村のままだ。このため福島市や郡山市からの自主避難者は特例法上の避難者として数えられておらず、避難先に住民票を移していない場合に行政サービスを受ける法的な裏付けがないのが現状だ。

実態と乖離した復興庁のデータ

福島県は3ヵ月に1回、対象13市町村に届け出た避難者数を総務省に報告しており、避難先の自治体も特例法上の避難者を把握している。それでは、特例法上の避難者がどのぐらいいるのか調べたところ、数は公表されていなかった。私の取材に対して、福島県市町村行政課は2014年6月、対象13市町村別に避難先の県内市町村と都道府県ごとの人数をまとめた一覧表を提供した。これによると、2014年4月1日時点での避難者数は8万8801人、このうち県内は6万1997人だ。

いくつか興味深い点があった。まずは双葉町や大熊町など全住民が避難した自治体ではほぼ全員の避難先を把握している点だ。自治体の維持にかける執念がうかがえる。

もう一つは県外避難者の都道府県別の人数だ。13市町村から埼玉県への避難者数は3477人で、同時期の復興庁発表（2640人）を上回っていたのだ。福島市や郡山市などからの自主避難者も含む復興庁発表を13市町村からの避難者が上回っているのは明らかな矛盾だ。消防防災課の担当者は「特例法の避難者数は別の課に届いていた。うちは知らなかった」と釈明した。埼玉以外に逆転している都道府県はなかったが、復興庁の発表数が実態と乖離している証拠とも言えた。

自主避難者を把握するルールを作らない国

これまでに▽全国避難者情報システム▽応急仮設住宅▽全国避難者数調査▽原発避難者特例法──と居住地や人数など避難者についての最低限の情報を把握する国の仕組みを紹介してきた。

全国避難者情報システムと全国避難者数調査は事故直後に急ごしらえに作られたもので、関係者間では不正確であることが半ば常識になっている。一方、特例法は避難者の届け出が義務化さ

れているうえ、把握にかける避難元自治体の熱意は強く、システムに比べれば実態との乖離は明らかに小さい。しかし対象が13市町村に限定されており、それ以外の自治体からの自主避難者は把握されない。また応急仮設住宅に住んでいれば、基本的に住所や連絡先、家族関係まで正確に把握されるが、これも自費で住宅を買ったり、借りたりした場合は漏れてしまう。

　ところで原発避難者特例法は、住民票を移さない場合に限って帰還する意思があるとみなし、「避難者」と認める仕組みになっている。一方、復興庁の避難者数調査や応急仮設住宅では帰還の意思を厳密に考慮していない。復興庁の調査にいたっては避難者数を把握するのが目的にもかかわらず、住民票を移動した避難者をどう扱うかすら明示していない。

　こうしてみると、避難指示区域の内外を問わず統一したルールで網羅的に避難者を把握する仕組みがないことに驚く。特に大きな「穴」になっているのが、避難指示区域外からの自主避難者だ。仮に特例法の対象地域外から出て、応急仮設住宅に住んでいない避難者であれば、自らの意思で避難者情報システムに情報提供し、自治体によるフォローを受けなければ「避難者」として認識されない。さらにたとえ「避難者」として数えられたとしても、原発避難者特例法に基づく行政サービスを受ける法的な裏付けもない。応急仮設住宅にも住んでいないのだから、法的な支援をまったく受けていないに等しい。埼玉の事例はそうした避難者が珍しくないことを示している。言うまでもないが、避難者支援の前提は正確な状況把握にある。この国が避難者、特に自主避難者を支援する気が本当にあるのか疑わしく思える。

「避難者とは誰か」の定義が支援への第一歩

　それにしても、統一したルールで網羅的に避難者を把握するための調査をしない理由は明らかにされていない。私が「なぜ詳細な調査をしなかったのか」と尋ねて関係者を回ったところ、復興庁の元幹部が「正確な調査をするには避難者の定義を定めて、オープンに調査をするしかない。しかし、それをやれば「なぜ、この基準なんだ」と批判を受ける」と明かした。

　政府は事故直後、年間20mSvを避難指示に設定した。緊急時だけの基準かと思いきや、野田佳彦首相（当時）による「収束宣言」（2011年12月）に伴い避難地域の再編が始まり、20 mSvが唯一の基準として固定化した。しかし法令などが定める一般人の被ばく限度は年間1mSvだ。これは原発事故が起きても1mSvを超える被ばくを国民にさせないという国の責務に他ならない。

　「なぜ被ばくを強要されなければいけないのか」「この程度の線量なら健康影響は考えられない」――。事故発生から4年間にわたって線量基準をめぐってかみあわない論争が繰り広げられてきた。突き詰めて考えれば、線量基準とは被災者（被害者）を分けるラインであり、国が負うべき責任の有無を分けるラインでもある。

　「避難者とは誰か」を決める作業とは、線量基準と同様に、被災者（被害者）を決め、責任の有無を決める作業だ。その作業を怠るのは政府としての責任回避に他ならない。埼玉県の事例は、その存在すら認められず、国の支援を受けていない避難者の存在を浮き彫りにした。ただ事故の責任を曖昧にするため、不条理を被災者だけに押しつけるなど許されるはずもない。

3 賠償の全体像

江口智子（弁護士）

はじめに

　今回の事故の特徴は、放射性物質の拡散による被害が大規模であり、また、人々の生活だけでなく農業や漁業などの事業活動にも被害を与えてきわめて多様な損害が広範囲に発生しているということにある。そのため、多くの人に迅速に賠償をするという観点から、国によって多数の基準が策定された。賠償基準は被害者に対する迅速な賠償に資するものであったが、その一方で、賠償基準の差が、福島第一原発事故の被害者に分断をもたらし、また、事故から4年経った今でも人々の避難行動に大きな影響をもたらしている。

　そこで、本節では、原発事故による損害賠償制度の全体像について俯瞰する。

賠償についての法的根拠

　損害賠償とは、交通事故のように、加害者が被害者に対して事故によって生じた損害を賠償することである。交通事故など契約関係にない当事者間で発生した損害については、民法709条の不法行為に基づく損害賠償が適用される。しかし、原発事故により生じた被害については、「原子力損害の賠償に関する法律」（原賠法）に基づいて賠償されている。原賠法は、民法の不法行為の特則と位置づけられている。

　原賠法の特徴は、①原子力事業者が原子力損害を与えた時には賠償責任を負い、原子力事業者の過失を要件としない「無過失責任」の原則をとっていること、②事故を起こした原子力事業者以外は賠償責任を負わないという「責任集中」の原則をとっていること、③原子力損害の賠償の範囲について文部科学省に原子力損害賠償紛争審査会（以下「原賠審」）を設置して被害者と加害者の紛争の「解決に資する一般的な指針」を策定すること、という3点にある。

　今回の原発事故でも、後述のとおり、原賠審により多数の指針が策定され、加害者である東京電力がその指針の内容を反映した賠償を行っている。

賠償手続

　今回の原発事故の被害者が、東京電力に損害賠償を請求する手続きとしては、以下の3つの手段がある。

　①東京電力への直接請求：被害者が東京電力に対して、直接、損害の支払いを請求することで

ある。被害者が簡易・迅速に支払いを受けることができる利点はあるが、東京電力が認めた限度でしか賠償金が支払われない。

②原子力損害賠償紛争解決センターへの申し立て：原子力損害賠償紛争解決センター（以下「ADRセンター」）は、今回の原発事故の賠償請求に関する紛争を裁判外で解決することを目的として原賠審のもとに設置された紛争解決機関である。

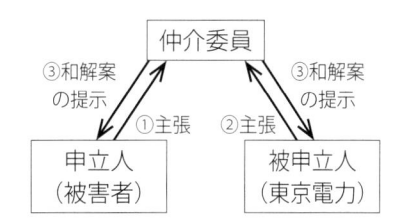

- ①申立人の主張、②被申立人の主張（反論）は、面談や書面で行う。
- 仲介委員が双方の言い分を聞いて、③和解案を提示する。

図3-1　原子力損害賠償紛争解決センターの手続き

ADRセンターでは、仲介委員が、中立・公正な立場に立ち、被害者と東京電力双方の主張を踏まえたうえで、和解の仲介手続きを行う。東京電力は、新・総合特別事業計画の中で、仲介委員が提示する和解案の尊重を誓約しており、直接請求で支払いを受け付けていない損害についても、和解案で認められれば支払いに応じる。ただし、後述のように東京電力が支払いを拒絶する事例もあるため、東京電力にのみ和解案に拘束力を持たせる等の措置が求められている。

③裁判所への訴訟提起：後述のとおり、現在、全国各地で国や東京電力に対して損害賠償を求める訴訟が提起されている。原発事故の損害を東京電力に強制的に支払わせる手段として有効であるが、最終的な解決までに数年は要するため、迅速な被害救済を図るという意味では必ずしも十分であるとはいえない。

原賠審が策定する指針の内容と意味合い

東京電力による損害賠償の範囲は、原発事故と損害との間に「相当因果関係」が認められるか否かによって判断される。つまり、社会通念上、原発事故から発生するのが「合理的かつ相当」であると判断される範囲の損害が賠償の対象となる。

原賠法では、原賠審が損害の範囲の判定等に資する「一般的な指針」を策定することが定められている。

この指針は、「原子力損害に該当する蓋然性の高いものから、順次指針として提示することとし、可能な限りの早期の被害者救済を図る」ことを目的としたものである。指針で対象とされなかった損害が「賠償の対象とならないというものではなく、個別具体的な事情に応じて相当因果関係のある損害と認められることがあり得る」と指針に明記されている。ただし、実際の直接請求の内容やADRセンターの出す和解案の内容は、「一般的な指針」で対象となるか否かで、賠償に大きな差が出てしまっている。

2015年1月末現在、原賠審によって策定された指針の概要は**表3-1**のとおりである。

表に見るとおり、原賠審では、まず、政府による避難の指示・航行危険区域の設定・出荷制限指示等があったことによる損害を中心に検討され、2011年8月5日に中間指針が出された。その

表3-1　原賠審が策定した指針一覧

策定日	指針	概要
2011年4月28日	「東京電力（株）福島第一、第二原子力発電所事故による原子力損害の範囲の判定等に関する第一次指針」	原発事故後、はじめて損害の範囲を明らかにした。中間指針にその内容が取り込まれたため、基準としては用いられず。
2011年5月31日	「東京電力（株）福島第一、第二原子力発電所事故による原子力損害の範囲の判定等に関する第二次指針」	第一次指針で対象とされなかった損害項目や範囲を追加的に提示した。中間指針にその内容が取り込まれたため、基準としては用いられず。
2011年6月20日	「東京電力（株）福島第一、第二原子力発電所事故による原子力損害の範囲の判定等に関する第二次指針追補」	政府の指示により避難を余儀なくされた者の精神的損害額の算定方法についての基本的考え方が示される。中間指針にその内容が取り込まれたため、基準としては用いられず。
2011年8月5日	「東京電力（株）福島第一、第二原子力発電所事故による原子力損害の範囲の判定等に関する中間指針」（以下「中間指針」）	政府による避難の指示・航行危険区域の設定・出荷制限指示等があったことによる損害、風評被害、間接被害、及び放射線被ばくによる損害を対象に、損害項目や一般的基準を示す。
2011年12月6日	「東京電力（株）福島第一、第二原子力発電所事故による原子力損害の範囲の判定等に関する中間指針追補（自主的避難等に係る損害について）」（以下「中間指針追補」）	政府による避難指示等がない福島県内の23市町村を自主的避難等対象区域と設定し、当該区域の個人の損害についての賠償範囲を示す。
2012年3月16日	「東京電力株式会社福島第一、第二原子力発電所事故による原子力損害の範囲の判定等に関する中間指針第二次追補（政府による避難区域等の見直し等に係る損害について）」（以下「中間指針第二次追補」）	2012年3月末をめどに新たな避難指示区域が設定された後の賠償の範囲や精神的損害の損害額等を示す。また、2012年1月以降の自主的避難等対象区域において避難した場合に賠償されるべき損害の範囲を示す。除染に係る損害の追加的考え方も示す。
2013年1月30日	「東京電力株式会社福島第一、第二原子力発電所事故による原子力損害の範囲の判定等に関する中間指針第三次追補（農林漁業・食品産業の風評被害に係る損害について）」	農林漁業・食品産業の風評被害が中間指針策定時と比較して広範に及んでいることを受け、風評被害について中間指針に追加する形での損害の範囲を示す。
2013年12月26日	「東京電力株式会社福島第一、第二原子力発電所事故による原子力損害の範囲の判定等に関する中間指針第四次追補（避難指示の長期化等に係る損害について）」（以下「中間指針第四次追補」）	2013年8月に避難指示区域の見直しが完了したことを受け、避難指示解除後に避難費用及び精神的損害が賠償対象となる期間、新たな住居の確保のための損害の範囲、避難が長期化した場合の賠償範囲について示す。

後、政府による指示等がなくても避難した、いわゆる「自主的避難」に係る損害についての検討が開始された。しかし、原賠審は、「自主的避難」の実態について、福島県内しか検討せず、宮城県丸森町や栃木県那須塩原市など福島県外で放射線量の比較的高い地域については、賠償の対象としなかった。

また、中間指針追補では、「自主的避難」に係る損害を認める対象区域について、放射線量を基準に判断するのではなく、避難の状況等を総合的に勘案して市区町村を特定する形で決定している。しかし、中間指針追補が対象とする市区町村に該当しなくても、後述する宮城県丸森町の集団申し立ての事例や、茨城県に住む家族に対し慰謝料の賠償が認められる事例など、賠償を認

表3-2　ADRセンターが策定した総括基準一覧

策定日		基準項目
2012年 2月14日	基準1	避難者の第2期の慰謝料について
	基準2	精神的損害の増額事由について
	基準3	自主的避難を実行した者がいる場合の細目について
	基準4	避難等対象区域内の財物損害の賠償時期について
2012年 3月14日	基準5	訪日外国人を相手にする事業の風評被害等について
	基準6	弁護士費用について
2012年 4月19日	基準7	営業損害算定の際の本件事故がなければ得られたであろう収入額の認定方法について
	基準8	営業損害・就労不能損害算定の際の中間収入の非控除について
2012年 7月5日	基準9	加害者による審理の不当遅延と遅延損害金について
	基準10	直接請求における東京電力からの回答金額の取り扱いについて
2012年 8月1日	基準11	旧緊急時避難準備区域の滞在者慰謝料等について
2012年 8月24日	基準12	観光業の風評被害について
2012年 11月8日	基準13	減収分（逸失利益）の算定と利益率について
2012年 12月21日	基準14	早期一部払いの実施について

めるADRセンターの和解案は多数存在する。

　このように、原賠審が定めた指針は、あくまで迅速な解決を目的とした基準にすぎず、原発事故の被害者の実態を完全に反映するものにはなっていない。

　ADRセンターでは、原賠審が策定した指針に基づいて東京電力が賠償すべき損害の範囲・金額等を判断し、和解の提案をしている。ADRセンターは、和解の仲介を進めていく上で、多くの申し立てに共通する争点に関し一定の基準を示すものとして、表3-2のとおり、「総括基準」を策定している。

　この基準は、和解仲介手続きの中で仲介委員が参照するものであり、基準自体に何らかの拘束力があるものではないとされている。しかし、基準1「避難者の第2期の慰謝料について」や基準11「旧緊急時避難準備区域の滞在者慰謝料等について」などのように、中間指針で認められた賠償金額にさらに上乗せする賠償を認めているものもある。また、基準8「営業損害・就労不能損害算定の中間収入の非控除について」や基準3「自主的避難を実行した者がいる場合の細目について」のように、指針で定められた基準のより具体的な内容を定めるものもある。

　総括基準の策定により、事実上、指針を超える賠償基準の策定に繋がるという側面もある。ただし、総括基準の考え方は、ADRセンターに申し立てた場合にのみ適用されるものであり、直接請求や訴訟の場合には適用されない。

　原賠審によって指針を策定することは、きわめて多数の被害者の損害を一定程度類型化することになるので、多数の被害者の賠償をある程度迅速に処理することに貢献しているといえるだろう。

その一方で、指針による損害の類型化では被害の全容を捉えることができず、本来賠償されるべき被害の実態と乖離してしまっているという問題点がある。今回の原発事故は、人々の生活を広範囲にわたって根本から破壊してしまったので、これまでの公害事件等と比較してもきわめて多様な主体に多くの種類の被害を与えているのである。

　東京電力は、2014年12月末時点まで、個人の直接請求書を延べ約200万件、法人・個人事業主の直接請求書を延べ約30万件受け付けている。その一方で、ADRセンターへの申し立ては、2015年3月6日現在、1万5208件に過ぎず、大多数の被害者は、東京電力の直接請求手続によって賠償を受領しているといえる。

　しかし、東京電力は、直接請求手続で、指針で定められなかった部分（損害内容・地域・賠償期間）の賠償を受け付けない等、原賠審の指針を損害の全容であるかのようにとらえ、被害者に対して最低限の賠償しか行っていない。そのため、指針を利用した賠償基準の差を反映する形で多数の個人・法人の賠償が行われているのである。そのことが、被害者に分断をもたらし、また、人々の避難行動に大きな影響を与えている。

ADRセンターへの集団申し立てにおける賠償格差

　被害の実態に即した賠償を獲得するため、これまで、ADRセンターに対する申し立てや裁判所への訴訟提起という形で多数の被害者が立ち上がっている。特に、多数の当事者がADRセンターへ申し立てをした事件（集団申立事件）では、和解案において、多くの成果を勝ち取ってきた。表3-3（42ページ）に、主な集団申立事件の地域と内容を挙げる。

　これらの集団申立事件はいずれも、ADRセンターでの審理において地域ごとの被害実態を主張し、中間指針等で類型化された損害を上回る和解案を勝ち取ったものである。例えば、「自主的避難」について定めた中間指針追補で対象市町村とならなかった宮城県丸森町筆甫地区でも、集団申し立てによって、自主的避難等対象区域と同等の賠償を最低限の賠償として勝ち取った。

　その一方で、同じ集団申立事件であっても、避難区域によって賠償に差が出ている。例えば、伊達市霊山町小国、坂ノ上・八木平、月舘町相葭地区の集団申立事件と南相馬市原町区高倉地区、馬場地区及び大谷地区の集団申立事件は、どちらも和解案で、特定避難勧奨地点に指定されていない者の精神的苦痛が特定避難勧奨地点に指定された者に準じて賠償されるべき損害だと判断された。しかし、前者の損害額は月額7万円であるのに対し、後者の損害額は月額10万円であった。

　ADRセンターの判断理由が記載された和解案提示理由書では、放射線量の高さだけでなく、政府による避難等対象区域との近接性や元の当該地区の賠償上の区域（前者の事例は自主的避難等対象区域だが、後者の事例は旧緊急時避難準備区域）も重要な要素として考慮されていた。原賠審の指針で定める賠償上の区分は、ADRセンターの和解案の内容に大きな影響を与えているといえる。

　そのうえ、原賠審の指針で定めた区域によって、東京電力による和解案の諾否にも差が出ている。東京電力は、新・総合特別事業計画で「センターの和解案の尊重」を誓約しているが、ADRセンターの和解案を受諾する法的義務はない。そのため、東京電力が、ADRセンターの和

解案を拒否する事例が散見される。上記の集団申立事件のうち、浪江町の集団申立事件と飯舘村蕨平地区の集団申立事件では、東京電力は、度重なる ADR センターからの説得にもかかわらず、ADR センターが提示した和解案の全部または一部の受諾を拒否し、2015 年 3 月末現在、和解案の成立に至っていない。東京電力は、飯舘村長泥地区では支払いを認めた被ばく不安慰謝料に関し、飯舘村蕨平地区の集団申立事件では和解案の受諾を拒否している。東京電力は、和解案の拒否の理由に、飯舘村長泥地区が帰還困難区域であるのに対し、飯舘村蕨平地区は居住制限区域であって基礎事情が異なることを挙げている。長泥地区と蕨平地区は隣接する地区であるにもかかわらず、政府の区域指定が、東京電力の和解案の諾否の判断にも大きな影響を与えていることがわかる。

このように、集団申立事件においても、賠償上の区分が大きな要素となって賠償の差を生み出している。

被害実態に即した賠償を

ADR センターの和解案は、原賠審の策定する指針から進歩する形で、被害者に対する賠償を認めてきた。宮城県丸森町筆甫地区では自主的避難等対象区域と同等の賠償が最低限の賠償として認められたのであるから、栃木県北部など原発事故によって放射線量が上がった地域にも被害実態に即した賠償が認められるべきであろう。しかし、現在の賠償制度では、無条件で賠償の支払いがされることはなく、原賠審の指針で認められない限り、ADR センターへの申し立てや訴訟の提起が必要となる。だが、ADR センターへの申立件数は、前述したように直接請求件数の 100 分の 1 以下に留まっており、実際に ADR センターに申し立てをするのは被害者の一部に限られている。

また、繰り返し述べたとおり、迅速で公平な賠償のために原賠審の指針の果たした役割は大きかったが、指針による賠償の差が、被害者の間に無用な分断を生んでしまっている。

申し立てや提訴を経ることなく多数の被害者に公平に賠償するためにも、事故から 4 年が経過した今、全国の避難者の実態把握も含め、事故による被害の総体を広範囲・詳細に調査したうえで原賠審の指針を見直し、被害の実態に即した賠償がなされるべきであろう。

表3-3　ADRセンターの集団申立事件一覧

和解案提示	申立地区	申立の区域分類	世帯・人数
2012年4月	南相馬市原町区	緊急時避難準備区域	34世帯 130名
2013年5月	飯舘村長泥地区	帰還困難区域	約50世帯 200名
2013年6月	南相馬市小高区	避難指示解除準備区域・居住制限区域	約190世帯 600名
2013年12月	伊達市霊山町小国、坂ノ上・八木平、月舘町相葭地区	自主的避難等対象区域（同一地区内に特定避難勧奨地点が存在）	330世帯 1008名
2014年2月	南相馬市原町区大原地区	一部が緊急時避難準備区域、一部が30km圏外（同一地区内に特定避難勧奨地点が存在）	不明
2014年3月	南相馬市原町区ひばり地区及び太田地区	主に緊急時避難準備区域	約450世帯 約1400人
2014年3月	飯舘村蕨平地区	居住制限区域	33世帯 111名
2014年3月	浪江町	帰還困難区域・居住制限区域・避難指示解除準備区域	約1万5000名
2014年5月	宮城県丸森町筆甫地区	半額賠償区域	271世帯 694名
2014年5月	南相馬市原町区高倉地区	緊急時避難準備区域（同一地区内に特定避難勧奨地点が存在）	不明
2014年5月	南相馬市原町区馬場地区	同上	不明
2014年5月	南相馬市原町区大谷地区	同上	不明
2014年8月	葛尾村	帰還困難区域・居住制限区域・避難指示解除準備区域	68世帯 205名
2014年10月	南相馬市小高区	避難指示解除準備区域	120世帯 169名
2014年12月	南相馬市原町区馬場地区及び大原地区	緊急時避難準備区域及び特定避難勧奨地点	11世帯 61名

	和解案概要
	①ⅰ）本件事故以降2011年9月末まで一人月額10万円、ⅱ）2011年10月から2012年2月末まで一人月額8万円の滞在者慰謝料を認めた（中間指針では屋内退避した者について2011年4月22日まで一人10万円の慰謝料しか認めていなかった）。 ②避難交通費・宿泊費・生活費増加分について、直接請求より有利な基準が示される。
	①2011年3月15日以降長泥地区に2日以上滞在した妊婦または子ども1人100万円、それ以外の者一人50万円の被ばく不安慰謝料を認めた。 ②家財について東電基準を最低基準とし高額家財を個別に賠償。 ③直接請求では認められない水道代及び光熱費の事故による増加分を認めた。
	①「小高基準」を提示した（避難費用・宿泊費用・生活費増加分等実費について直接請求より有利な形での定額化や疎明の大幅な簡略化）。 ②地域コミュニティ喪失による慰謝料について判断せず。
	2011年6月末から2013年3月末まで、一人月額7万円の慰謝料を認めた（特定避難勧奨地点に指定されていない者の精神的苦痛が特定避難勧奨地点の居住者に準じて賠償されるべき損害と考えるべきと判断された）。
	緊急時避難準備区域に居住していた者に対して、2012年9月から2014年1月末までの間、その他の者に対して2011年10月から2014年1月末までの間、一人月額10万円の慰謝料を認めた（特定避難勧奨地点に指定されていない者の精神的苦痛が特定避難勧奨地点の居住者に準じて賠償されるべき損害と考えるべきと判断された）。
	①緊急時避難準備区域に滞在者及び早期帰還者に対しては、2012年4月に提示された和解案と同様の慰謝料が認められる。 ②避難を継続している者に対しては、避難を継続せざるを得ない特段の事情がある場合には2012年9月以降も避難継続慰謝料や避難費用が認められた。 ③避難交通費や生活費増加分等について疎明を簡素化した基準を提示した。
	①2017年3月まで月額10万円の避難慰謝料を認めた（慰謝料一括払期間1年延長）。 ②財物は原発事故で全損したものと評価し、移住を選択した者にはそれを考慮した賠償額を提示。 ③蕨平に留まり続けた妊婦または子ども1人100万円、それ以外の人1人50万円の被ばく不安慰謝料を認めた。
	①2011年3月から2014年2月まで一人月額5万円の避難生活の長期化に伴う慰謝料を認めた。 ②事故時75歳以上の者には2011年3月から一人月額3万円、事故後75歳に達した者は当該月から一人月額3万円の高齢者の慰謝料を認めた。 ③被ばくの不安による慰謝料は和解対象外。
	2011年3月から2012年8月まで、子ども・妊婦52万円（避難した場合72万円）、大人12万円の精神的損害、生活費増加費用、移動費用及び追加的費用を認めた（自主的避難等対象区域と同等の損害額を認めた）。
	2012年9月から2014年4月末まで、一人月額10万円の慰謝料を認めた（特定避難勧奨地点に指定されていない者の精神的苦痛が特定避難勧奨地点の居住者に準じて賠償されるべき損害と考えるべきと判断された）。
	同上
	同上
	居住制限区域や避難指示解除準備区域に所在する不動産を含めた財物について、原発事故により全損したものと評価した。
	同上
	①財物について居住制限区域,避難指示解除準備区域の財物賠償の基準を準用した。 ②2011年3月から2014年12月まで一人月額10万円の慰謝料を認めた。

4 賠償訴訟の全体像

林 浩靖（弁護士）

はじめに

ここでは、福島原発事故に基づく損害賠償訴訟の現況について、原発事故被害者支援・全国弁護団連絡会による「各地の提訴状況のまとめ」の表4-1（48ページ以下）を参照しながら、福島原発事故に基づく損害賠償訴訟の現況を説明する。

なお、福島原発事故後、福島県川俣町山木屋地区に居住していた女性が自殺した事件についての訴訟（福島地裁2014年8月26日判決）など、全国では集団訴訟の他に個別の訴訟も行われているが、個別の訴訟は当該原告の固有の事情が強く、一般化できない面があることや、避難者が各地に散らばっていることなどから集約された情報を入手できないことに鑑み、ここでは、集団訴訟に限定して述べる。

各地の提訴状況

まず、各地の提訴状況であるが、2012年12月3日に福島地裁いわき支部で、約40名の避難者が東京電力に対して提起した「福島原発避難者訴訟」を皮切りに、現在に至るまで多数の集団訴訟が提起され、現在でも、追加提訴や新たな集団訴訟提起の動きがある。

当事者

まず、原告の属性であるが、福島県内の裁判所及び東京地裁に提起されている訴訟を除く大部分の集団訴訟では、原告は、提起した裁判所のある地域への避難者となっている。これらの訴訟では原告の元の居住地域は「避難指示等対象区域」「自主的避難等対象区域」にとどまらず、区域外や福島県外からの避難者であることも少なくない。このタイプの訴訟では、避難先が共通するということにとどまり、元の居住地域は広範囲に広がるものであるから、被害者が広範囲に広がっていることを裁判所に認識させながらの主張・立証活動が期待される。

また、福島地裁いわき支部に提起された「元の生活を返せ・原発事故被害いわき訴訟」、東京地裁に提起された「阿武隈会訴訟」、福島地裁相馬支部に提起され、その後、福島地裁本庁に回付された「鹿島区訴訟」、東京地裁に提起された「"小高に生きる！"原発被害弁護団」による訴訟、福島地裁郡山支部に提起されている「都路町訴訟」のように、一定の地域に居住するなど共

通する特性を有していた者がまとまって訴訟を提起している事例がみられる。これらの訴訟では、当該訴訟の原告に共通する特性を生かした主張・立証活動が期待される。

続いて、被告として、誰を選択するかであるが、福島地裁いわき支部に提起されている「福島原発避難者訴訟」と東京地裁に提起されている「"小高に生きる！"原発被害弁護団」による訴訟は、例外的に東京電力のみを被告としているが、多くの訴訟では被告としては東京電力と国の双方が選択されている。

東京電力が被告とされているのは、福島第一原発を運転していたのは東京電力であるから、説明は不要であろう。しかしながら、多くの弁護団は、東京電力に加えて、国も被告にするという選択をしている。この理由は、①もともと原発は「国策民営」で進められてきたものであり、事業者である東京電力だけを被告としても実態を明らかにすることができず、国の責任も明らかにする必要があり、それは「原発事故は、東京電力だけでなく国にも大きな責任がある」と考える多くの被害者の思いとも整合すること、②東京電力は、国の支援で存続している状態といっても過言ではなく、破産などの倒産手続が取られた場合に、被害回復が図れなくなる恐れがあること、③東京電力が国に責任を押し付けようとすることを防ぐこと（「国の指導に従っていたから問題ない」などという主張をさせない）、④国の責任を梃子に事故原因の審理へ入りやすくするなどといった目的によるものと思われる。

責任の根拠

まず、①東京電力の責任の総論の問題を述べる。原子力損害に関しては、「原子力損害の賠償に関する法律」（原賠法）という特別法が制定されている。原賠法は、今回の事故での東京電力のような原子力事業者の責任に関して、3条で無過失責任を採用し、民法上の不法行為責任と異なり、原子力事業者に過失がなくても責任を負わせるという法制になっている。

無過失責任の採用自体は、被害者の立証の困難性を救済するものであり、被害者保護に資する。しかしながらほとんどの弁護団では、東京電力の責任の根拠として、原賠法3条のみならず、民法上の不法行為責任（709条）も主張している。これは、「本件事故は、原発設置から事故発生、事故後の対応を含めた東京電力の重大な過失に基づく人災であり、そのような認識に基づいて初めて完全な賠償が可能になる」という認識に基づき、東京電力の対応の悪質性を明らかにしようとするものである。これに対し東京電力は、各地の訴訟において、無過失責任であるから東京電力の過失の有無の審理は必要ない、というスタンスをとっている。

続いて、②国の責任の総論の問題についてであるが、国の責任については、国が事業者に対する規制権限を適切に行使しなかったことを根拠とする国家賠償請求（国家賠償法1条）を理由とする責任追及をほとんどの弁護団が行っており、さらに、そもそも、福島第一原発を設置することを許可した許可処分自体が違法であると主張している弁護団もある。もっとも、双方を主張している弁護団でも、主張の中心は、前者の「規制権限不行使の違法性」である。

そして、③東京電力及び国の過失の各論の問題についてであるが、国の責任については国の過失を立証することは必須であり、東京電力の責任についても民法上の不法行為責任については東

京電力の過失を立証する必要がある。

　しかし事故原因については未解明な部分も多く、国会や政府などによる事故調査報告書でも意見が割れている点が存在する。多くの弁護団では、まず、①津波対策の不十分さを原因として主張し、これに加えて、②地震対策の不十分さ、③過酷事故（シビアアクシデント）対策の不十分さを取捨選択して主張している。

　津波対策については、東京電力や国はどの程度の津波を予見して対策を立てるべきであったのかが、地震対策については福島第一原発が地震で破損して事故が生じたのかが、過酷事故（シビアアクシデント）対策については、何を予見すべきであったのか、及び、国は対策するように指示することができたのかが争点となる傾向にある。

本件原発事故の特徴 ── 損害をとらえる前提として

　今回の原発事故は、被害者らの生活基盤である故郷、コミュニティを根幹から変容させた。また、いわゆる山間部では、被害者らは従前「自然の恵み」を享受していたが、原発事故による放射能汚染は、「自然の恵み」の享受を不可能にさせた。そのため、被害者らが有していた生活利益全体を侵害したものであり、避難生活を続けている被害者はもとより、帰還した被害者であっても従前と同様の生活を営むことはまったく不可能となっている。本件原発事故によって、被害者が奪われたものは、生活利益全体である。

　加えて、交通事故とは異なり、誰でも加害者になる可能性があるものではなく、加害者と被害者の立場の交替可能性はない。国や電力会社が被害者になることはほぼなく、被害者である一般住民等が原発事故を起こす可能性もない。そして、原発事故の損害としては「本件事故前とは生活そのものの状況等が大きく変容した」という、交通事故とはまったく異なる特性が存在する。

中間指針の限界 ── 中間指針は裁判規範として妥当しないこと

　ADRセンターの手続きは、迅速な解決という観点では一定の役割を果たしている。しかしながら、ADRにおいて判断基準となる中間指針とそれに続く第4次までの追補は、あくまで交通事故などを念頭に発展してきた従前の損害賠償の枠組みに依拠し、実務における既存の損害論をもとに、個別の損害を積み上げ方式で算定するという手堅い手法をとっている。すなわち、最低限、明らかに認められる損害を算定しており、「本件事故前とは生活そのものの状況等が大きく変容した」という原発事故の特性はまったく反映していない。

　そのため、ADRでは被害者の個別事情をある程度は拾い上げ、単に形式的に処理している東京電力に対する直接請求よりは財産的損害を中心に被害状況を反映しているものの、被害の実態に即した適切な賠償が実現したとは、到底、いえない。

　そもそも中間指針は、指針自体が繰り返し明言しているように、あくまで「賠償すべき損害として一定の類型化が可能な損害項目やその範囲等を示したものであるから、中間指針で対象とされなかったものが直ちに賠償の対象とならないというものではな」いのであり、典型的な損害項

目の最低限の賠償を紛争の当事者による自主的な解決により、迅速に実現することを目指すという目的で制定されている指針である（原賠法18条2項2号）。

東京電力は、各地の集団訴訟において、中間指針等の内容やその趣旨を踏まえて自主的に定めた基準による賠償を行っているので合理的かつ相当性を有すると主張しているが、中間指針等は、もともとすべての損害項目及びその内容を網羅することを予定していない。また、自主的交渉やADRへの申し立てが不調のための訴訟提起となっている以上、中間指針の役割の範囲を超えており、中間指針の内容がそのまま裁判規範としての合理性や妥当性を有するものではないことはいうまでもない。

現状と課題

まず、損害把握の方法については、以上のように、従前の不法行為法理論に基づく損害論では、本件原発事故の損害の把握として不十分で、被害実態が反映しないため、各弁護団において具体的な損害の把握について、試行錯誤が続いている。

そして、現時点での各地の状況であるが、裁判所の対応も異なり、各地の訴訟の進行は一様ではなく、後から提起された訴訟の方が進んでいる場合もある。現在、進行が速いのは、すでに専門家証人と原告本人の尋問日程がすべて決まっている前橋地裁の訴訟と、福島地裁本庁に提起され、2015年1月から専門家の証人尋問に入っている「生業を返せ、地域を返せ！」福島原発訴訟、それから千葉地裁の訴訟であり、これらの訴訟では、2015年度中に第一審判決が出る可能性もある。

事故原因について未解明な部分も多く、また、各地で有形無形の被害が発生し続けている状況の中で、各地の弁護団は、事故原因に関する資料の大部分を東京電力や国が握っているという不利な状況にもかかわらず、既存の法理論では十分な賠償を得られないことに鑑み、試行錯誤を続けている。しかしながら、福島以外の地域では、原発事故は過去のものになろうとしているのではあるまいか。国会事故調が未解明部分の事故原因の究明が必要と明言している（『国会事故調報告書』21頁参照）にもかかわらず、原因の究明をすることもなく、賠償の打ち切り時期の議論や原発再稼働の議論が進んでいる状況にある。新潟県技術委員会など一部真摯な議論をしている公的機関がないこともないが、稀な例外というべき状況であり、真相究明は訴訟の場に委ねられていると言ってよいだろう。また、旧緊急時避難準備区域や福島県内外の放射線量が高いにもかかわらず区域外とされた地域など、国の線引きによって差別されている者も多く、線引きの問題は、前章「3　賠償の全体像」でも述べられているとおり、ADRセンターの手続きでの解決は困難である。最後の砦ともいうべき訴訟の場においては、地震が原発事故の原因と言えるかのような事故調報告書で見解が分かれている困難な問題や国の線引きによって差別されている被害者の救済など困難な問題から逃げることなく対峙して、事故原因を究明し、すべての避難者の完全救済を図ることが求められているといえよう。

表4-1 福島原発事故に関する集団賠償訴訟 各地の提訴状況のまとめ

弁護団［弁護団HP］	裁判所	被告	訴訟名	提訴日	原告数
「生業を返せ、地域を返せ！」福島原発事故被害弁護団 [http://www.nariwaisoshou.jp/]	福島地方裁判所 ※すべて併合	国・東電	「生業を返せ、地域を返せ！」福島原発訴訟	第1次 2013年3月11日 第2次 2013年9月10日 第3次 2014年3月10日 第4次 2014年9月10日	第1次 800名 第2次 1160名 第3次 620名 第4次 1285名
				第1次 2013年5月30日 第2次 2014年9月10日	第1次 12世帯26名 第2次 6世帯14名
福島原発被害弁護団（通称：浜通り弁護団） [http://www.kanzen-baisho.com/]	福島地方裁判所いわき支部 ※第2陣は第1陣と併合しない	東電	福島原発避難者訴訟	第1次 2012年12月3日 第2次 2013年7月17日 第3次 2013年12月26日 第4次 2014年5月21日	第1次 17世帯39名 第2次 64世帯181名 第3次 35世帯137名 第4次 35世帯119名
	福島地方裁判所いわき支部 ※避難者訴訟とは併合しない	国・東電	元の生活をかえせ・原発事故被害いわき訴訟	第1次 2013年3月11日 第2次 2013年11月26日 第3次 2014年12月17日	第1次 822名 第2次 574名 第3次 181名
福島原発被害首都圏弁護団 [http://genpatsu-shutoken.com/blog/]	東京地方裁判所	国・東電	福島原発被害東京訴訟	第1次 2013年3月11日 第2次 2013年7月26日 第3次 2014年3月10日	第1次 3世帯8名 第2次 14世帯40名 第3次 73世帯234名
原発被害救済千葉県弁護団 [http://gbengo-chiba.com/]	千葉地方裁判所	国・東電	福島第一原発事故被害者集団訴訟	第1次 2013年3月11日 第2次 2013年7月12日	第1次 8世帯20名 第2次 10世帯27名
福島原発被害者支援かながわ弁護団 [http://kanagawagenpatsu.bengodan.jp/]	横浜地方裁判所	国・東電	福島原発かながわ訴訟	第1次 2013年9月11日 第2次 2013年12月12日 第3次 2014年3月10日 第4次 2014年12月22日	第1次 17世帯44名 第2次 6世帯22名 第3次 12世帯27名 第4次 26世帯81名
原発事故被災者支援北海道弁護団 [http://hokkaido-genpatsu-bengodan.jp/]	札幌地方裁判所	国・東電	原発事故損害賠償・北海道訴訟	第1次 2013年6月21日 第2次 2013年9月27日 第3次 2014年3月4日 第4次 2014年8月12日 第5次 2014年8月21日 第6次 2014年12月15日	第1次 13世帯43名 第2次 20世帯70名 第3次 33世帯110名 第4次 1世帯2名 第5次 1世帯4名 第6次 6世帯21名

(2015年4月25日までに集約した情報)

原告の属性※	主な請求の内容		
	原状回復	慰謝料	実損害
福島県とその隣接県の滞在者と避難者（内、約9割は福島県、滞在者と避難者の割合は7：3）	原告らの居住地において、空間線量率を0.04μSv/h以下とせよ。	事故発生から原告ら居住地の空間線量率が0.04μSv/hとなるまで、原告一人あたり月5万円を支払え	弁護士費用のみ
避難指示等対象区域から主に福島県内（及び首都圏）への避難者	───	・ふるさと喪失につき2000万円を支払え	居住用不動産等の再取得費用　土地1368.8万円（全国平均）　建物2238万円（全国平均）
避難指示等対象区域から主に福島県内（及び首都圏）への避難者	───	・ふるさと喪失につき2000万円 ・避難生活につき月50万円を支払え	・居住用不動産等の再取得費用（福島県市街地における再取得を可とする金額） 　土地：500㎡までは福島県市街地における平均地価（38000円/㎡）＋500㎡を超える面積部分について固定資産評価額の単価×1.43 　建物：フラット35の2238万円（115.3㎡）＋115.3㎡を超える延べ床面積×2011年度の平均新築単価（15万8800円/㎡） ・家財道具購入費（損害保険基準） ・弁護士費用等 （その他の実損害は、別途解決する）
自主的避難等対象区域（いわき市）の滞在者	───	・いわき市全域の空間線量率が0.04μSv/hとなる原状回復措置及び福島第一原発の廃炉完了まで、月3万円（18歳未満月8万円） ・事故後に懐胎・誕生した子どもを除き25万円（事故当時妊婦であれば＋25万円）を支払え	弁護士費用のみ
〈第1次・第2次〉自主的避難等対象区域（いわき市）から首都圏への避難者及びその家族 〈第3次〉首都圏への避難者19世帯42名、福島県田村市の滞在者42世帯152名、福島県他地域の滞在者5世帯20名、栃木県北地域の滞在者7世帯20名	───	〈第1次・第2次〉避難生活につき月50万円/1人 〈第3次〉1800万円/1人	避難費用、休業損害、弁護士費用等を賠償せよ
千葉県への避難者とその家族 避難指示等対象区域15世帯38名 自主的避難等対象区域2世帯5名 その他（福島県内）1世帯4名	───	・コミュニティ喪失につき2000万円 ・避難生活につき月50万円を支払え	・居住用不動産等の再取得費用 　土地1368.8万円（全国平均） 　建物2238万円（全国平均） ・家財道具購入費（損害保険基準） ・その他、避難費用、弁護士費用等を賠償せよ
神奈川県への避難者とその家族 避難指示等対象区域45世帯124名 自主的避難等対象区域16世帯50名	───	・ふるさと喪失・生活破壊につき2000万円 ・避難生活につき月35万円を支払え	・居住用不動産等の再取得費用 　土地1368.8万円（全国平均） 　建物2238万円（全国平均） ・家財道具購入費（損害保険基準） ・その他、避難費用、弁護士費用等を賠償せよ
北海道への避難者とその家族 避難指示等対象区域8世帯 自主的避難等対象区域61世帯 その他（白河市）3世帯、会津若松1世帯、松戸市1世帯	───	一人あたり1000万円	一人あたり500万円＋弁護士費用（不動産に関する損害は除く）

4 賠償訴訟の全体像

表4-1（つづき） 福島原発事故に関する集団訴訟　各地の提訴状況のまとめ

弁護団［弁護団HP］	裁判所	被告	訴訟名	提訴日	原告数
原発被害救済山形弁護団 [http://mlaw.cocolog-nifty.com/]	山形地方裁判所	国・東電	──	第1陣　2013年7月23日 第2陣　2014年3月10日	第1陣　62世帯227名 第2陣　57世帯204名
福島原発被害救済新潟県弁護団 [http://genpatubengodan.cocolog-nifty.com/blog/]	新潟地方裁判所	国・東電	──	第1陣　2013年9月11日 第2陣　2014年3月10日 第3陣　2014年10月20日	第1陣　101世帯354名 第2陣　30世帯99名 第3陣　77世帯258名
原子力損害賠償群馬弁護団 [http://gunmagenpatsu.bengodan.jp/]	前橋地方裁判所	国・東電	──	第1陣　2013年9月11日 第2陣　2014年3月10日 第3陣　2014年9月11日	第1陣　32世帯90名 第2陣　10世帯35名 第3陣　3世帯12名
福島原発事故損害賠償愛知弁護団 [http://genpatsu-aichi.org/]	名古屋地方裁判所	国・東電	──	第1次　2013年6月24日 第2次　2013年12月20日 第3次　2014年3月5日	第1次　8世帯29名 第2次　15世帯44名 第3次　13世帯41名
東日本大震災による被災者支援京都弁護団 [http://hisaishashien-kyoto.org/]	京都地方裁判所	国・東電	──	第1次　2013年9月17日 第2次　2014年3月7日	第1次　33世帯91名 第2次　20世帯53名
原発事故被災者支援関西弁護団 [http://hinansha-shien.sakura.ne.jp/kansai_bengodan/index.html]	大阪地方裁判所	国・東電	原発賠償関西訴訟	第1次　2013年9月17日 第2次　2013年12月18日 第3次　2014年3月7日	第1次　27世帯80名 第2次　14世帯40名 第3次　40世帯105名
兵庫県原発被災者支援弁護団 [http://hinansha-hyogo.sakura.ne.jp/index.html]	神戸地方裁判所	国・東電	福島原発事故ひょうご訴訟	第1次　2013年9月30日 第2次　2014年3月7日	第1次　18世帯54名 第2次　11世帯29名
東日本大震災による原発事故被災者支援弁護団 [http://ghb-law.net/]	東京地方裁判所	国・東電	阿武隈会訴訟	第1次　2014年3月10日 第2次　2014年8月5日 第3次　2015年4月2日	第1次　21世帯44名 第2次　2世帯3名 第3次　6世帯12名
	福島地方裁判所（相馬支部より回付）	国・東電	鹿島区訴訟	第1次　2014年10月29日 第2次　2015年3月27日	第1次　11世帯23名 第2次　97世帯249名
	福島地方裁判所郡山支部	国・東電	都路町訴訟	第1次　2015年2月9日	第1次　105世帯399名
みやぎ原発損害賠償弁護団 [http://mgs-bengodan.net/]	仙台地方裁判所	国・東電	──	第1次　2014年3月3日 第2次　2014年12月22日（予定）	第1次　22世帯58名 第2次　10世帯21名（予定）

原告の属性※	主な請求の内容		
	原状回復	慰謝料	実損害
山形県への避難者とその家族 避難指示等対象区域12世帯42名 自主的避難等対象区域106世帯385名 会津若松市1世帯4名	—	一人あたり1000万円	弁護士費用のみ
新潟県への避難者とその家族 避難指示等対象区域28世帯90名 その他（自主的避難等対象区域を含む福島県内）73世帯264名 （第2陣・第3陣は未集計）	—	一人あたり1000万円	弁護士費用のみ
群馬県への避難者とその家族 避難指示等対象区域22世帯65名 自主的避難等対象区域20世帯60名 （第3陣は未集計）	—	一人あたり1000万円	弁護士費用のみ
愛知・岐阜県への避難者とその家族 自主的避難等対象区域13世帯51名 その他（福島県内）10世帯22名 （第3次は未集計）	—	一人あたり1000万円	弁護士費用のみ
京都府への避難者とその家族 ・避難指示等対象区域2世帯2名 ・自主的避難等対象区域43世帯124名 ・その他の福島県内5世帯9名 ・福島県外3世帯9名		・慰謝料及び客観的損害として一人あたり500万円 ・弁護士費用 （財物損害は後日追加予定）	
関西地方への避難者とその家族 避難指示等対象区域14世帯29名 自主的避難等対象区域54世帯161名 その他13世帯35名		・慰謝料及び客観的損害として一人あたり1500万円 ・弁護士費用 （財物損害は後日追加予定）	
兵庫県への避難者とその家族 避難指示等対象区域4世帯11名 自主的避難等対象区域23世帯69名 その他（福島県内）2世帯3名		・慰謝料及び客観的損害として一人あたり1500万円 ・弁護士費用 （財物損害は後日追加予定）	
田村市都路町のうち、旧緊急時避難準備区域にあたる地域に、自然との共生生活を求めて移住してきた者	—	自然との共生生活等喪失慰謝料（自然との共生生活や、自給自足の生活、第二のふるさと、終の棲家を奪われたことに対する慰謝料）として、1000万円	・財物損害（土地に関しては購入価格。住居に関しては購入価格、建築価格、セルフビルドの場合は建築士による建築価格の推計。家財に関しては、購入価格、市場価格）。なお、旧緊急時避難準備区域であるが、全損評価を求める ・固定資産税相当額の損害 ・弁護士費用
南相馬市鹿島区の滞在者（30km圏外で、政府による避難指示区域外であるが、「地方公共団体が住民に一時避難を要請した区域」として中間指針上の対象区域となっている地域）	—	・主に滞在者慰謝料として600万円（2011年9月で賠償打ち切りとされているため、同年10月よりとりあえず5年間分の月10万円の慰謝料を求める）	・弁護士費用
田村市都路町のうち、旧緊急時避難準備区域にあたる地域の滞在者及び避難者（先行する阿武隈会訴訟は移住者、都路町訴訟は古くからの居住者）		・自然豊かなコミュニティ等喪失慰謝料（自然豊かな地域における自給自足の生活、家族の団らん等を奪われたことに対する慰謝料）として、1000万円	・弁護士費用
宮城県への避難者とその家族		①ふるさと喪失等慰謝料3000万円 ②避難生活慰謝料840万円（月額35万円×2年）	・弁護士費用

表4-1（つづき）福島原発事故に関する集団訴訟　各地の提訴状況のまとめ

弁護団［弁護団HP］	裁判所	被告	訴訟名	提訴日	原告数
原発被害救済弁護団（埼玉） [http://genpatsu.bengodan.jp/]	さいたま地方裁判所	国・東電	埼玉原発事故責任追及訴訟	第1次　2014年3月10日 第2次　2015年1月19日	第1次　6世帯16名 第2次　7世帯30名
岡山原発被災者支援弁護団 [http://okayamabengodan.blog.fc2.com/]	岡山地方裁判所	国・東電	福島原発おかやま訴訟	2014年3月10日	34世帯96名
福島原発ひろしま訴訟避難者弁護団 [http://k-sugar.cocolog-nifty.com/hiroshimanuclear/]	広島地方裁判所	国・東電	——	2014年9月10日	11世帯28名
（愛媛） ※弁護団は結成せず ［なし］	松山地方裁判所	国・東電	——	2014年3月10日	6世帯12名
原発事故被害者弁護団福岡 [http://genpatsukyusai-kyushu.net/]	福岡地方裁判所	国・東電	福島原発事故被害救済九州弁護団	2014年9月9日	10世帯31名
"小高に生きる！"原発被害弁護団 ［なし］	東京地方裁判所	東電	——	2014年12月19日	344名

Ⅰ　避難者とは誰か

原告の属性※	主な請求の内容		
	原状回復	慰謝料	実損害
埼玉県への避難者とその家族	—	一人あたり1000万円	弁護士費用のみ
岡山県への避難者とその家族 避難指示等対象区域2世帯5名 自主的避難等対象区域28世帯78名 その他の福島県内4世帯13名	—	・一人あたり1000万円 ・弁護士費用	
広島への避難者 飯舘避難準備区域から1世帯5名 その他福島県から8世帯21名 関東地方から2世帯2名	—	・一人あたり1000万円 ・弁護士費用	
愛媛県内への避難者 避難指示等対象区域1世帯4名 その他の福島県内5世帯8名	—	・一人あたり500万円 ・弁護士費用	
九州地方への避難者 福島県から4世帯14名 東北・関東地方から6世帯17名	—	・一人あたり500万円 ・弁護士費用	
震災当時、南相馬市小高区及び原町区の避難指示等対象区に居住していた避難者	—	①避難生活に対する慰謝料（月額20万円を避難指示の解除後3年を経過するまで） ②「小高に生きる」ことを奪われたことに対する慰謝料（2000万円）	弁護士費用

原発事故被害者支援・全国弁護団連絡会　※福島県内の地域は便宜上、原子力損害賠償紛争審査会の中間指針追補における「避難指示等対象区域」「自主的避難等対象区域」の定義に従い分類している。

II 避難元の状況

原発事故時の工事車両がそのまま残されているJR常磐線大野駅。福島第一原発まで約5km。警戒区域から帰還困難区域に再編された。周辺の空間線量率は3〜5μSv/h（マイクロシーベルト／毎時）前後。

［撮影：木野龍逸］

原発避難者の分類を考える

福田健治（弁護士）

なぜ分類するのか

　原発避難者といっても、その置かれている状況はさまざまである。避難区域から強制的に避難させられ、帰ることもできない状況の中で避難生活を続けている人々と、避難区域外から母子で避難を行い、帰還せよとの圧力に耐えながら避難生活を続けている人々とでは、避難の経過も、悩みも、現在の課題も異なるだろう。

　ここでは、この第Ⅱ部で一人ひとりの避難者の抱える困難を検討する前提として、原発避難者の分類を考えてみたい。もちろん、10万人を超える原発避難者に、いくつかの物差しをあてることでその状況を画一的に把握できるほど、問題は単純ではない。避難者の数だけ避難の物語がある。しかし同時に、その置かれている状況の大きな見取り図を描くことで、一人ひとりの悩みをより的確に把握できるかもしれない。ここでは、避難者を狭いカテゴリーに押し込めるためではなく、避難者の困難に光を当てる一助とするために、原発避難者の分類を検討する。

強制避難／自主避難

　まずあげられるべき分類は、避難元地域における政府による避難指示の有無だ。

　避難指示区域からの避難者は、避難について何ら選択をすることはできず、強制的に避難させられた。これを一応「強制避難者」と呼ぼう。警戒区域（20km圏内）・計画的避難区域（年間20mSv〔ミリシーベルト〕超）からの避難者がここにあたる。強制避難者には、そもそも住み慣れた住居・コミュニティでの居住を継続するという選択肢は与えられなかった。避難先は避難者によってまちまちであり、従来の人間関係やコミュニティも破壊された。これら地域の人々は、今でもその多くが、震災前の土地に居住することすら認められず、避難先での先の見えない生活を余儀なくされている。

　これに対し、政府による避難指示がない地域からも多くの人々が避難した。こうした人々は、一般に「自主避難者」と呼ばれている。自主避難者の中には、「母子避難」など世帯の一部だけが避難を行ったケースも多い。自主避難者の避難元は、福島市や郡山市といった福島県中通りを中心に、福島県のうち避難区域に指定されなかった全域、さらには福島県外からも、より放射線が低い地域（たとえば西日本）への避難がなされた。自主避難者は、政府が「安全だ」「避難する必要はない」と宣伝する中、避難するか否かについて困難な選択を強いられた。賠償や政府によ

る支援策においても、強制避難者との間でさまざまな区別がなされている。

　この分類は、避難者の視点からは、元の居住地に「戻れる／戻れない」という分類になる。強制避難者は、政府による避難指示が出ている間は元の居住地に戻ることはできない。一方、自主避難者はいつでも（少なくとも法的には）元の住居に戻ることが可能だ。

　この区別にはいくつかの注意が必要だ。

　第一に、この分類には中間にいくつかのグレーゾーンが存在する。それは、屋内退避区域・緊急時避難準備区域（20〜30km圏）、特定避難勧奨地点などのように、政府が屋内退避を求め、あるいは避難について準備を求め（緊急時避難準備区域）ないし促進する（特定避難勧奨地点）などした地域である。これら地域については、政府による避難の「指示」までがあったわけではなく、地域に戻ることも許容されていた。しかし、特に緊急時避難準備区域については、現実には多くの世帯が避難を選択し、その結果として地域の経済や社会サービスは崩壊し、居住継続は困難となり、実質的には強制避難と同様の事態が発生した。ところが、同区域についての賠償は2012年8月末で打ち切られてしまった。

　第二に、政府による避難指示の解除によって、このグレーゾーンは拡大している。2014年4月には旧警戒区域であった田村市都路地区、同年10月には同じく旧警戒区域であった川内村東部の避難指示が、それぞれ解除された。避難指示が解除されることにより、強制避難者が自主避難者と位置づけを変え、精神的損害に対する賠償金は2018年3月に打ち切られることとなる。避難指示の解除によって、戻れなかった地は建前上戻れる地に変わり、避難者は戻るかどうかの決断を迫られる。

避難指示再編

　避難指示区域は、避難指示の解除の有無・見込みに基づき、さらに分類することができる。2012年から行われた避難指示の再編により、避難指示区域（警戒区域、計画的避難区域）は、帰還困難区域、居住制限区域、避難指示解除準備区域という3つの区域のいずれかに移行した。これらの区分は、避難指示の解除見込み時期に基づいてなされており、避難指示解除準備区域の一部は、上記のとおりすでに避難指示が解除され居住可能となっている。少なくとも5年間は避難指示が解除されないとされた帰還困難区域と、すでに解除が始まっている避難指示解除準備区域とでは、将来の見通しも悩みも違ってこよう。また、東京電力による賠償上も、特に不動産に対する賠償において大きな差が設けられており、避難者間の分断の原因となっている。

東京電力からの賠償の支払い状況

　避難者に対する賠償の支払い状況の違いも、避難者の状況を理解する一つの鍵になる。

　原子力損害賠償法は、文部科学省の下に置かれた原子力損害賠償紛争審査会が、原発事故による被害（原子力損害）の「調査及び評価」を行い、「原子力損害の範囲の判定の指針」を策定するとしている。したがって、原賠審が定めた賠償指針やこれに基づく実際の避難者への賠償の支払

い状況は、原発避難によって生じた被災者の被害状況を知る上での参考資料となりうる。

　一方で、福島第一原子力発電所事故に関する原賠審の指針や東京電力の賠償の支払いには、避難者のさらなる困難の原因となっている側面もある。支払いの遅れ、不合理な線引きによる避難者の分断、自主避難に対する賠償の乏しさなどにより、避難者たちは、賠償により苦しみ悩み、正当な賠償を求めるさらなる闘いを強いられている。また、政府が東京電力による賠償の陰に隠れることで、事故の責任に正面から向き合うことを避けているとの指摘もある。

　このように、良きにつけ悪しきにつけ、賠償の支払い状況は、避難者の被害を理解し、今後の見通しの前提を明らかにする上で、一つの分類の軸となりえよう。

Ⅱ 避難元の状況

本書が採用した7分類

　ここまで挙げた以外にも、原発避難の実態を把握するために、避難先による分類、帰還意向の有無・程度による分類、避難者の世帯の属性に基づく分類などが考えられよう。第Ⅱ部では、避難者の状況を大づかみに把握する方法として、主に避難元の地域を基準とする分類を採用することにした。避難者の置かれている状況や被害の内容を最も大きく左右しているのが、原発事故時の居住地、すなわち避難元であると考えられるからだ。

　まず、避難元の避難指示の有無に応じて、①避難指示が出されていた地域（警戒区域・計画的避難区域）、②避難について何らかの推奨・準備指示等があった中間的地域、③避難指示が出されていなかった地域の3つに大きく分けよう。

　次に、①＝避難指示区域について、避難指示再編に基づき、帰還困難区域＝A地域、居住制限区域＝B地域、避難指示解除準備区域＝C地域に分類する。

　②＝中間的地域については、政府からの介入の内容に基づき、特定避難勧奨地点＝D1地域、緊急時避難準備区域＝D2地域、屋内退避区域（D2地域を除く）＝D3地域（ここまでがおよそ20～30km圏に相当する）、南相馬市が独自の避難指示を行った鹿島区の大部分をD4地域と分類する。

　最後に、③＝避難指示区域外について、東京電力からの慰謝料への賠償の支払い状況に応じて、自主的避難等対象区域＝E地域、半額賠償区域＝F地域、賠償が払われていない場所をG地域と分類した。

　この避難元に応じた分類を、賠償や政府による支援策の状況とあわせて一覧にしたのが60ページの表だ。東京電力による賠償や政府の支援策が、地域区分との関係でまちまちとなっており、被害の程度に見合ったものとなっていないことが読み取れる。また、ここで示した避難元の地域の人口は、主に内閣府原子力被災者生活支援チームの資料に拠った。しかし、人口に関する情報の正確性には大きな疑問が残る。また、避難指示区域外については、政府は避難者数の集計を行っておらず、避難元の人口も独自に算出せざるを得なかった。ここにも、「原発避難者」を政策課題として浮上させまいとする政府の意図が垣間見える（第Ⅰ部参照）。

　実際に原発事故による避難を強いられた人々の声こそ、原発避難の実態を明らかにする最も重要な資料だろう。第Ⅱ部では、それぞれの地域の原発避難の概況を紹介した上で、各地域からの避難者へのインタビューを紹介していく。

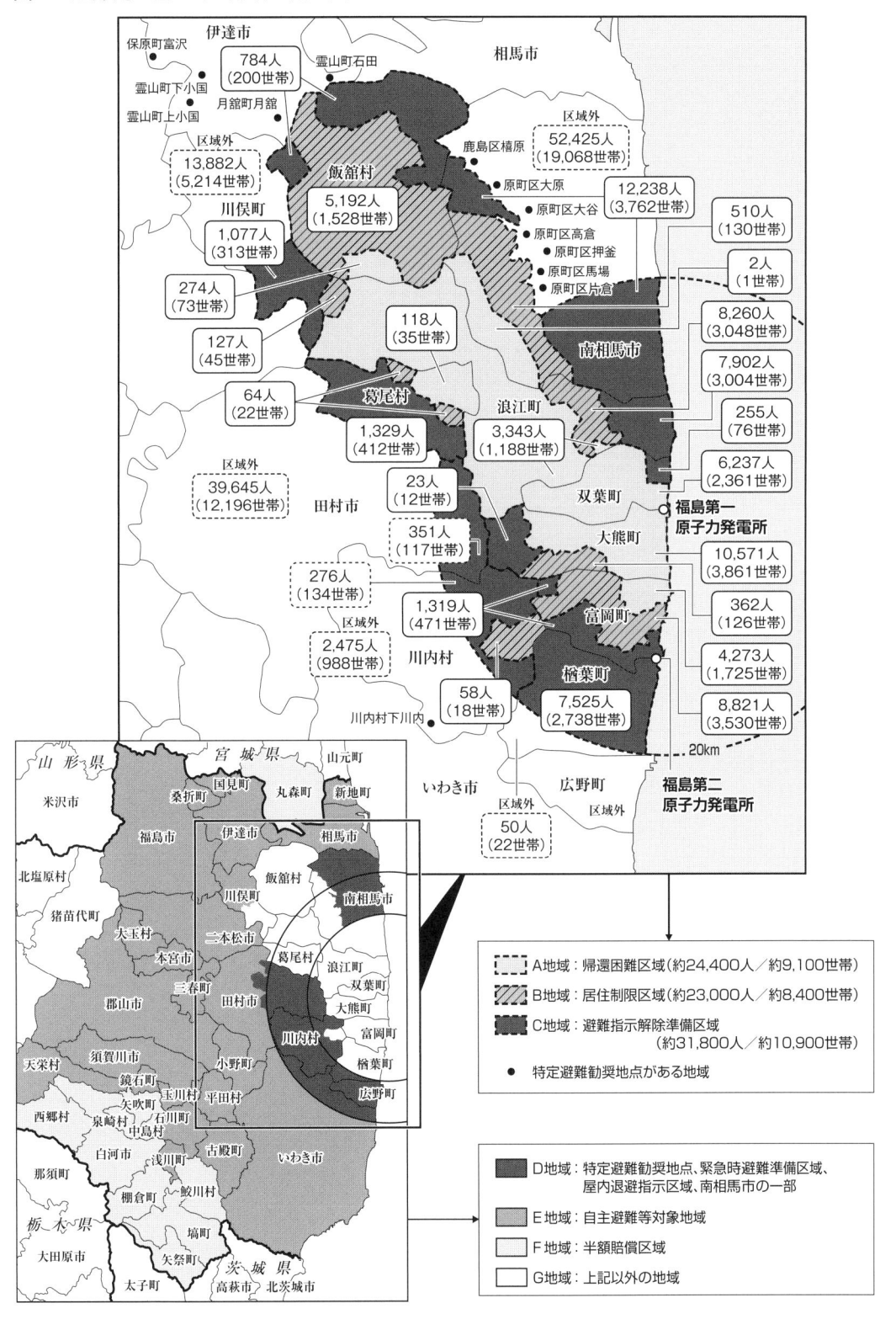

図1 避難元に基づく7分類の概念図（人口・世帯数は2013年8月時点）

原発避難者の分類を考える

表1　避難元に基づく7分類と賠償・支援策の概要

本書での呼称	区域名	概要	市町村
A地域	帰還困難区域	避難指示区域[1]のうち50mSv超[2]の地域。少なくとも5年間は居住を制限。	双葉町・大熊町の大部分、浪江町・富岡町・飯舘村・葛尾村・南相馬市の一部
B地域	居住制限区域	避難指示区域のうち20mSvを超えるおそれがあり50mSvを超えない地域。20mSvを下回ることが確実になると避難指示解除準備区域に移行。	飯舘村の大部分、大熊町、浪江町、富岡町、川内村[3]、南相馬市、葛尾村、川俣町の一部
C地域	避難指示解除準備区域	避難指示区域のうち20mSvを下回ることが確実な地域。解除・帰還を目指す。	南相馬市小高区及び原町区の一部、楢葉町・葛尾村の大部分、双葉町・大熊町・浪江町・富岡町・川内村[4]・田村市[4]・飯舘村・川俣町の一部
D地域 D1	特定避難勧奨地点	住居単位で注意喚起、自主避難の支援・促進が行われた地点。現在はすべて解除。	伊達市・川内村・南相馬市原町区・鹿島区の一部世帯
D地域 D2	緊急時避難準備区域	緊急時の避難または屋内退避が可能な準備が指示された区域。2011年9月末解除。	南相馬市原町区のほぼ全域・鹿島区の一部、田村市の一部、川内村の大部分、広野町の全域、楢葉町の一部
D地域 D3	屋内退避区域	屋内退避が指示された区域のうち計画的避難区域・緊急時避難準備区域に移行しなかった区域。	いわき市の一部
D地域 D4	南相馬市の一部	南相馬市が独自に一時避難を要請した区域。2011年4月22日に帰宅を許容する。	南相馬市鹿島区の大部分
E地域	自主的避難等対象区域	原子力損害賠償紛争審査会の中間指針追補において、放射線被ばくへの恐怖や不安を抱いたことには相当の理由があり自主的避難を行ったこともやむを得ないとされた区域。避難指示は出されていない。	県北（福島市等）・県中（郡山市等）・相双（相馬市等）・いわき市のうち上記の含まれない区域
F地域	半額賠償区域	自主的避難等対象区域には指定されなかったが東京電力が住民に対し慰謝料等の賠償を行った区域。	県南（白河市等）、宮城県丸森町
G地域	なし	F地域までに含まれない地域。	上記を除く福島県、宮城県（丸森町除く）・茨城県・栃木県・群馬県・千葉県等

1) 避難指示区域は警戒区域（福島第一原発から20km圏内）と計画的避難区域を指す。
2) 線量はすべて年間積算線量。
3) 川内村の居住制限区域は2014年10月に避難指示解除準備区域に移行した。
4) 田村市の避難指示解除準備区域は2014年4月に、川内村の避難指示解除準備区域は同年10月に、それぞれ解除された。
5) 単位は人。すべて概数。A地域からC地域については原子力被災者生活支援チーム「避難指示区域の見直しについて」（2013年10月）、D2～D4地域は同「避難住民の現状について」（2011年4月23日）。D1地域については、人口が公表されていないため世帯数を記載。E地域・F地域については2010年国勢調査に基づき独自に算出。
6) 単位は円。中間指針・同追補および東京電力の独自基準による生活者の賠償基準の骨子のみ記載。詳しくは第Ⅰ部3「賠償の全体像」を参照。

人口[5]	避難慰謝料等[6]	支援施策					
^	^	除染[8]	支援対象地域[9]	復興公営住宅[10]	借上住宅[11]	健康診断[12]	高速道路無料化[13]
2.5万	避難慰謝料・月10万（合計750万）帰還不能・生活断念加算・700万	◎	-	○	○	○	○
2.3万		◎	-	○	◎	○	○
3.3万	避難慰謝料・月10万円（解除後1年まで）[7]	◎	-	○	○	○	○
282世帯	避難慰謝料：月10万（解除後3ヵ月まで）	○	-	×	○	○	○
5.9万	避難慰謝料：月10万（2012年8月末まで）	○	-	×	○	○	○
0.2万	避難慰謝料：月10万（2011年9月末まで）	○	○	○	○	△	△
0.9万	避難慰謝料：月10万円（2011年9月末まで）	○	○	×	○	△	△
143.5万	避難慰謝料＋生活費増加：子ども妊婦48万円（避難の場合68万円）その他大人8万円 雑費4万円	○	○	×	○	○/△	△
16.6万	避難慰謝料＋生活費増加：子ども妊婦20万円 雑費4万円	○/△	○/×	×	○	△/×	△
数百万〜	なし	△/×	×	×	△	△/×	×

7) 大熊町・双葉町の住民は、B地域・C地域からの避難者にも帰還不能・生活断念加算700万円が認められている。
8) 放射性物質除染対処特措法に基づく区分。◎：除染特別地域（国が除染）／○：汚染状況重点調査地域（市町村が除染）のうち高線量メニュー／△：汚染状況重点調査地域のうち低線量メニュー。
9) 原発事故子ども・被災者支援法の基本方針に基づく支援対象地域。
10) 避難指示区域外に居住していた者は、避難指示区域の居住者の入居が終了するまで復興公営住宅に入居できないとされている。
11) 災害救助法に基づく応急仮設住宅としての民間賃貸住宅借上制度利用の可否。
12) 福島県県民健康調査による区分。○：健康診査まで行われている区域／△：基本調査・子どもの甲状腺検査等しか行われていない区域／×：何ら健康診断が行われていないか市町村による独自の対応しか行われていない区域。
13) ○：すべての住民について無料／△：母子避難者等のみ無料／×：無料化措置なし。

A・B・C 地域 避難指示区域

江口智子（弁護士）

概況

A 地域 帰還困難区域

地域概要・対象地域

警戒区域及び計画的避難区域のうち年間積算線量が50mSvを超える地域が帰還困難区域に設定された。この地域は、事故後5年経過後も年間20mSvを下回らないおそれがあるとして、少なくとも5年間は居住を制限される[1]。

大熊町	10,571人（3,861世帯）
双葉町	6,237人（2,361世帯）
富岡町	4,273人（1,725世帯）
浪江町	3,343人（1,188世帯）
飯舘村	274人（73世帯）
葛尾村	118人（35世帯）
南相馬市	2人（1世帯）

帰還困難区域は2012年4月から始まった区域再編で設定された。区域再編終了時点（2013年8月）の対象となる市町村と人口は、表のとおり、合計約2万4800人、約9200世帯となる。大熊町及び双葉町では、人口の96%もの住民が居住していた地域が帰還困難区域になった。

対象地域に対する政府の指示内容

帰還困難区域では、防犯上の目的などから区域境界や個々の家に防護柵などを設置し、物理的な立ち入り制限を実施している。区域内での宿泊・新たな企業誘致・既存企業の再開・営農・営林についてはすべて認められていない。

住民の区域内への一時立ち入りには各市町村の許可が必要であり、例外的に、回数や時間などにも制限がある。一時立ち入りを実施する場合、個人線量計や防護服など放射線防護のために必要な装備の着用と、立ち入り後の放射線量の測定が必要となる。

帰還困難区域においては、道路の通行も原則として禁止されている。ただし、執筆時点（2015年7月）では、国道6号線や常磐道は自由に通行できるほか、通行証の発行を受けて通行が可能な特定幹線ルートが指定されている。

II 避難元の状況

指針に基づく賠償内容

(1) 指針で定めた精神的損害の持つ意味

　第Ⅰ部に記載のとおり、賠償基準の差が福島第一原発事故の被害者を分断する一因となっている。賠償基準の差が最も如実に表れたのは避難生活に伴う精神的損害である。

　原子力損害賠償紛争審査会（原賠審）が2011年8月5日に策定した中間指針では、「自宅以外での生活を長期間余儀なくされ、正常な日常生活の維持・継続が長期間にわたり著しく阻害されたために生じた精神的苦痛」（避難慰謝料）について、一人月額10万円（避難所等に避難した場合は一人月額12万円）を目安として賠償されることが明記された。この金額は、交通事故における自動車損害賠償責任保険の入院慰謝料を参考に決定されたため、合理性がなく、被害者の受けた精神的苦痛に照らすとあまりに低額であると批判されている。

　それでも、中間指針で定められた月額10万円は、対象者であれば直接請求という比較的簡易な手続きで受領することができる。そのため、生活の糧を奪われた避難者にとって月額10万円を得ることができる意味は大きい。

(2) 帰還困難区域の避難慰謝料

　避難指示区域では、原発事故発生から2012年5月末まで、避難慰謝料として一人月額10万円（避難所等の避難の場合は月額12万円）が賠償される。避難指示区域の見直しで帰還困難区域に設定された場合は、2012年5月末以降の避難慰謝料として一人600万円を一括で受領することができるとされた。帰還困難区域は、中間指針第二次追補において5年を経過してもなお年間積算線量が20mSvを下回らないおそれのある地域とされ、避難生活が少なくとも5年間は継続すると判断されたため、月額10万円の避難慰謝料を5年分まとめた600万円が一括して支払われることとなった。

　その後、中間指針第四次追補において、帰還困難区域の避難指示が事故後6年を大きく超えて長期化することが見込まれるために避難指示解除の時期に依存しない賠償が必要と考えられるとして、「長年住み慣れた住居及び地域が見通しのつかない長期間にわたって帰還不能となり、そこでの生活の断念を余儀なくされた精神的苦痛等」（以下「帰還不能・生活断念加算」という）として一括で700万円を加算して支払うこととされた。

(3) 自宅土地・建物の賠償について

　住み慣れた住居を失う避難者にとって、事故前に住んでいた自宅の土地・建物の賠償金額がいくらになるかは、住居を確保し生活を再建する上で大きな影響をもたらす。

　中間指針では、財物の価値の全部または一部が喪失した場合には、「現実に価値を喪失し又は減少した部分」が賠償すべき損害であると記載され、財物損害についてきわめて一般的な形でしか定められなかった。中間指針第二次追補では、帰還困難区域の財物価値が原発事故で100%減少（全損）したものとすると明記されたものの、事故前の自宅土地建物の価値の具体的な算出方法については何ら明らかにされなかった。その後、2012年7月20日に経済産業省が「避難指示区域

の見直しに伴う賠償基準の考え方」を公表し、事故前の不動産価値の具体的な算出方法を公表した。その4日後には東電が経産省の考え方に沿った賠償を受け付けることを明らかにした。

指針を策定することとされている原賠審では、上記の具体的な算出方法について議論されていないにもかかわらず、経産省が基準を突然公表したことから、不動産の賠償基準の策定過程が不透明であり公平性に欠けるとして批判された。また、経産省が示した考え方に従って事故前の土地建物の価値を算出しても、他の場所で土地と建物を取得し事故前と同程度の生活を再建することはほぼ不可能であった。避難者は、避難元からは離れた避難先での新居購入を希望する。一方、賠償額は比較的廉価な浜通りの地価を前提としてなされるため、自宅購入のために十分な金額にはなりにくい。

こうした批判を受け、中間指針第四次追補では、「第二次追補で示した財物としての住宅の賠償金額が低額となり、帰還の際の修繕・建て替えや長期間の避難等のための他所での住宅の取得ができないという問題が生じている」こと、および「長期間の避難等のために他所へ移住する場合には、従前よりも相対的に地価単価の高い地域に移住せざるを得ない場合があることから、移住先の土地を取得できないという問題も生じている」ことを指摘し、住宅取得のために実際に発生した費用と事故前の住宅の価値の差額についても、住宅確保損害として賠償されることとなった。

中間貯蔵施設問題について

除染で取り除いた土や放射性物質に汚染された廃棄物を、最終処分までの間、どこに管理・保管するかは、大きな問題となっていた。環境省は2011年10月29日、「中間貯蔵施設等についての基本的考え方について」を発表。除去土壌等や指定廃棄物等については、量が膨大で最終処分の方法について現時点で明らかにしがたいことから、一定期間、管理・保管するための施設を中間貯蔵施設と位置づけた。そして、「中間貯蔵開始後30年以内に、福島県外で最終処分を完了する」ことを前提に、2015年1月をめどに施設の供用を開始できるよう「政府として最大限の努力を行う」とした。その後、現地調査・住民説明会を経て、国は双葉町及び大熊町に中間貯蔵施設を集約し、2015年3月13日、福島県内の汚染土壌について中間貯蔵施設の用地内への搬入を開始した。

今後の見通し

帰還困難区域は、「将来にわたって居住を制限することを原則とし、線引きは少なくとも5年間は固定する」とされた。その扱いについては、将来時点における放射性物質による汚染レベルの状況、関連する市町村の復興再生のためのプランの内容やその実施状況などによって見直しを行うことになっている。そのため、帰還困難区域においては、避難生活の長期化を前提とした国の支援が実施されている。

内閣府原子力被災者生活支援チームが2013年10月に作成した資料には、双葉町と大熊町について、「帰還困難区域以外の区域も含め、避難指示解除見込み時期が全町一律「事故後6年」に設定された」との記載があるが、双葉町も大熊町も、町で策定した復興計画では具体的な解除時期・見通しについては明らかにしていない。2014年に行われた大熊町と双葉町の住民意向調査によると、両町とも約6割の人が戻らないと決めている。

注

1) 原子力災害対策本部は、2011年12月26日、「ステップ2の完了を受けた警戒区域及び避難指示区域の見直しに関する基本的考え方及び今後の検討課題について」において、帰還困難区域の定義及び性格として、「長期間、具体的には5年間を経過してもなお、年間積算線量が20mSvを下回らないおそれのある」地域を帰還困難区域にするとし、「将来にわたって居住を制限することを原則とし、線引きは少なくとも5年間は固定する」旨を明らかにした。そのため、本文中では「少なくとも5年」と記載した。原賠審が2012年3月16日に策定した中間指針第二次追補で、第3期（2012年6月以降）の慰謝料を帰還困難区域の場合5年分一括で受領できるとしたことからすると、事故から6年間は帰還できないと判断していたといえる。

B 地域 居住制限区域

地域概要・対象地域

警戒区域及び計画的避難区域のうち、年間積算線量が20mSvを超えるおそれがあり、50mSvを超えない地域が居住制限区域に設定された。この地域は、20mSvを下回ることが確実になると避難指示解除準備区域に移行する。

居住制限区域も、前述の帰還困難区域と同様に、2012年4月から行われた区域再編で設定されたものである。

富岡町	8,821人（3,530世帯）
浪江町	8,260人（3,048世帯）
飯舘村	5,192人（1,528世帯）
南相馬市	510人（130世帯）
大熊町	362人（126世帯）
川俣町	127人（45世帯）
葛尾村	64人（22世帯）
川内村	58人（18世帯）

区域再編終了時点（2013年8月）で対象となる市町村と人口は、表のとおり、合計約2万3400人、約8400世帯であった。飯舘村では人口の83％、富岡町では人口の61％の住民の居住する地域が、居住制限区域となった。

政府は、2014年10月1日、川内村の居住制限区域を避難指示解除準備区域に移行した。

政府の指示内容

居住制限区域は、帰還困難区域とは異なり、①主要道路における通過交通、②住民の一時的な帰宅、③除染、防犯、復旧等公益を目的とした立ち入りは認められているが、自宅等での宿泊は禁止されている。ただし、市町村からの強い要望に応え、自宅等での宿泊の要望が多い年末年始やお盆などの時期に短期間の特例宿泊が実施されている。④事業活動については、次のⅠからⅢを満たすか否かを市町村が判断したうえで、活動が認められている。

Ⅰ．事業所付近の平均空間線量率が毎時3.8μSvを大きく超えないこと、Ⅱ．居住制限区域における事業活動が国際放射線防護委員会（ICRP）の正当化の原則（被ばくによる損害を上回る公益性や必要性が求められる）に照らし、許容できる範囲であること。Ⅲ．次のⅰまたはⅱのいずれかを満たすこと、ⅰ）地域の経済基盤となる雇用の維持・創出に不可欠な事業（製造業、病院、小

売店等で居住者を対象とした事業・サービスの再開を除く）、ⅱ）復興、復旧作業に付随して必要となる事業（金融機関、ガソリンスタンドなど）。

立ち入りについては線量管理は義務づけられていないものの、不要不急の立ち入りを控えること、立ち入った場合は用事が終わったら速やかに退出することが求められている。

指針に基づく賠償内容

(1) 居住制限区域の避難慰謝料

原発事故発生から2012年5月末までは、帰還困難区域と同様に、避難慰謝料として一人月額10万円（避難所等の避難の場合は月額12万円）が賠償される。

避難指示区域の見直しで居住制限区域に設定された場合、2012年5月末以降の避難慰謝料として一人月額10万円を目安に、おおむね2年分としてまとめて240万円を一括して請求することが中間指針第二次追補で認められた。避難慰謝料については、避難指示の解除後1年を目安として打ち切られることになっている。

その後、政府は、2015年6月12日、福島復興加速化指針を改訂し、居住制限区域の精神的損害賠償について、「解除の時期にかかわらず、事故から6年後（2017年3月）に解除する場合と同等の支払いを行うよう、国は、東京電力に対して指導を行う」ことを明らかにした。これは、解除時期にかかわらず2018年3月分で避難慰謝料の支払いを打ち切ることを意味する。

なお、大熊町の場合、居住制限区域であっても、帰還不能・生活断念加算の700万円の賠償が認められている。

(2) 自宅土地・建物の賠償について

財物賠償の詳細についてはA地域参照。東京電力は、不動産価値の事故による減少率を原則として36/72（帰還困難区域の半分）として賠償している。

居住制限区域に居住していた者の住宅確保損害について、中間指針第四次追補では、帰還困難区域と異なり、移住等をすることが合理的であることを、被害者が主張・立証しなければならない。ただし、住宅確保損害について直接請求をした場合、被害者がチェック方式で移住の合理性を申告することになっており、実際は緩やかに審査されている。移住等の合理性が認められたとしても、土地については、帰還困難区域と異なり、避難指示の解除等により土地の価値が回復し得ることが考慮され、取得した土地と事故前の宅地の差額の75％しか賠償されない。

今後の見通し

居住制限区域は、除染や放射線量の自然減衰などによって、住民が受ける年間積算線量が20mSv以下であることが確実であることが確認された場合には、「避難指示解除準備区域」に移行するとされている。

政府は、2015年6月12日に改定した福島復興加速化指針の中で、居住制限区域について、遅くとも事故から6年後の2017年3月までに避難指示を解除できるよう、環境整備を加速させることを明らかにした。

C地域 避難指示解除準備区域

地域概要・対象地域

　警戒区域及び計画的避難区域のうち年間積算線量が20mSv以下となることが確実とされた地域は、避難指示解除準備区域に設定された。この地域は、電気、ガス、上下水道、主要交通網、通信など日常生活に必要なインフラや医療・介護・郵便など生活関連サービスの復旧を迅速に実施することで住民の帰還が目指される。

　避難指示解除準備区域は、帰還困難区域等と同様、2012年4月から行われた区域再編で設定されたものである。区域再編終了時点（2013年8月）の対象となる市町村と人口は、表のとおり、合計約3万3100人、約1万1200世帯であった。葛尾村の人口の約88％、楢葉町の人口の99％の住民の居住する地域が、避難指示解除準備区域となった。

南相馬市	－12,238人（3,762世帯）
浪江町	——7,902人（3,004世帯）
楢葉町	——7,525人（2,738世帯）
富岡町	——1,319人（471世帯）
葛尾村	——1,329人（412世帯）
川俣町	——1,077人（313世帯）
飯舘村	———784人（200世帯）
田村市	———351人（117世帯）
川内村	———276人（134世帯）
双葉町	———255人（76世帯）
大熊町	————23人（12世帯）

　田村市及び川内村では、福島第一原子力発電所から20km圏内の地域が避難指示解除準備区域に指定されていたが、2014年4月1日に田村市の避難指示が解除され、2014年10月1日には川内村の避難指示が解除された。

政府の指示内容

　避難指示解除準備区域は、解除された地域を除き当面の間は引き続き避難指示が継続されることとなるが、復旧・復興のための支援策を迅速に実施し、帰還のための環境整備を目指す区域と位置づけられている。

　そのため、避難指示解除準備区域では、居住制限区域でも認められている①主要道路における通過交通、②住民の一時的な帰宅、③公益を目的とした立ち入りだけではなく、居住制限区域では許可取得手続きが必要な事業活動も広く認められている。具体的には、④金融機関、ガソリンスタンド等復旧・復興に不可欠な事業、⑤製造業等居住者を対象としない事業、⑥営農・営林である。居住者を対象とする事業は原則として不可だが、病院、介護施設、飲食業、小売業、サービス業等については、施設の新築や補修、在庫管理等事業の実施に向けた準備作業は可能とされ、事実上、広く活動が認められている。また、区域内の宿泊は原則として認められていないが、居住制限区域と同様、特定の時期には特例宿泊が実施されている。さらに「ふるさとへの帰還に向けた準備のための宿泊」として、避難指示解除前に長期間の宿泊が認められる。避難指示解除準備区域の解除前に、田村市では8ヵ月間、川内村では約5ヵ月間、長期間の宿泊が実施された。

指針に基づく賠償内容

(1) 避難指示解除準備区域の避難慰謝料

原発事故発生から2012年5月末までは、帰還困難区域及び居住制限区域と同様に、避難慰謝料として一人月額10万円（避難所等の避難の場合は月額12万円）が賠償される。避難指示区域の見直しで避難指示解除準備区域に設定された場合、2012年5月末以降の避難慰謝料として一人月額10万円が賠償される。東電は、1年分120万円の一括支払いを認めている。

避難慰謝料は、避難指示解除準備区域の解除から1年を目安に打ち切られるものとされていたが、政府は、2015年6月12日に改定した福島復興加速化指針の中で、避難指示解除準備区域の精神的損害賠償について、居住制限区域と同様に、解除時期にかかわらず2018年3月分で支払いを打ち切ることを明らかにした。

なお、大熊町及び双葉町の場合、避難指示解除準備区域であっても、帰還不能・生活断念加算の700万円の賠償が認められている。

(2) 自宅土地・建物の賠償について

財物賠償の詳細についてはA地域参照。東京電力は、不動産価値の事故による減少率を、24/72（帰還困難区域の3分の1）として計算し、賠償していた。住宅確保損害についても、居住制限区域と同じ考え方が採用されている。

今後の見通し

電気、ガス、上下水道、主要交通網、通信など日常生活に必須なインフラや医療・介護・郵便などの生活関連サービスがおおむね復旧し、子どもの生活環境を中心とする除染作業が十分に進捗した段階で、県、市町村、住民との十分な協議を踏まえ、政府が避難指示を解除するものとされている。

政府は、2015年6月12日に改定した福島復興加速化指針の中で、避難指示解除準備区域について、遅くとも事故から6年後の2017年3月までに避難指示を解除できるよう、環境整備を加速させることを明らかにした。

支援施策

(1) 避難者向け行政サービス・減免措置等

　原発避難者特例法により、A地域からC地域の住民は、住民票を移さずに避難していても、避難場所等の情報を届け出た場合には、保育所への入所・予防接種・児童の就学等一定の行政サービスを、避難先の自治体等で受けることができる。総務省によると、避難先の自治体等が処理する事務経費については、国が、避難先自治体等に対し、避難者一人あたり4万2000円に避難者の人数を掛けた金額を特別交付税として交付している。

　上記のほかに、A～C地域の避難者には、医療費の自己負担や介護保険利用者負担の免除措置、国民健康保険料・介護保険料の免除措置が適用される（執筆時点で2016年2月29日まで適用）。ただし、避難指示が解除された田村市及び川内村のC地域については、2015年10月から上位所得層のみ医療費の一部負担金や介護保険料の利用者負担の免除措置の適用がなくなる。上記措置とは別に、18歳以下の医療費無料化措置は、福島県内に住所がある18歳以下の子どもに適用がある。詳細は、E～G地域の「支援施策」参照。

　さらに、課税措置にも特例が認められている。まず、固定資産税・都市計画税・不動産取得税であるが、避難指示区域のうち各年度において市町村長が指定する区域内の土地・家屋については、その年度の固定資産税等の課税が免除され、解除された場合でも土地・家屋については、原則3年度分その税額の2分の1が減額される。自動車取得税・自動車税・軽自動車税については、警戒区域内の自動車が永久抹消登録等されたときは自動車税・軽自動車税が課されないこととなっている。住民税については、市町村によって扱いが異なり、同じ避難指示区域でも、2015年度について課税が免除されている自治体もあれば、免除されていない自治体もある。

(2) 福島復興再生特別措置法

　福島復興再生特別措置法（特措法）は、「安心して暮らし、子どもを生み、育てることができる環境を実現」し、「福島の地域社会の絆の維持及び再生を図ること」などを旨として福島の復興及び再生の推進を目的とした法律である。特措法では、政府による避難指示が全て解除された区域や避難指示が全て解除される見込みであるとされた区域を対象に、①既存産業の再開支援、雇用創出等の産業の復興及び再生、②道路、港湾、河川等の公共施設の整備、③放射線からの安全・安心の確保・上下水道等の整備など生活環境の整備、④事業再開のための税制上の優遇といった様々な措置が取られることとなっている。また、避難指示区域を対象に、⑤公営住宅への入居資格の特例など居住安定の確保のための特例措置が定められている。

　A地域からC地域は、解除前は上記⑤の特例の対象となっており、避難指示が解除されると上記①から④のような様々な措置の対象となる。

(3) 住宅への入居

A～C地域からの避難者は、災害救助法に基づき、応急仮設住宅（みなし仮設住宅）などを利用して避難先を確保している。上記はあくまで一時的な避難先であるとされ、供与期間が1年ごとにしか延長されず、執筆時点の供与期間は2017年3月末となっている。

長期間に及ぶ避難に対応するため、A地域からC地域について、特措法の生活拠点形成事業で公営住宅（復興公営住宅）を整備することとし、国が、コミュニティ復活交付金等を各自治体に交付して整備を進めている。公営住宅は本来、住む家に困る低額所得者を対象としたもので、入居資格には、①収入基準、②住宅困窮要件がある。このうち、特措法は、国が避難指示を出したA地域からC地域の住民は、避難の継続を余儀なくされることから現に居住できる住宅がない点で、②住宅困窮要件を満たしているとした。そのうえで、特措法では、さらに①の収入要件を撤廃し、復興公営住宅に広く入居できることとした。そのため、避難指示区域にある住宅に事故当時居住していた者は公営住宅に入居することができる。しかし、福島県復興公営住宅では、運用によって、建築した団地ごとに入居対象市町村が限定されている。2015年3月末時点で、富岡町、大熊町、双葉町、浪江町、飯舘村の住民、及び川俣町、川内村、葛尾村のB地域またはC地域に該当した住民について募集が行われている。このほか、南相馬市や田村市などは、市営の公営住宅を建設し、当該自治体に居住していた者を対象に入居を募集している。

(4) 健康診断

特措法に基づく福島復興再生基本方針では、福島全域を対象に、放射線による健康上の不安の解消のため、福島県による健康管理調査の円滑な実施の確保や、被ばく放射線量の検査など健康増進等を図るための施策を推進するとしている。

福島県による県民健康調査は主に、外部被ばく量の推計を行う基本調査、事故当時18歳以下だった子どもを対象とする甲状腺検査、より広い健康影響の把握を目的に尿検査や血液検査等を行う健康診査からなる。このうち、基本調査と子どもの甲状腺検査は、福島県全県を対象として実施されている。一方、健康診査は、国が指定した避難区域等に居住していた住民のみを対象として行われる。

A地域からC地域に居住していた者は、基本調査だけでなく、健康診査も受けることができる。

(5) 高速道路無料化

道路整備特別措置法に基づき、A地域からC地域を含む原発事故の警戒区域等に居住していた住民を対象に、高速道路の無料化措置が講じられている。2015年3月末の時点で、2016年3月末までの継続が決定している。

(6) 除染

放射性物質汚染対処特措法に基づく除染が行われており、A地域からC地域については、除染特別区域とされ国が直轄で除染を行うこととされている。ただし、帰還困難区域の除染については、モデル事業などの結果などを踏まえ、県・市町村や住民など関係者と協議の上、対応の方向性を検討することとされている。そのため帰還困難区域では、本格的な除染は未だ行われていない。

避難者が抱える困難

　A地域からC地域の避難者は、他の地域に比べて最も手厚い支援を受けているとされている。その一方で、以下のような問題点があると考えられる。

　第一に、統一的な支援施策が存在しない。各地域の支援施策概要で述べたとおり、A地域からC地域の避難者には、各種公租公課等の減免措置、住宅の確保、健康診断等の支援策が用意されている。しかし、その適用根拠となる法律は多岐にわたり、避難者にとってわかりやすく体系だったものになっていない。また、各支援策の適用対象地域も、自治体ごとに対応が異なっているものがある。例えば、租税等の減免措置の適用や災害公営住宅の入居対象者については、A地域からC地域の区域分けにかかわらず自治体ごとに対応が異なっている。福島県復興公営住宅は団地ごとに入居対象市町村が限定されているなど、同じ地域区分の被災者が置かれている状況は変わらないにもかかわらず、自治体によって対応に差があり合理性に欠ける。統一的で公平な施策を講じることが求められる。

　第二に、最も手厚いといわれるA地域からC地域の損害賠償ですら、不十分な水準にとどまっている。前述のとおり、避難慰謝料の月額10万円という基準は低すぎるという批判もある。A地域からC地域の住民は、原発事故発生当時、十分な情報がなく、混乱の中で文字通り「着の身着のまま」の避難を余儀なくされ、事故から4年経過した現在も自宅で日常生活を送ることはできない状況に置かれている。このような状況の中で、長い時間をかけて築き上げられたコミュニティが崩壊し、支え合いの消失、住民同士のコミュニケーション不足、伝統芸能・祭などが再開していないといった問題が発生しているが、原賠審での精神的損害の賠償の検討の際にこういった事情については考慮されていない。

　第三に、長期化する避難生活のために人々の帰還意向が減少し、地域のコミュニティ再建が困難になっている。2015年4月5日の毎日新聞朝刊「「避難先から帰還」に地域差」によると、復興庁と福島県等が共同で実施したA地域からC地域に居住していた住民が対象の2014年度の意向調査で、避難指示解除後も帰還しない意思を示した世帯が40.3％に対し、帰還に前向きな回答が全体の25.5％にとどまった。特に、大熊、双葉、富岡、浪江の4町では「戻らない」という回答は半数前後に上り、「戻りたい」は1割台だった。今後の地域の再建には、こうした住民の意向を踏まえた対応が求められることなる。

　しかし、2015年6月12日に改定した福島復興加速化指針では、帰還のための支援策ばかりが打ち出され、避難を継続する者に対する支援策は見当たらない。復興加速化指針では、「避難指示が解除されたとしても、個々の住民の方々が故郷に帰還するか否かは、それぞれの様々な事情により判断がなされるものであり、国が避難指示を解除したことをもって、住民の方々に帰還を強制するものではない」と明記されているものの、避難者への支援策や賠償が解除に伴って打ち切られれば、事実上、帰還が強制されることにつながると言える。事故から時間が経過するにつれ、最も手厚い支援を受けているとされる地域でさえ避難の継続は困難となってきている。

A地域 避難指示区域（帰還困難区域）
当事者へのヒアリング①

双葉町／吉田俊秀さん（67）

家族構成：妻（70）／母（91）

避難経路：福島県双葉町→福島県川俣町→埼玉県さいたま市スーパーアリーナ
→埼玉県加須市

　私は、双葉町でガソリンスタンドを営んでいました。2011年3月11日の夜から、避難する人がスタンドに行列を作っていたので、その日は24時間ガソリンを入れ続けていたんです。12日の朝7時半ごろ、白い防護服の警察官が4人来て「内閣総理大臣の命令だから、スタンドを閉めて逃げなさい。国の命令です」と言いました。そのセリフを今でも忘れられなくて、たまに思いだしますね。

　私たち家族は双葉町民と一緒に逃げました。まずは、川俣町に行ったんです。

　寒い時期だったので、「灯油が不足するだろう」と予想して、2000リットルのタンクローリー車3台──2台に灯油、1台に軽油を入れて、従業員と避難所に行きました。川俣町には7ヵ所の避難所があって、そこをぐるぐる回って灯油や軽油を届けていました。

　18日の夜に「双葉町民は、明日、埼玉県のスーパーアリーナにむかいます」という放送が避難所に流れて、翌朝に、福島市のあずま総合運動公園の駐車場に、バス45台が迎えに来ました。

　その避難のとき、町民は75リットルの袋を一つしか持っていけなかったんですよ。みんな毛布1枚程度です。

　私たち家族は、娘の家族と7人でタンクローリー車と軽自動車に乗って、バスを追いかけました。でも、途中、置いていかれて、なんとかたどり着いたときには、もう19時で、真っ暗でした。さいたまスーパーアリーナは、人であふれていました。

　スーパーアリーナが31日に閉鎖になり、双葉町民は旧騎西高校に行くことになって、町民は再びバスで移動しました。私はタンクローリーで移動しましたが、到着するころ、窓から見えた「ようこそ双葉町民のみなさん」という横断幕が、印象に残っています。

　旧騎西高校には最初、1400人ほどいました。1教室に20家族。一人あたり、畳1枚分。とにかく、生きているのに精一杯の状況だし、さいたまスーパーアリーナでは段ボール生活でしたから、畳と布団がある、というだけで本当にホッとしたんですよ。

　そのころ、私は支援物資の受け入れと配布を担当する、臨時職員になりました。大変でした。ハンドマイクを持って「ダメだ！　ルールを守ってくれ！」と怒鳴ったりもしました。当時は無我夢中でしたが、冷静になってよくわかるんです。何もない、ゼロの状況の、「自分さえもらえれば」という人間の欲望の険しさっていうのかな。本当に、みんな何も持っていなかったんです

よね。そのほかにも避難所生活では、いろいろな人の欲望が垣間見えてしまいました。「失ったものは何ですか」と言われると、信頼や絆、人間関係ではないかな、と思ってしまうんです。

2011年8月くらいから、外にアパートを借りる人が出てきました。これにも問題があってね。借上住宅の住み替えができないので、最初に引っ越ししたところで我慢している人がたくさんいます。東電の家賃賠償も、お金が戻ってくるのに時間がかかるんです。

私は2011年4月にすでに部屋を借りました。母と妻はそこに住み、私は旧騎西高校の部屋長だったので、そちらに寝泊まりし続けました。

2013年2月、埼玉県加須市に今の家を購入しました。住めば都、じゃないですが、年を考えると、もう今の家に永住しようかと思います。

旧騎西高校に最後まで残った人たちは、一緒に居たかったんですよ。その人たちが、避難所を出たいま、孤立してしまい、弱っています。私たちが「復興公営住宅を県外（埼玉県）に作ってください」と訴えているのは、そういう理由です。

2014年3月に、双葉町埼玉自治会を立ち上げました。その自治会に参加している方の中で、「復興公営住宅に住みたい」と希望しているのは35世帯です。家を買った人は40世帯くらい。「高齢だから買っても仕方ない」という人もいますし、借上住宅が続いているから、そのまま住み続けたいという人もいます。

中間貯蔵施設については、賛否ありますが、私は賛成しないといけないのではないかと思います。そうしなければ、復興はないですよね。栃木県塩谷町に最終処分場を作る、といわれて、誰が賛成するか？とも思うんです。それなら、双葉町のほうがいい。私だって土地を提供しますよ。

ただ、やり方に問題があるんですよね。上だけで決めて、あとから住民に説明をするやり方では、いいとは誰も言いませんよ。まずは、「申し訳ないが作らせてください」というお詫びをしないと。

「ふるさと」という歌がありますよね。あの歌が流れると、自然と涙が出てしまうんですよ。祖先からの土地をなくすのは、もちろん、つらいんですよね。でも、自分のせいではない、と言い聞かせるんです。私のせいではなく、事故のせいだ、と。

それから「心の被ばく」ですね。自分の心が負った被ばくがとれない。原発のことがテレビで流れると、光景が浮かぶんです。防災無線の音、避難途中の風景がパッ……とね。消したいんだけれど、消えない。苦痛です。

「がんばれ」というのは違うと思うんです。「がんばれ」と言われても、どうがんばっていいのかわかりません。「負けないで生きていこう」と、そう、声をかけあいたいと思っています。

［2015年1月22日聞き取り／吉田千亜］

A 地域　避難指示区域（帰還困難区域）
当事者へのヒアリング②

浪江町／篠原美陽子さん（40）

家族構成：夫の両親（70代）／夫（40代）／長女（18）／長男（10）
避難経路：福島県浪江町→埼玉県鴻巣市

私は埼玉県蕨市出身で、夫と結婚して夫の実家がある浪江町に行きました。私の両親も浪江出身で、毎年通っていたので抵抗はありませんでした。事故がなかったら浪江に一生住んでいたと思います。

自宅と夫の両親が経営する旅館があるのは小丸という地域で帰還困難区域、夫と経営していた料亭は避難指示解除準備区域です。

3月12日の夜、20km圏内に避難指示が出ているのをテレビで見て、発電所の危機を知りました。30分ほどで準備して、浪江町の避難所になっていた津島地区に車で向かいました。しかし渋滞でなかなか動かず、さらに避難所が満杯で入れないとのことで、さらに西の川俣町に向かいました。しかし、そこの小学校体育館にも入れず、車の中で眠ることになりました。

13日の夕方、福島市にガソリンを売っているところがあると聞いて出発しました。何ヵ所目か探し回ったスタンドで3時間近く並んでなんとか買うことができ、案内された福島高校で毛布と段ボールを借りて眠ることができました。14日の早朝、さらに大地震が起こる可能性も考え、県外に出るのを決意。南下しましたが、栃木も茨城も被害を感じて埼玉まで行きました。カーラジオから流れる、情報だけが頼り。でも、時々切り替え、子どもたちが暗くなりそうなとき、ラジオで何度も流れたアンパンマンの歌やCDが心の支えになっていました。

車中泊や埼玉の母親の家などを転々としながら、今後をどうしようかと悩んでいるときに、さいたまスーパーアリーナに避難所が開設されました。どんな状態かと訪ねていくと、ボランティアで溢れかえっていて……気持ちはありがたいのですが、ここで長期間過ごすのは無理だと感じました。入れる住宅を探したところ、29日に鴻巣市内のUR住宅に入ることができました。

最も気にしていたのは子どものこと。長女は当時中学2年生で、本格的にピアノを習っていて、志望校も絞れていたのですが、私たちが福島に帰れるのがいつかわからないので、寮がある東京の音大付属高校に決めました。今も鴻巣から通っているんですが、今後の展開に対応し、一人でも生活できるようにと。

私もそうですが、夫の両親も団地に住んだことがない。外の音に対してもそうだし、自分たちの出す音も気になってイライラしていました。夫の両親の気持ちが少しでも紛れればと思い、市民農園を鴻巣市から貸して頂きました。

私自身は11年5月から賠償関係のコールセンターを運営する会社で契約社員として働き始

ました。人生初のOL生活です。浪江のお店は東電関係のお客さんも多くて、私にできる何かをしたくて、紹介していただきました。生活費が目的ではありませんが、「お母さんが働いているから生活は大丈夫だよ」って子どもたちに安心してほしかった。ただ夫は「何でよりにもよって東電関係なんだ」と少し嫌そうでした。夫は料理人で、お客さんに対応していたのは私なので、その辺りの考え方は少し違います。

被災者の役に立ちたいとも思って始めた仕事でしたが、良くしたいと思っていろいろ提案しても何も変えることができずにストレスがたまりました。だんだんと自分自身が壊れていくように感じて、2年ほどで退職しました。

私は被害者になりきれていないと思います。賠償の話は被害者の立場にもなるので、それがおかしくなった原因の一つかもしれません。被害者で居続けたくないんです。夫婦で働いていない状態ってつらいんですよ。まわりのママさんたちは働いている人が多くて、同じ避難者でも男性陣は発電所関係の人が多くて、夫婦で無職なのは私たちぐらい。「賠償で生活しているんだろうな」って言われているように感じる。

この1年半くらい夫婦で毎週浪江に通っています。午前3時ぐらいに鴻巣を出て、朝7時に浪江に着きます。子どももいるので日帰りです。最近は開通した国道6号線を使うので、以前よりも30分ぐらい短縮されました。週1回行くと季節が変わっていくのも見えて楽しいです。車で行くので、行き帰りにいろんな話をします。この前はノーベル賞の話をしました。夫が一番話す時間なんだと思います。

浪江ではお店や自宅を掃除したり、賠償のために設備やお皿などの資産を撮影したり。きれいにしたいんです。それに子どもたちにとっては、出てきたあの日のままなんです。ピアノも置いたままです。何か次に進むにしても、親としてあの日の状態に戻してから子どもたちに見せないと、次に踏み切りがつかないと思うんです。

浪江の店はまだいろいろやらなければいけないことがあると思っています。住民票も浪江に残したままです。帰るつもりだからです。この年齢で新しいことはできないし、女将としてやってきたことを失いたくない。夫も海外で日本料理を教えてほしいとか話は来ていますが、使われる身になるのは大変だと思います。

ただ今後どうするかとなると、長男のことを一番に考えます。以前は中学進学時に福島県内に戻ろうかと話をしていたんですが、4年近く経って鴻巣になじんでいるし、最近は、中学3年間はこちらにいた方がいいのかなと思ってます。

この事故をどう捉えているかといえば、運命というか宿命に近い感覚です。浪江に嫁いで、今は埼玉に舞い戻っているのも。その意味では私は事故を受け入れているのかもしれません。

[2014年10月24日聞き取り／日野行介]

避難指示区域――A・B・C地域

A地域 避難指示区域（帰還困難区域）
当事者へのヒアリング③

飯舘村長泥地区／鴫原良友さん（64）

家族構成：妻（61）／次男（38）／孫（小5）／孫（小2）
避難経路：福島県飯舘村長泥地区→福島県福島市

私は、長泥地区（飯舘村）に生まれたときから住んでいました。震災前は、兼業農家で、牛を飼い、会社勤めもしていました。

私は長泥に、最後まで残った人間です。被ばく量も一番多かったと思いますよ。みんなが「鴫原さんが大丈夫だったらみんな大丈夫」と言っているくらいです。

飯舘村が計画的避難区域に指定されたのは2011（平成23）年の4月11日でした。約40日間、みんな被ばくし続けました。3月17日には長泥地区は95 μSv/h（マイクロシーベルト／毎時）あったんです。放射能の怖さも線量の高さも知らずに、南相馬のほうから避難してきた1400人くらいの方のために、みな、おにぎりを握っていたんです。

私が避難をしたのは、6月22日。5月くらいに「避難した」という届け出を出して、実際には6月22日までいました。競りに出すまでは仔牛を餓死させたくなかったから。6月22日にやっと本宮市の市場に競りに出せました。ほっとしましたが、生まれてからずっと牛と生活してきたので、家族を失ったような気持ちでした。家族を選ぶか、牛を選ぶか、って聞かれたら、みんな当然「家族だろう」って言うだろうけれど、俺にとってみたら、どっちも家族で、境はなかったんです。

牛との別れもつらかったんですが、一番つらいのは、孫を被ばくさせてしまったことです。何も知らずにしばらく生活していましたから。今でも、家の中で低い方で4 μSv/h、山側は家の中でも6 μSv/hあります。「孫のことを思うと涙が出る」ってよく話すんだけど、一番キツイですよ。放射能の危険性について、本当のことを教えてほしかった、といつも思います。

長泥は、5年分の補償金を一度にもらいました。一人600万。これね、一人暮らししてる人は、もういま、お金ないですよ。生活できないですよ。うちはまだ、5人家族だからいいんですけど、一人暮らしの人がお金もなくなって、家はボロボロになって、どうしようもないですよね。そういう生活再建にはお金が出ないのに、除染にはお金が出るんです。一軒1億円かかっても、除染はするって言うんです。

東電は、家にしても牛にしても、「お金もらったら代わりを求めればいい」と、私に言いました。何を言ってるんだ、という話です。

自分の祖先が苦労して作ってきた故郷を忘れて、はい次の場所へ、なんて考えられるものじゃないんですよ。宙づりのままトンネルの中に入れられて、真っ暗な中、前にも後ろにも進めない

ような感じです。それは本当につらいんです。

 だんだん、考える力がなくなってくるんですよ。戻るか戻らないかも「自分で決めなさい」と言われているんですよね。年間5mSvだの、年間1mSvだの、国は投げやりです。「ここまで安全」「ここまで補償する」ということも言わないんですから。自分たちの先の具体的なことが、決められないんです。

 それで、家族で会議をしたんです。そうしたら、次男は「戻らない」、孫も「戻らない」、妻は「孫のいない生活なんて考えられないから戻らない」と──。そうなると、俺一人で戻ったって仕方ないですよね。もう戻れないんだな、と。やっと納得しよう、と思いました。

 まあ、妥協ですよね。戻りたいと思っていても、戻れない。戻りたくても、俺だけ一人で戻ることなんて、望んでいないんです。

 きっと、他人からみたら、「なんでこんな山奥に帰りたいのか」と言うんじゃないかと思います。東電の人なんて「移住は転勤と同じです」なんて言いますから。でも、違うんだ。そこが、俺にとってはたったひとつの場所なんです。

 なぜ、みんなで集まって、神社でお神輿をやるのか。どうして、みんなで盆踊りを踊るのか。故郷ってなんなのか──たぶん、祖先への感謝の気持ちかもしれないですよね。俺も、離れてみてはじめて気がついたんです。お母さんのところに帰るような安堵感は、もう得られないんだな、と。

 我々は飼いならされているんだと思います。夢も希望もありませんよ。長泥の住民も、福島県の地元の人も、みんなで怒っていいんだと思うんです。俺は、「社会運動」みたいなことはあんまり好きじゃなかったんだけど、こういう立場になってみて、きちんと言っていかないといけないんだって思うようになりました。おかしい、ということをね。

 それと、原発事故が起きて、人間の生き方も考えるようになりました。生活は豊かになっても、人の心は貧しくなっている。そのことに早く気づかないといけないと思うんです。それに「復興」っていうのは、見た目の生活がもとに戻ったときのことではなくて、俺が思うのは、文化的なことを、語れるようになること、ではないかと思うんです。音楽を聴いたり、盆踊りをみんなで踊ったり。

 そういうことが心の底から楽しめるようになったときが、たぶん、「本当の復興」なんですよね。

［2014年10月12日聞き取り／吉田千亜］

避難指示区域──A・B・C地域

B地域 避難指示区域（居住制限区域）
当事者へのヒアリング④

富岡町／市村高志さん（45）
いちむらたかし

家族構成：妻／長女／長男／次女／母

避難経路：福島県富岡町→福島県川内村→埼玉県→東京都練馬区→東京都足立区

「暮らし」がなくなった、というのかな。抽象的な言い方になるけど「人生を奪われた」という感覚がある。死ぬまで富岡町にいると思っていたからね。

富岡には17年住んでいたのね。それまで横浜に住んでいて、富岡では「よそ者」だったから、その土地に馴染んで仕事をするために、人一倍頑張った17年だった。子どもたちは「地元の子」として根付いていたから、富岡町は子どもたちの「故郷」なんだよね。

3月12日に、子どもたちには言ったの。「もう、家には帰れないよ」って。そうしたら、一晩中泣かれた。飼っていた犬も置いてきたから、子どもは、そのあとも一日中泣いていたんだよ。そんな合間に、ヨウ素剤も飲ませなくちゃいけない。すごい状況だよ。近くにいた80歳くらいのおばあちゃんが言ってたよ、「戦争よりひどい」って。

3月11〜16日のことを話そうとすると蘇るんだよね。本当の怖さが。防護服の人や特殊車両が通り過ぎる中、俺の子どもは無防備な姿でいるんだよ。何の情報もない中で。

子どもたちも、空気感は読める。ただごとではない、って。不安だとも、誰も言わなかった。ただ、ただ、一刻も早くここから出なくては、と。

リフレ富岡、という施設があるんだけど、そこに、バスが来て、みんなで川内村に避難したの。ガソリンない人や自力で避難できない人は、みんなそこに集まることになっていてね。その中には、親と会えていない子どもたちもいた。その子たちは親に会えたのかな……と今でもふと、思う。

川内村には、16日までいた。3号機が爆発したとき、「このまま全基爆発したら、死ぬだろう」と思ったよ。ガソリンもなくて、「せめて、子どもだけでも逃がせないか」とうちの奥さんと真剣に話し合って。川内村から出られたのは、16日。子どもの友だちの親が、いったん避難した北茨城から戻ってきて、助けてくれたの。ワゴンも貸してくれて。電話も通じない中で、見つけてくれたのは本当に奇跡だと思った。

そのあと、埼玉の叔母のところに少しいて、それから従兄弟がいる練馬に行って、その間に住宅支援を探した。本当は横浜に行きたかったんだけど、そのころまだ神奈川県は原発避難者を受け入れていなかったんだよね。東京都が一番早くて、公営住宅に入居できたのが4月1日。その後の数日で、上の子は都内の高校に入学が決まって、なんとか入学式にもぎりぎり間に合った。それが、4月7日。すごいでしょう。

それまでの自分は、本当に気ままに生きて「こうしたい」ということを通してきたし、これからも、そんな生活をするんだろうなって思っていたんだよね。でも、避難というのは、今までとは違う価値観で生きないといけなかった。なすがままで、選択もできなくて、自由度がない。

　俺だって、2011年夏くらいから、3ヵ月くらい自暴自棄になった時期があった。誰とも会わずに、ニュースばかり観て、睡眠時間は毎日2時間くらいで。一言でいえば「なんでここにいるんだろう」という絶望かな。「原発事故がなかったらどうだっただろう」という問いは、自分を振り返るきっかけにもなるんだよね。自分は浅はかで考えていなかったな、とかいろいろな人に支えられて生きていたんだな、とか、人を傷つけてきてしまったな、とか。

　腹を抱えて大笑いできるようになったのは、原発事故から1年後くらいだったよ。2011年の終わりごろから「とみおか子ども未来ネットワーク」の立ち上げ準備をはじめたのね。子どもの故郷を遺すために、はじめた団体。このままだと、町がなくなると思って。子どもの故郷がなくなることへの憤りの気持ちだよね。俺らは、震災直後にまず「生活」を喪失して、それから少しずつ「故郷」を喪失しているんだよね。

　「なんでここにいるんだろう」って、頭では理解しているんだけど、納得していないんだよね。でも、納得していないことが、自分にとって生きる糧にもなっているのかもしれない。「おかしい」ということを、少しでも解決して次に残さないと。ひとりの親として、「放射能に負けない身体づくり」や「差別に負けないつよさ」を子どもに与えながら、社会のおかしさを、少しでも解決したいという思いがある。せめて、道筋だけでもね。

　本当は、みんな、望んでいることも、目的も同じなんだと思う。「誰もが安全に幸せに暮らせる社会」とかね。だけど、いつの間にか、手段が目的に変わっちゃうんだよね。こうなると「対話」しかない。一人ひとりが学んで、考えて伝えないといけない。

　俺が一番伝えたいのは「このままでいいの？」ということ。「本当に、これでいいの？」と、みんなに聞きたい。

　避難から4年が経つと、だんだん、「住むこと」って何だろう？　ってなってくる。「転勤」の理由は仕事でしょ。でも、俺の「避難」の理由は放射能でしょ。それは明確なんだよね。だって、本当は東京にいる必要ないんだもん。安心して暮らすことができないから、今も避難しているんであって。

　もう少ししたら、引退したいかな……（笑）。これからは自分らしく生きられる場所に行きたい。「富岡町に戻る」という概念があまりないんだよね。選択肢としてはゼロではないけれど、そこに縛られる必要はないと思っている。それでも、まだ、故郷にできることは、たくさんあるんじゃないかな。

［2015年2月18・24日聞き取り／吉田千亜］

避難指示区域──A・B・C地域

B地域 避難指示区域（居住制限区域）
当事者へのヒアリング⑤

飯舘村蕨平地区／菅野哲男さん（58）

家族構成：妻（55）／長男（30）／次男（28）／三男（26）／四男（24）
（現在は夫婦二人暮らし）
避難経路：福島県飯舘村蕨平地区→福島県福島市

　私たち夫婦は、二人とも、生まれたときから蕨平地区に住んでいます。震災前は、タバコと和牛繁殖と米で生計をたてていました。

　震災のあった2011年の2～3月に、仔牛がたくさん生まれたため、牛の処分などがあり、6月8日まで蕨平地区に残っていました。私たち夫婦が蕨平地区では最後でしたね。

　3月15日午前中まで停電が続いていたため、何の情報もなく、普段どおり牛の世話をしながら生活をしていました。放射性セシウムが井戸水から出た、ということを知らされたのも、3月21日のことです。それまではふつうに使っていました。

　4月の末には、「放射能は大丈夫」という勉強会が長泥地区の公民館で開かれました。長崎大学の高村昇先生ですね。あとから聞いたら、当時その公民館周辺はとても高い放射線量で、140～150μSv/hもあったそうです。

　2012年7月の、区域再編は忘れられません。飯舘村の中で、放射線量の一番高い場所があったのに、帰宅困難区域ではなく、居住制限区域になってしまったんです。国は「点で放射線量が高くても平均してみると基準に満たないのでダメだ」と言うんですが、その放射線量の高い点が、人の住むところなんですよ。それを、聞き入れてもらえませんでした。

　区域再編は、2012年2月の避難区域見直しに伴う航空機モニタリングの結果に基づいて行いました。実は、その少し前の2012年1月28日に、大雪が降ったんです。お彼岸（3月）まで解けずに残るほどの大雪です。当然、雪で遮蔽されていますよね。長泥地区はその雪の遮蔽分を補正して放射線量を出しているんですが、なぜか、蕨平地区は雪が降っていないことになっているんです。そこでもひと悶着あり、区域再編が7月まで延びました。結局、雪の補正を環境省が認めず、蕨平地区は居住制限に決まりました。

　その時の不信感があるから、それ以外のことも、我々が知らないところで話し合いが行われているのかな、と考えてしまいます。

　たとえば、蕨平地区の集団ADR（裁判外紛争解決手続）に関して、村長は、我々の知らないところで、こっそり東電の会長に「蕨平地区のADRについて、ほかの地域（飯舘村の中でのほかの地区）と違う賠償はしないでほしい」という内容の要望書を提出していたんです。その要望書の存在は、事後報告で村議に伝わり、私たち住民も知ることになったのですが……。そのことに対

Ⅱ 避難元の状況

し、私たちは、質問書を出して抗議しました。

蕨平地区の住民の要求である「帰還困難区域と同じ精神的賠償を」という訴えがADRで認められ、和解案が出てしまったため、村長は焦ったのでしょう。村長が唱える「同時期の全員帰還」が叶いにくくなりますから。

本来は、住民の代表として国や東電と話し合いをしてほしい立場の村長が、完全に国側・東電側として、動いているんですね。減容化施設の説明会も、なぜか国の役人側に立って、住民に説明をしていましたから。本当は、一緒に聞いて、一緒に問いただしてほしいですよね。

住民の声が届かないのは悔しいです。形だけ集めて意見を聞く、いわゆる「ガス抜き」は、上には届かない。最後は村長の発言だけがメディアに流れて「飯舘村はこう考えている」とやられてしまうと、住民の声は消えてしまいます。

村は、2016年3月に全村、解除する方針です。でも、帰っても、何もない生活になることはわかっています。「家の中にいろ」という状況を押し付けられる避難解除なら、してほしくないんです。

商店がないから、30〜40km離れた川俣（川俣町）や原町（南相馬市）に行かないと用が足せない。農作物も安心して作れない。山菜採りもキノコ採りもできない。野菜も米も作れないのなら、何を生業に生活すればいいのか、わかりません。

もう息子たちも帰れないと言っているので、私たちも、帰れない、と思っているんですね。いずれは福島市で家を買うか、と思っていますが、もう少し、このまま様子を見ようと思っています。福島市では地価が高く、広い土地もないので、今までの仕事もできませんよね。家を買っても、ひっそり生きていくしかないのか……なんて思います。

いま、一番言いたいこと ── そうですね。故郷を奪われたのは、そこに住んでいた我々だけではない、ということです。我が家では、毎年30人くらいの親戚が集まって、朝まで飲んで、カラオケをして、大宴会をしていました。集まることが、好きでね。うちは、築100年の茅葺（かやぶ）きの大きな家で、30人の人が一緒に寝られるほど広かったんです。

先日、法要があって、4年ぶりにみんなで集まりました。年老いた叔父や叔母も遠くから足を運んでくれました。どうしても家を見たい、というので、連れていったんです。みんな、荒れ果てた田畑や生家をみて、涙を流してね。故郷を失ったのは、私たちだけではなくて、あの土地を、大切に思っていた人が、みんな被害者なんですよね。

私たちが一番失ってしまった、と思うのは、地域の絆ですね。蕨平に住んでいるころは、部落のどこに行っても親戚のようなつきあいでした。もう4年近くが経って、福島市での生活にも少し慣れてきてはいますが、蕨平のことをこうやって考えるたびに思います。あのころはよかった、と。

［2014年12月2日聞き取り／吉田千亜］

C地域 避難指示区域（避難指示解除準備区域）
当事者へのヒアリング⑥

楢葉町／金井直子さん（49）

家族構成：夫（49）／長男（26）／次男（23）

（現在は夫・次男と同居）

避難経路：福島県楢葉町→福島県いわき市

　母と父は東京に住んでたので、私は東京生まれです。だけど父が定年退職すると、1994年に母の実家が残した大熊町の土地に家を建てて、父と母はそこに移り住みました。土地は広いですよ。おじいちゃんの残したのが360坪だもん。建坪は58坪。そこに2人で住んでた。

　父は畑でとうもろこしやジャガイモを植えたり、母はバラが好きで、ガーデニングしてました。父は2000年に病気で亡くなって、それからは母がひとりで住んでました。

　そんな父と母の大熊の家を見たときに、海の近くでこんなにのびのびした生活してんだ、「いいなあ、こういう所に住みたいなあ」って思ったんですよね。それで96年に楢葉に移住してきたんです。

　移住してから10年間は雇用促進住宅にいたんですけど、震災の5年前に家を建てたんです。楢葉の農家の家に比べれば広くはなかったけど、場所はいいところでしたよ。天神岬まで歩いて行けるし。天神岬はイベントも多くて、花火も見に行けたな。

　3月12日に楢葉町に避難指示が出て、いわき市の学校に避難しました。ひとり暮らしの母は、大熊町のバスで田村市に避難してました。母は震災前に骨折したことがあって、万が一の緊急用に簡単ケータイを持たせてたんです。そしたら、避難したときに着てた割烹着のポッケにたまたま入ってたみたいで、3日か4日してから電話がつながりました。若い子が「ばあちゃん、auなら充電するよ」「ばあちゃん、電話だよ」ってやってくれたらしいんですよ。

　ガソリンが手に入って母を迎えに行ったのが20日。それからすぐ、楢葉町は姉妹都市の会津美里町に集団で移動することになったんですが、うちは母を待っていたこともあって、避難先が閉校になった小学校しか空いてなかった。これ以上寒いところに母を連れて行くのは無理だなって思いました。リウマチや潰瘍性大腸炎もあったし。

　そのころ、夫に、いわきの本社に来いっていう指示があったんです。要するに、首がつながったんです。それで、いわきにいるしかないなって。

　知り合いに住むところがないかを聞いてもらったら、たまたまタイミングよく、家族で入れそうな戸建てがあったんです。ああ、もうそこでいいって、見もしないで決めました。この時は長男は、結婚を決めていた四倉の女性の実家にお世話になっていたから、次男と母と私たち夫婦の4人ですね。

　昭和54（1979）年築だったかなあ。リフォームの最中だったんだけど、大家さんが好意で貸し

てくれたんです。だけど、ふすまが半分新しくて、半分古くて、壁はクロスをはがしてあって、これから貼りますよっていう状態でした。そういう状態の壁の家に、3年半住んでます。

それでもなんとなく生活できているのは、私は失業したけど、夫と息子2人が仕事を失ってないからなんですよね。

母は結局、去年の秋にいわき市で中古住宅を買いました。もう82歳だし、これ以上、大熊にしがみついてもしょうがないし。

家を買うとき母は、「楢葉が解除になったら帰っちゃうの?」って心配してたけど、「いや、たとえ解除になっても生活できないよ」って。夫も仕事はこっちだし、次男は双葉の消防署だけど通えばいいんだから。

でも次男も夫も、最初は帰るって言ってたんですよ。とくに夫は、東京から私の親元にひっぱってきて、夫にしてみれば一世一代の家を建てて、自分の城だって思ってたわけですよ。

だけど最近は言わないもんね。3年経ってまだこれかっていう現実を見ちゃったから。

それから、長男夫婦に去年、子どもが生まれたんですよ。孫ね。めっちゃかわいいんですよ。もう、孫のそばにいたいじゃないですか。母もいるし孫もいるし、職場もここだし、いわきにいる理由がいっぱいある。単に便利というだけじゃなくて、家族の生活のすべてがいわきだなって。

でも帰りたいっていうのは、かなわないんだけど、思いはあるよね。諦めきれないんですよ。どうしても諦めきれない。愚痴みたいになっちゃうけど、それを、気持ちを共有できる人の間で吐き出さないと、ストレスがすごく溜まっちゃうと思うんですよね。

自分たちが生活してたものがある日根こそぎ奪われる経験は、経験してみないとわからないよね。着の身着のまま避難してたいへんだったよねっていう言葉をかけてもらっても、なにがどう大変だったのかはわからないと思う。ほんとに避難当初はみんな、すぐ帰れるんじゃないかって思ってた。まさか3年7ヵ月も帰れないなんて思わなかったもん。

打ち砕かれちゃったっていうのかな。期待もできないし展望もない。かといって、楢葉町の自分の生活があったところや家は、愛着があるから捨てきれない。

その狭間の中で、これから先にたとえ家を購入しようが、いわきにこのまま住もうが、一度は原発事故被災者になった自分っていうのが、ずっと一生ついて回るんだなって思いますね。

このむなしさとか悲しさとか怒りとか、これを、なにかのエネルギーにして吐き出さないと、溜まっていくんですよ。だから私は、避難者訴訟原告団の事務局長をしてるんだと思う。弁護士や学者の先生たちと議論するのが、発散になってるのかもしれないですね。

でもね、ほんとに元通り、まったく元通りの職場に戻って、夫も職場も元に戻って、うちの母も大熊に帰れて、私も楢葉に帰れるなら、賠償金なんていらないんです。

びた一文いらないんですよ。

だけどそれができないのが、みんな、目に見えてわかっちゃってますからね。

[2014年11月4日聞き取り／木野龍逸]

避難指示区域——A・B・C地域

中間的区域

D 地域

江口智子（弁護士）

概　況

　原発事故により、政府や自治体によって一時的に避難等の指示を受けたり避難が推奨された後、解除された地域は多数存在する。これらの地域には多様な種類の地域があるが、すべてD地域に分類した。ここでは、D地域をD1からD4の4地域に分類し、それぞれ分けて記述する。

D1 地域　特定避難勧奨地点

地域概要・対象地域

　特定避難勧奨地点は、計画的避難区域及び警戒区域以外の地域のうち、地域的な広がりは見られないものの事故発生から1年間の積算線量が20mSvを超えると推定される場所について、政府が住居単位で設定した地点。政府が当該地点に居住する住民に対して注意喚起をするとともに、自主避難の支援・促進をした。

伊達市霊山町	93地点107世帯（2011年6月30日指定）
伊達市月舘町	6地点6世帯（2011年6月30日指定）
南相馬市鹿島区	1地点1世帯（2011年7月21日指定）
南相馬市原町区	56地点58世帯（2011年7月21日指定）
南相馬市鹿島区	1地点2世帯（2011年8月3日指定）
南相馬市原町区	64地点70世帯（2011年8月3日指定）
川内村	1地点1世帯（2011年8月3日指定）
伊達市霊山町	5地点5世帯（2011年11月25日指定）
伊達市保原町	8地点10世帯（2011年11月25日指定）
南相馬市鹿島区	2地点2世帯（2011年11月25日指定）
南相馬市原町区	18地点20世帯（2011年11月25日指定）

　政府は2011年6月16日、「事故発生後1年間の積算線量が20mSvを超えると推定される特定の地点への対応について」を発表し、計画的避難区域とするほどの地域的な広がりが見られない一部の地域で、事故発生後1年間の積算線量が20mSvを超えると推定される空間線量率が続いている地点が複数存在していること、政府として一律に避難を指示すべき状況にはないが、生活形態によっては、年間20mSvを超える可能性も否定できないことから、当該地点を特定避難勧奨地点とすることを明らかにした。

　特定避難勧奨地点の設定に際しては、文部科学省がモニタリングを行い、年間20mSvを超えると推定される空間線量率が測定されれば、政府、福島県、関係市町村で協議をし、除染が容易

II 避難元の状況

でない年間 20mSv を超える地点を住居単位で「特定避難勧奨地点」に設定することとされた。

最終的に特定避難勧奨地点に設定された地点と世帯数は、南相馬市が 142 地点 153 世帯、伊達市が 112 地点 128 世帯、川内村が 1 地点 1 世帯、合計で 255 地点 282 世帯であった。伊達市の場合、指定を受けた 128 世帯中 94 世帯が避難をした。

2012 年 12 月 14 日には、川内村及び伊達市内のすべての特定避難勧奨地点について、当該地点の解除後 1 年間の積算線量が 20mSv 以下となることが確実であることが確認されたとして、指定の解除が決定された。2014 年 12 月 28 日には、南相馬市のすべての特定避難勧奨地点が解除された。

政府の指示内容

特定避難勧奨地点では、政府は一律に避難を指示するわけではない。政府は、特定避難勧奨地点に居住する住民に対して、注意を喚起し、避難を支援、促進する必要があるとし、特に、妊婦や子どものいる家庭等については自治体と相談のうえ避難を促していくこととしたが、避難するかどうかは住民の判断にまかされた。

他方で政府は「「特定避難勧奨地点」での生活について」をとりまとめ、特定避難勧奨地点に住み続けて作業・業務等を行っても問題はないとしつつ、「外出時は通常の服装（夏季であれば薄着でも）で問題ないが、気になるようであれば、マスクをする」「土や砂を口に入れないように注意する（特に乳幼児は、砂場の利用を控えるなど注意が必要）」「帰宅時の靴の泥をできるだけ落とす」「屋外での作業は最小限とし、できるだけ長時間にならないようにする」といった生活上・作業上の留意事項を明らかにした。

指針に基づく賠償内容

(1) 避難慰謝料

特定避難勧奨地点に指定された地点については、中間指針及び中間指針第二次追補で、事故発生から特定避難勧奨地点解除後 3 ヵ月を経過する月まで、日常生活阻害慰謝料として一人月額 10 万円（避難所等の避難の場合は月額 12 万円）が賠償されることとされた。第 I 部でも記載した通り、ADR センターへの集団申し立てでは、南相馬市原町区や伊達市霊山町・月舘町において、特定避難勧奨地点に近接した世帯で指定されなかった世帯にも、一人月額 10 万円、または月額 7 万円の賠償が認められることとなった。

(2) 自宅土地・建物の賠償について

D 地域における不動産等の財物の損害賠償については、中間指針において賠償の対象となっているものの、実際には、特定避難勧奨地点及び特定避難勧奨地点に近接した地域以外に自宅土地・建物の賠償が認められた事例は具体的に明らかとなっていない。

特定避難勧奨地点では、ADR センターが、特定避難勧奨地点の指定を受けた世帯及び特定避難勧奨地点に近接した世帯で指定を受けていない世帯について、居住制限区域や避難指示解除準備区域の財物賠償の基準を準用して、賠償を認める和解案を出している。しかし、東電は、2015

年1月30日に、特定避難勧奨地点に指定されていない世帯の財物賠償を認める和解案を受諾しないと回答し、ADRセンターは和解案の受諾を勧告し続けている。

D2 地域 緊急時避難準備区域

地域概要・対象地域

　緊急時避難準備区域は、原子力災害対策特別措置法に基づいて2011年4月22日に設定された。この区域では原発事故から1ヵ月以上経っているが、依然として福島第一原発の状況が安定しないため、緊急時に屋内退避や緊急時の避難ができるような準備をすることが求められていた。

　緊急時避難準備区域は2011年9月30日に一括して解除された。緊急時避難準備区域に該当するのは、福島第一原子力発電所から半径20～30km圏内の区域から計画的避難区域を除いた地域である。具体的には、南相馬市、田村市、川内村、楢葉町の一部、及び広野町全域が対象となる。区域の設定は行政区や字単位でなされたため、30km圏内にあるいわき市は対象とならず、逆に30kmを超える地域も一部、対象に含まれることとなった。

　2010年国勢調査の速報に基づいた緊急時避難準備区域の人口は、約5万8500人であったが、2011年9月の解除直前の人口は、約2万8000人だった。

政府の指示内容

　緊急時避難準備区域の居住者には、常に緊急時に避難のための立ち退きまたは屋内への退避が可能な準備が求められ、また、引き続き自主的避難をすること、特に子ども、妊婦、要介護者、入院患者等は、当該区域内に入らないようにするよう指示された。

　保育所、幼稚園、小中学校及び高等学校は、休所、休園または休校とすることも指示された。勤務等のやむを得ない用務等を果たすために当該区域内に入ることは妨げられないとされたが、その場合においても常に避難のための立ち退きまたは屋内への退避を自力で行えるようにしておくことが求められた。

指針に基づく賠償内容

　緊急時避難準備区域の避難慰謝料については、中間指針において、原発事故発生から2012年8月末まで、A地域からC地域と同様に、避難慰謝料として一人月額10万円（避難所等の避難の場合は月額12万円）が賠償されるとされた。ただし、中間指針第二次追補で、事故後1年以内に帰還した場合や事故発生当初から避難せず滞在した場合は、「個別具体的な事情に応じて賠償の対象となり得る」とされたため、東電は、緊急時避難準備区域から避難しなかった者については、2011年4月22日まで一人10万円の慰謝料しか支払わなかった。そこで、南相馬市原町区の住民

が、旧緊急時避難準備区域内の滞在者も日常生活で環境の悪化等多くの精神的苦痛を被ったとしてADRセンターへの申し立てを行ったところ、滞在者慰謝料として一人月額10万円が認められた。その結果、東電も、緊急時避難準備区域については、早期帰還者も自宅滞在者も、避難者と同額の慰謝料を支払うに至った。自宅土地・建物の財物賠償については、D1地域参照。

D3 地域 屋内退避区域

地域概要・対象区域

　屋内退避区域とは、政府が、原子力災害対策特別措置法に基づいて自治体の長に対して住民の屋内退避を指示した地域で、かつ、政府による避難の指示がされなかった地域のことを指す。
　2011年3月11日当初、政府は福島第一原発から半径10km圏内を屋内退避区域としていたが、この区域はその後、すべて避難指示区域となったので、D3地域には含まれない。その後、政府は、2011年3月15日に、福島第一原発から半径20km以上30km圏内の区域に屋内退避を指示した。4月22日には、同区域への屋内退避指示を解除すると同時に、当該地域の一部の地域を緊急時避難準備区域及び計画的避難区域に設定した。
　したがってD3地域は、屋内退避区域に設定された福島第一原発から半径20km以上30km圏内の地域のうち、緊急時避難準備区域・計画的避難区域に設定されなかった地域が該当する。具体的には、いわき市の一部地域のみとなる。いわき市の発行する記録誌によると、福島第一原発・第二原発が安定していること、及びいわき市内の放射線量数値が低く推移しているため、緊急時避難準備区域及び計画的避難区域のいずれにも指定されなかったとされる。2010年の国勢調査速報に基づくいわき市の対象地域の人口は、約2200人であった。

政府指示の内容

　外に出るのは極力避けることが望ましいとされたが、外出が禁止されたわけではなく、物資の搬送など必要な外出までやめる必要はないとされた。外出する場合、なるべく短時間にし、徒歩より車で移動・マスクをする・肌を出さないように長袖・帽子を着用する・雨に濡れないようにすることに注意することが求められた。
　また、2011年3月25日に枝野幸男内閣官房長官は記者会見で、社会生活の維持継続が困難であるとして、自治体に対して屋内退避区域からの自主避難を促進するよう求めた。
　D3地域を含むいわき市は、3月15日の屋内退避指示の発令より前に、市独自の判断で、屋内退避区域の対象となる一部地域に自主避難を要請していた。

指針に基づく賠償内容

屋内退避区域の避難慰謝料については、中間指針において、事故発生から屋内退避が解除された2011年4月22日まで、一人10万円を避難慰謝料として支払うとされた。その後、東電は、避難等によって被った精神的苦痛及び避難生活等による生活費の増加費用として、2011年9月末まで一人月額10万円を支払うことを明らかにした。自宅土地・建物の財物賠償については、D1地域参照。

D4地域 南相馬市の一部の区域

地域概要・対象地域

南相馬市は2011年3月16日、すべての住民に対し、生活の安全確保等を理由として、一時避難を要請するとともにこれを支援した。その後、南相馬市は屋内退避区域の指定が解除された2011年4月22日に、避難した住民に対して、自宅での生活が可能な者の帰宅を許容する旨の見解を示した。

一方で政府は、4月22日に、南相馬市の南側にあたる福島第一原発から半径20km圏内(主に南相馬市小高区)を警戒区域に、市の中心部の福島第一原発から半径20km以上30km圏内(主に南相馬市原町区)を緊急時避難準備区域に、市の西側の一部地域(南相馬市原町区と市内国有林磐城森林管理署の一部)を計画的避難区域に設定した。これに対し、南相馬市鹿島区の大部分は、いずれの避難指示区域にも指定されなかった。

しかし、原賠審が定めた中間指針では、「地方公共団体が住民に一時避難を要請した区域」という区分で、南相馬市鹿島区の大部分が賠償の対象区域となった。そのため、後述するE地域(自主的避難等対象区域)とも異なる賠償基準になっている。

このことから本書では、E地域とは別に、南相馬市の一部地域をD4地域とした。

なお、2010年国勢調査の速報に基づいた南相馬市の30km圏外の人口は、約9200人であった。

政府の指示内容

この地域における政府の指示は存在しない。

指針に基づく賠償内容

南相馬市の一部の区域の避難慰謝料については、中間指針で、他の避難区域と同様の一人月額10万円(避難所等の避難の場合は月額12万円)という基準が示された。ただ、終期については、解除等から相当期間経過後とだけ示され、時期は明示されなかった。その後、東電は、避難等によって被った精神的苦痛及び避難生活等による生活費の増加費用として、2011年9月末まで一人月額10万円を支払うことを明らかにした。自宅土地・建物の財物賠償については、D1地域参照。

支援施策

(1) 避難者向け行政サービス・減免措置等

　D地域のうち、いわき市及び南相馬市の住民は、AからC地域と同様に原発避難者特例法により、住民票を移さずに避難していても、避難先などの情報を届け出た場合には、保育所への入所・予防接種・児童の就学などの行政サービスを避難先の自治体等で受けることができる。この法律の適用を受けるには、総務大臣による市町村の指定を受ける必要があり、同じD地域でも川内村や広野町は適用がないなど自治体により適用の有無に差がある。

　医療費の自己負担や介護保険利用者負担の免除措置、国民健康保険料・介護保険料の減免措置については、D1地域（特定避難勧奨地点）、D2地域（緊急時避難準備区域）の避難者には適用されるが、D3地域（屋内退避区域）、D4地域（南相馬市の一部区域）の避難者には適用されない。D1地域のうち2013年度以前に指定が解除された地点及びD2地域については、2014年10月以降、所得上位層の避難者の医療費一部負担の免除措置は基本的に廃止されているが、市町村が独自に継続している場合もある。また、18歳以下の子どもの医療費無料化措置は、上記措置とは別に、D地域も含んだ福島県内に住所があれば誰でも対象になる。詳細は、E～G地域参照。

　課税措置は、A地域からC地域と同様に特例が一部認められている。固定資産税・都市計画税・不動産取得税については、地方税法上、避難等の指示の解除後でも、土地・家屋について原則3年度分、税額の2分の1が減額される。また、地方税法上の特例措置がなくなった場合でも、例えば南相馬市などでは、条例で、警戒区域外の固定資産税等を2014年度、2015年度も半額にするなど自治体独自の特例措置を実施している。自動車取得税・自動車税・軽自動車税関係の減免については、警戒区域のみである。住民税は、市町村によって扱いが異なり、地域分けにかかわらず、2015年度も課税が免除されている自治体もあれば、何ら特例措置のない自治体もある。

(2) 福島復興再生特別措置法、子ども・被災者支援法の対象地域について

　福島復興再生特別措置法（特措法）の説明は、A地域からC地域の支援施策を参照。原発事故子ども・被災者支援法は、E地域からG地域の支援施策を参照。

　特措法に基づく避難解除等区域等に該当する場合のさまざまな特例措置は、D2地域（緊急時避難準備区域）のみが対象となり、D1地域及びD3、D4地域については対象とならない。

　D3地域（屋内退避区域）及びD4地域（南相馬市の一部区域）は、子ども・被災者支援法に基づく支援対象地域にあたる。

　これに対し、D1地域（特定避難勧奨地点）は、支援法の支援対象地域にも福島特措法の避難解除区域等にもあたらない。特措法の避難解除区域等も、子ども・被災者支援法の支援対象地域も、地域を面的に指定するものであるため、住居単位で設定するD1地域の指定とは異なるからである。

(3) 住宅への入居

D地域の避難者についても、A地域からC地域と同様に、災害救助法に基づく応急仮設住宅と民間借り上げ住宅の無償提供を受けることができた。しかし、2015年6月15日、福島県は、「東日本大震災に係る応急仮設住宅の供与期間の延長について」を発表し、D地域からの避難者に対する応急仮設住宅や民間借上住宅の無償提供については、E地域などと同様に、2017年3月末で打ち切ることを明らかにした。

なお、福島特措法で定める公営住宅の特例措置は、上記のとおり、D2地域が対象となりうる。支援法に基づく公営住宅への入居円滑化については、D1地域及びD4地域に適用がある。

(4) 健康診断

福島県による県民健康調査のうち、基本調査と子どもの甲状腺検査は、福島県全県を対象として実施されているので、D地域すべてに適用される。一方、健康診査は、避難区域および伊達市のうち特定避難勧奨地点があった区域でしか行われていないため、D2地域及び一部のD1地域のみ対象となる。

(5) 高速道路無料化

原発事故の警戒区域等及び特定避難勧奨地点からの避難者は、対象インターチェンジを入口または出口として利用する場合に通行料金が無料となる。D地域のうち、この適用を受けるのは、D1地域及びD2地域となる。

D3地域及びD4地域については、原発事故により避難して二重生活を強いられている母子避難者等（妊婦を含む）及び対象地域内に残る父親等（妊婦の夫を含む）を対象に高速道路の無料化措置が講じられている。

(6) 除染

現在、放射性物質汚染対処特措法に基づく除染が行われている。避難区域（A～C地域）は除染特別区域に指定されており、国が直轄で除染を行うことになっている。一方、避難区域外で年間1mSvの地域を含む市町村のうち、自治体からの希望があった場合は汚染状況重点調査地域に指定されている。これら地域では、市町村が除染計画を作成し、除染を実施することとされている。

D地域はすべて、汚染状況重点調査地域に指定されている。

避難者が抱える困難

　D地域の特徴は、避難指示区域と避難指示区域外のまさに中間に位置付けられる、ということにある。そのため、支援施策も賠償も極めて複雑で、また、整合性に欠けるものとなっている。

　すなわち、賠償については、D地域はいずれも、2011年8月に策定された中間指針の段階で、避難慰謝料を一人月額10万円で支払うとされ、A地域からC地域と同等の扱いであるようにみえた。しかし、区域の解除と賠償が連動しており、D地域の区域設定が早期に解除されたことにより、避難慰謝料の賠償の打ち切りも早期に行われることとなった。例えば、D3地域（屋内退避区域）及びD4地域（南相馬市の一部の区域）は、避難慰謝料が2011年9月末までで打ち切られるため、避難を継続するのに十分な賠償が得られていない。

　一方で、支援策について、D2地域（緊急時避難準備区域）のみがA地域からC地域と同じ特措法に基づく支援策の対象となっているに過ぎない。中間指針では「避難等の指示等があった対象区域」とされたD3地域及びD4地域は、支援対象地域・健康診断・高速道路無料化措置などにおいてE地域と同じ扱いとなっている。D1地域は、住宅単位の設定という他にはない地域の設定であるため、前述のとおり、支援施策も個別的に適用がある。

　また、避難者に対する支援策自体も、施策ごとに根拠となる法律が異なっており、そのため、施策ごとに適用の有無が分かれている。支援が細分化されることで避難者の間に不公平感をもたらすこととなる。

　第二に、区域自体の設定にも、住民の不満が残るものとなっている。D2地域（緊急時避難準備区域）に設定されるかA地域からC地域の避難指示区域に設定されるかどうかは、高線量地域として計画的避難区域に設定された地域を除けば、基本的には、福島第一原発からの距離が20km圏内かどうかで決まっている。そのため、隣接する地域が、D2地域とC地域と別の区域となってしまい、賠償や支援での格差が生じている。また、D1地域（特定避難勧奨地点）は、線量で設定されているが、その測定自体をめぐり、住民の間に疑義が生じ、その結果、住民間の不満と分断を生んでいる。

　第三に、D地域については、現時点では全て解除されているが、避難区域の解除自体に十分に住民の意向が反映されていないという問題がある。それが特に問題となっているのは、D1地域である。すなわち、2015年4月17日、南相馬市の特定避難勧奨地点に指定されていた住民を含む534人が、国に対して特定避難勧奨地点解除の取消し等を求める訴えを提起した。特定避難勧奨地点に指定された地域の住民は、いまだに局所的に高線量の地点が残っていることや、年間20mSvは解除基準としては高すぎ子どもを安心して育てることはできないことを理由に、地点の解除に反対してきた。しかし、国は、住民の意向を無視する形で2014年12月に特定避難勧奨地点の指定を解除した。そのため、住民が、特定避難勧奨地点の指定を解除したことは違法だとして、訴訟に踏み切った。

D1 地域 中間的区域（特定避難勧奨地点）
当事者へのヒアリング①

南相馬市原町区／林マキコさん（65）

家族構成：長男（41）／孫（18）

避難経路：福島県南相馬市原町区→福島県相馬市仮設住宅→福島県南相馬市仮設住宅

3月11日の地震、揺れはすごかったんですが、私の家は瓦が一枚、落っこちただけでした。そのころは、長男と孫、じいちゃん（夫）と私の4人で住んでいたけど、長男は震災で仕事がなくなってしまい、茨城県の本社に勤めることになって、すぐに引っ越しました。でも、孫は、合格したばかりの高校を変えたくなくて、私たちと一緒に残ったんです。

2011年7月に特定避難勧奨地点に指定されてから、相馬市の仮設住宅に行きました。そこに1年ほど住んで、その後、今住んでいる南相馬市の仮設住宅に移りました。どちらの引っ越しも、孫の高校の移転に伴うものでした。

2012年1月、相馬市の仮設にいるときに、じいちゃんが亡くなったんですね。自宅の近所の山の持ち主が「木を切れば放射線量が下がるんだよ」って木を切ってくれたんです。それを重機で運んで移動している間に、木と重機の間にはさまって、亡くなりました。

除染作業がなければ、じいちゃんは死ぬことはなかったんです。いまだにじいちゃんの夢をみてうなされることがあります。今は、こうやって笑って話すことはできますが、立ち直るのには時間がかかりましたよ。東京電力に殺されたんです。お金はいらないから、じいちゃんを戻して、と言いたいですね。

原発事故のせいで、地域のつながりも失いました。事故の前は、ちょっと誰かの家に立ち寄れば「待ってたよ」「あがれあがれ」って、1時間近くしゃべって。5家族くらい集まって鍋をしたことなんかもありました。

私のうちは斜面の中腹に建っていますが、下の家と後ろの家、3軒が親しいんですね。ある日、いっぺんに洗濯機をまわして、ヒューズが飛んだことがあるんです。「なんだぁ、一緒の時間にやったんだねぇ」と笑いあうような、そういうつながりだったんです。大工作業の音が聞こえれば「どうしたぁ」「手伝うかぁ」と近所から人が集まってくる、みんなが家族のような地域でした。

前に住んでいた相馬市の仮設住宅では、自治会の役員をやっていました。集会も多くて、行事もいろいろあって、休む時間もあまりなかったりして。疲れましたね（笑）

春は花見、夏は花壇づくり、秋は芋煮、冬はクリスマス……みんなで食べたり飲んだり仲良くやっていたんです。でも、自治会の役員をやめたとたん、蚊帳の外のような気持ちになる出来事があって。さみしかったですね。

II 避難元の状況

その後、南相馬市原町の仮設に引っ越したんですが、相馬市の仮設には、じいちゃんの思い出もたくさんあったから、引っ越ししたこともよかったのかもしれません。ちょうどそのころ、長男の職場が再開して、茨城からこちらに戻ってきました。

今の原町区の仮設住宅は、隣との境が壁一枚なので、ケンカの声もトイレの音も聞こえます。テレビのボリュームを上げて我慢しています。狭いので、長男が眠る場所がなくて、仕方なく、毎晩自宅に戻って寝ています。

自宅はどんどんダメになっています。夜だけ人が帰っていても、住まなくなった家は、ネズミもくるし、壁に穴もあくし、蛇も出るんです。家を建て直したくても、東電は「補修・清掃費用」として30万しか出さないと言います。その金額で何ができますか？と思いますよね。帰れないままだんだん汚れていくのが悔しいですね。

2014年12月28日には、とうとう避難指示解除になってしまいました。それも、南相馬市の危機管理課から2枚の書類が届いただけです。

私は民生委員をやっているので知っているんですが、私の地区には、乳幼児がひとりもいません。小学校にはかつて60名以上児童がいたのに、いまは8人です。来年は7人になってしまって複式学級（2つ以上の学年をひとつのクラスで教える）になってしまうんです。

今でも、雨どいの下などは、3〜4μSv/h、一番高いところで6μSv/hあるんです。それで「解除します」と言われても納得できません。

それに、避難先で仕事を見つけた人たちは、「解除」と言われても、こちらではもう、生活できないんです。

仮設住宅には、現在は2016年3月までいられることになっていますが、アンケートで「いつまでいますか」「〇〇年になったら帰りますか」と聞かれるんです。出ていけ、と言われたら、市営住宅を頼むかもしれません。自宅の周辺が0.1μSv/hになったら帰りますが、それまでは避難し続けると思います。

孫は、私が「帰る」と言えば帰ると言いますよ。でも、孫を守るのは、子どもを守るのは、母親や、うちだったら私――おばあちゃんなんです。でも、先の見通しを立てるのも、結局、じいちゃんがいないので、私ひとりなんです。「うちの孫にとって本当に安全」という数値を、国に教えてほしいと、いつも思っています。

[2014年10月18日・12月26日聞き取り／吉田千亜]

中間的区域――D地域

D2地域 中間的区域（緊急時避難準備区域）
当事者へのヒアリング②

南相馬市原町区／藤原保正さん（66）
ふじわらやすまさ

家族構成：妻（66）／長男（42）
（長男とは同居。震災前に同居していた長男の妻と孫は別の場所に避難中）
避難経路：福島県南相馬市大谷地区→福島県福島市

　避難したときは、家内と親父と孫が一緒だった。
　昭和2（1927）年生まれのおふくろは震災前に手術してて、大町病院（南相馬市）に入院してたのよ。震災になったとき、迎えに来いって病院から言われたけど、ガソリンもないから行けないって言ったのよ。そしたら大町病院から、群馬県の海宝病院に連れてかれちゃった。
　親父は90歳だったんだけど、年寄りは移動すっとだめだなあ。3月18日に救急車呼んで、4月に土湯の方の病院に入院したわけよ。でもそのまま衰弱してって、7月21日に亡くなったのよ。
　おふくろは、群馬から、8月21日だったかなあ、介護士を頼んで福島に連れてきた。でも12月30日に、やっぱり亡くなっちゃった。避難してなければ生きていたと思うなあ。
　そういうつらい目にあってる家庭なんかいくらでもあっから。みんな被害は受けてるよ、放射能で。
　ほんとは小さな子どもだってうちの行政区（南相馬市原町区大谷行政区）にいるわけよ。事故の前はうちの行政区で人口、200くらいかな。いまはいねえよ。50人いねえんでねえか。若い人と子どもたち、孫はいないから。
　歳いった人たちは、「おれらは長生きしないんだから、しょうがねえか」って、妥協してる。
　でも子どもたちは、今この状況で生活できますよっていわれたって、とても安心できる状態ではないわなあ。山は入れないし、山菜は食えないし、鳥や獣も食べられないし。国は早く戻さないと復興になんないとか言ってっけど、そうではないよ。
　解除すんだって、ホットスポットがあるわけよ。1回除染したから安全とかいっても、子どもたちはどこでもはねて歩くんだもん。通学路の端を測ると1μSv/h以上は出るんだよ。そんなとこを平然と学校に通わせるのは無理だよね。
　特定避難勧奨地点の指定のときは、基準は3.2（μSv/h）だった。それも玄関先と庭の真ん中だから、一番低いところだよなあ。でもうちは3.1だったから指定されなかった。うちの後ろの家は3.2あったから指定された。なんで周りが指定されて、おれんち1軒がされないんだって。
　それに後で聞いたら、「誤差はあります」っていうんだよ。誤差があるのに0.1しか違わなくて指定されないって、おかしいよなあ。
　測定したときに立ち会ってない人もあんだよ。うちの近くのOさんなんだけど、後で行政に、いつ測ったんだって聞いたら、留守の時に測ったって。それで基準より低いからって指定されて

ない。だから怒ってる。Oさんのところは指定されてないけど、Oさんのところの若い夫婦と孫は、避難してますよ。

それに今度の解除では、基準が3.8μSv/hになった。特定避難勧奨地点の指定の時には3.2で、子どもがいる世帯は2.0だったのに。上がってるんだもんな。チェルノブイリは時間が経った後は基準が下がってるんだよ。なんで日本は上がってるんだって。

特定避難勧奨地点の指定で賠償にも違いが出たからね。ケンカはしないけども、やっぱりのど元まできてんだよな。陰の方では、酔っ払って文句いう人もいたよ。

だから平成25（2013）年に、紛争解決センター通して要求したんだ。そしたら、避難勧奨地点のある行政区内については、指定されてなくても同等に見ましょうと。それで指定されてない世帯も同じ金額の精神的慰謝料が出てきた。

そんな話があったのに国は、特定避難勧奨地点の解除のときの住民説明会で、子どものいる世帯はまた別に補償しますという話をしていた。正式でないけどね。そういう考え方なんだ、国は。

だから、やめてくれっていったんだよ。せっかく落ち着いてきたのに、なんで行政でそういうことやるんだって。だいたい、子どもが住んでも安全だっていってるのに、なんで差をつけんだって。言ってることとやってることが違うでしょ。

解除の基準が20mSvでは納得がいかないのよ。子どものことを考えると、とてものめるような値ではない。安全と宣言できる状態ではないでしょ。

国には、おれたちの声をきいてほしいんだよ。自分で事故を起こして、100%悪いのに、加害者の一方的な都合で避難解除の時期とか補償とかを決めるのは間違ってるでしょって。

賠償くれっていうんじゃない。賠償は一時的なものでしょ。カネをちらつかせてもだめだよって。安心のひとつの材料として、たとえば健康手帳を配るとか、きちんとやるべきだと思う。

このままやらないなら裁判を起こすしかない。最高裁で決着をつけるしかない。

事故がなければ、子どもと孫も自宅で暮らしてて、幸せな生活ができたな。夢もあったのよ。老後は年金をもらいながら自分の好きな野菜作りでもして、米作りでもして楽しく暮らそうと思ったけど、野菜作りもなにもできない状態になったわい。完全に、見通しつかないでしょ。

でも家族が四散したのが一番つらい。歳がいってくればなおさら、孫や曾孫はかわいいもんだ。それが一緒に生活してるのが、普通の家族だよなあ。

昔は、年寄りは姥捨て山に捨てに行かれる状態だったかもしれないけど、今は若い人に置いてけぼりにされてる。どの地域も。施設も面倒見てくれる現役の人が帰ってこないから、受け付けできる人数も少なくなってるんだ。そんな状況なんだもの。

今、おれたちが若い人のためになにをすべきかっていったら、安心して暮らせるようにすること。それしか若い人たちに残していけねえもん。じいちゃん、ばあちゃんがなんにもしねかったからこうなっちゃったんだって、死んでから恨まれる。恨まれないようにやってるんだ。

［2014年10月18日聞き取り／木野龍逸］

中間的区域——D地域

D2地域 中間的区域（緊急時避難準備区域）
当事者へのヒアリング③

田村市／熊本美彌子さん（71）

家族構成：同居人はなし。単身。

避難経路：福島県田村市→東京都葛飾区

私はもともと、東京で消費者相談センターの仕事をしていました。夫が59歳のとき、今から17年前に早期退職して田村市に移住しました。当時は常葉町といっていて、そこの山根という地区です。私は5年ほど行ったり来たりしながら、60歳で退職したときに移り住みました。農業がしたかったんです。息子が2人いて、孫は当時いなかったのですが、孫に田舎を作ってあげたいとも思っていました。

夫の両親が秋田で、私が埼玉なので、東北で場所を探しました。鎌倉岳の山裾で9000㎡ぐらいの土地です。敷地の中を小川が流れていて一目で気に入りました。夫が「ここは俺の土地だ」って飛び跳ねたら、山鳥がばたばたと飛んで行ったのを覚えています。

あまりに水が冷たいので、米作りはしないで、畑でピーマンやキャベツ、それからハナマメなど40種類ほどの野菜を植えました。林も残してあって、そこで椎茸、ナメコ、マイタケを栽培し、キウイやブルーベリーも植えました。

私たちの他にも移住者がいて、夫は俳句の会に入ったりして、つきあいは濃かったですね。生活の不満は特になかったですが、医療は大変でした。

事故が起きる前は、原発のことは特に意識していませんでした。京都大原子炉実験所の瀬尾健さんが書いた『原発災害……その時、あなたは！』とか読んでいて、安全神話を信じていたわけではないんですが、移住したときには頭から抜けていました。

夫は2007年にがんで亡くなりました。1年ぐらいはひとりでやってみようかと思って田村に残っていたところ、突発性の難聴になって人混みがつらくなり、そのまま暮らすことにしました。

2011年3月11日に地震があったときは、犬の散歩中でした。すごい揺れで、自宅の食器棚にあったものはほとんど落ちて壊れていました。2階の押し入れは扉が飛んでいました。でも停電は数分程度で、井戸水でしたし、プロパンガスを使っていたので生活は大丈夫でした。オール電化みたいに、エネルギーをひとつにするのは反対だったんです。

3月14日に固定電話が復旧しました。息子からは早く避難するよう携帯メールが届いていましたが、私は車の運転が苦手でしたし、高速道路は閉鎖されていました。陸路がだめなら空路だと思って福島空港に電話したところ、臨時便があることがわかりました。その日の搭乗券は取れませんでしたが、翌日の15日の便が取れました。

15日の朝、東電が社員を退避させたというニュースを見て、これは大事だと。すぐに車に犬

を乗せて出発しました。道路はガソリンを買う車の行列ですごい渋滞で、反対車線は原発に向かう防護服を着た人の車が何台も通って行きます。なんとか空港に着いたのは、お昼ごろでした。

　一時的に長男のところに行き、東京都が被災者用の住宅を用意していたので申し込みました。埼玉県とか神奈川県もしていたのですが、東京都は被災者証明が必要なかった。

　3月下旬に申し込んで、4月1日には入居が決まりました。今も住んでいる金町の都営住宅です。単身者用で、台所は広いのですが、6畳一間です。犬は近くに住む長男のところで預かってもらい、散歩のために通っています。

　厳密に言えばうちは30km圏内ではないのですが、地区の一部がかかっているというので緊急時避難準備区域に指定されました。

　東電から仮払い補償金を支払うと連絡が来たので、手続きして受け取りました。それ以降は請求していないので、未払い分が180万円ほどあります。請求しない理由は、裁判をしたかったからです。福島原発告訴団と集団訴訟の原告になっています。消費者被害に関する仕事をしていたので、早い段階から訴訟は意識していました。

　事故によって孫に田舎を作る夢を捨てざるを得なくなりました。自宅周辺や畑は2013年の夏に除染されましたけど、作土をすべてはいで山砂を入れたので砂だらけです。

　砂だらけになったところを畑に戻すのは大変。以前のように無農薬の有機農業をやるには、山に行って枯れ葉集めて、近所から牛糞をもらってきて堆肥を作らないといけない。

　でも山林は除染していないので、そのようなことはできません。手作業で何年もかかって無農薬、有機栽培の畑を作ってきたのに、すべて無になったんです。70を過ぎた私がなんでさらにまた苦労をしないといけないでしょうか。山里は山と密接した暮らしで、キノコ狩りは田舎暮らしの楽しみだったのに、それも奪われたわけです。

　都営住宅に暮らしていると、社会福祉協議会から避難者向けのイベントのお誘いとか来たりする。でも、そういうことじゃない気がしています。告訴団や訴訟の原告団といるときの方が怒りや悔しさを共有できているんです。この怒りは忘れてはいけないと思っています。だから福井地裁が出した判決（大飯原発差し止め判決のこと）はとても嬉しかった。

　住民票は、2013年2月に移しました。選挙のときに手続きが不便だったので。避難者としての意識に変わりはありませんが、都会の暮らしに戻った感覚です。

　田村の家はそのままです。去年の10月に行ったときは、空気を入れ換えていないのでかなりかび臭い感じがしました。都営住宅は狭いし、荷物を運ぶこともできない。でも田村に戻る気にはなれません。

［2014年12月3日聞き取り／日野行介］

中間的区域──D地域

E・F・G地域 避難指示区域外

福田健治（弁護士）

概　況

　ここまで紹介してきたA地域からD地域は、政府・自治体から何らかの避難の指示や勧奨があるため、これら地域の住民が原発事故の被害者であることは見えやすい。しかし、これら地域の外側にも、広い範囲で放射能汚染が生じた。

　こうした避難指示区域外の地域への政府の対応は不十分であり、かつ一貫性がない。施策によって対象地域がまちまちとなっており、不合理な線引きは、被災者のさらなる分断の原因ともなっている。以下では、E地域からG地域までの概要と賠償の現状を概観した上で、各種支援施策の対象地域との関係を見ていくことにする。

E地域　自主的避難等対象区域

地域概要・対象地域

　E地域は、2011年12月に原賠審が定めた中間指針追補において、「自主的避難等対象区域」とされた地域である。該当するのは、県北地域（福島市等）・県中地域（郡山市等）・相双地域（相馬市等）・いわき市のうち、避難指示等が出されていない地域。人口は、約143.5万人と推計される（これら地域の人口〔2010年国勢調査〕から、A～D地域の人口を減じて算出した）。

〔県北地域〕福島市、二本松市、伊達市、本宮市、桑折町、国見町、川俣町、大玉村
〔県中地域〕郡山市、須賀川市、田村市、鏡石町、天栄村、石川町、玉川村、平田村、浅川町、古殿町、三春町、小野町
〔相双地域〕相馬市、新地町
〔いわき地域〕いわき市

指針に基づく賠償内容

　避難区域外からの避難者への賠償基準は、原賠審が2011年8月に定めた中間指針には盛り込まれなかった。その後、さまざまな働きかけや原賠審の場での当事者のヒアリングなどを通じて実現したのが、同年12月の中間指針追補である。

　中間指針追補は、少なくとも「自主的避難等対象区域においては、住民が放射線被ばくへの相

II 避難元の状況

当程度の恐怖や不安を抱いたことには相当の理由があり、また、その危険を回避するために自主的避難を行ったことについてもやむを得ない面がある」として、政府の文書としてははじめて、避難区域外からの避難について合理性を認めた。具体的には、避難に伴う 2011 年 12 月までの損害として、①避難によって生じた生活費の増加費用、②避難により正常な日常生活の維持・継続が相当程度阻害されたために生じた精神的苦痛、③避難及び帰宅に要した移動費用として、子ども・妊婦については一人あたり 40 万円、その他の対象者については一人あたり 8 万円が賠償されることとなった。

また、2012 年以降については、2012 年 3 月に定められた原賠審の第二次追補が、具体的な地域や期間、金額を定めることなく、「少なくとも子ども及び妊婦については、個別の事例又は類型毎に、放射線量に関する客観的情報、避難指示区域との近接性等を勘案して、放射線被ばくへの相当程度の恐怖や不安を抱き、また、その危険を回避するために自主的避難を行うような心理が、平均的・一般的な人を基準としつつ、合理性を有していると認められる場合には、賠償の対象となる」と定めた。

東京電力は、上記各指針に加え、次の基準を導入し、実際の賠償を行った。第一に、2011 年分について、子ども・妊婦のうち実際に避難を実施した者に対し、一人 20 万円を追加で支払う。第二に、2012 年分として、子ども・妊婦一人あたり 8 万円を支払う。第三に、「その他費用」（東京電力は清掃業者への委託費用を例示する）と他の損害の補塡として、全員に対し一人あたり 4 万円を支払う。

この結果、実際の賠償額は下記のとおりとなった（いずれも一人あたりの金額）。

	2011 年分	追加賠償分
子ども・妊婦	40 万円（避難の場合 60 万円）	12 万円
その他	8 万円	4 万円

なお、以上の定額の賠償のほかに、住民が自主的に行った除染費用について東京電力が直接請求を受け付けている。また、ADR（裁判外紛争解決手続き）への申し立てにより、上記定額分を超える避難費用などの賠償も認められている。しかし、ADR センターに申し立てたとしても、慰謝料の増額は困難であり、離職による減収分への賠償も半年に限定されるなど、十分な賠償を保障するものとはいえない。

第Ⅰ部 3 で触れたとおり、特定避難勧奨地点（D1 地域）に指定されなかった周辺住民による ADR センターへの申し立てが行われ、慰謝料を認める和解が成立している。さらに、福島市大波地区や伊達市の他の地区など、E 地域の中でも比較的放射線量が高い地域の住民が、慰謝料の増額を求めて申し立てを行っており、この動きはさらに広がりを見せつつある。ADR を通じて上記の賠償基準を打破しようとするこれらの申し立ては、避難指示の有無によって大きな差が付く現在の賠償のあり方を問い直す動きといえる。

F地域 半額賠償区域

地域概要・対象地域

F地域は、自主的避難等対象区域（E地域）には含まれなかったものの、東京電力が独自の基準で同区域の約半額の賠償を行った地域を指す。具体的には福島県南地域と宮城県丸森町で、人口は16.6万人（2010年国勢調査）だ。

[福島県] 白河市、西郷村、泉崎村、中島村、矢吹町、棚倉町、矢祭町、塙町、鮫川村
[宮城県] 丸森町

指針に基づく賠償内容

2011年12月に決定された中間指針追補では、F地域は賠償の対象とならなかった。このため、福島県南地域は、同じく自主的避難等対象区域から漏れた福島県会津地域の自治体と連携し、国や東京電力への要請を行った。また、宮城県南部の6市町も、賠償範囲の拡大を政府に求めた。

この結果、東京電力は、福島県南地域と宮城県丸森町に居住していた住民に対しても、避難費用と精神的苦痛に対する慰謝料を支払うこととした。ただし、賠償の時期と額は、次のとおりE地域（自主的避難等対象区域）と異なっている。第一に、2011年分の子ども・妊婦への賠償額は、E地域の半額の20万円であり、また避難した場合の追加額もない。第二に、子ども・妊婦以外へは、2011年分の賠償は行わない。第三に、追加賠償は「追加的費用」に限られ、子ども・妊婦の2012年分の慰謝料は支払われない。

F地域住民への賠償額は以下のとおりとなる（いずれも一人あたりの金額）。

	2011年分	追加賠償分
子ども・妊婦	20万円	4万
その他	0円	4万

なお、避難者については、ADRによって定額を超える避難費用が認められる場合があることは、E地域と同じである。

F地域でも、賠償基準の変更を求めてADRセンターへの集団申し立てが行われている。丸森町の中でも最も原発に近く放射線量も高い筆甫地区の住民約700名が、県境で賠償基準が異なるのはおかしいとしてE地域なみの賠償を求めた申し立てでは、請求をすべて認め自主的避難等対象区域と同等の賠償を支払う旨の和解案が成立した。

G地域 その他の地域

　G地域は、F地域までに含まれないすべての被災地である。福島第一原発事故に由来する放射性物質の拡散はきわめて広範囲に及んでいる。たとえば、国は、年間1mSvを超えるおそれがあるとして103の市町村を汚染状況重点調査地域に指定した。このうち最北は岩手県奥州市であり、最南は千葉県佐倉市である。もちろん、同地域に指定されていない場所でも放射線量が平常時より高くなっている場所は広範に存在しており、同地域に指定されなかった東京都や神奈川県等からも避難した人たちもいる。

　原発事故に起因する避難すべてを原発避難ととらえる本書の立場からは、G地域の外縁を捉えることは難しい。したがって、G地域の人口を推計することも困難である。参考までに、汚染状況重点調査地域に指定された市町村の人口（2010年国勢調査）からF地域までの人口を減ずると510万人程度となり、このうちの相当数が、年間1mSv以上の被ばくをするおそれのある地域に居住していることになる。

　G地域に居住していた住民の避難費用や精神的苦痛への慰謝料については、中間指針追補においては「個別具体的な事情に応じて相当因果関係のある損害と認められることがあり得る」と記載されているだけであり、東京電力は一切直接請求に応じていない。また、ADRセンターが公表している和解事例集では、G地域からの避難費用について和解が成立したのは、外国人が母国政府からの国外退避勧告に基づいて避難した費用が認められた1事例に限る。東京電力は、G地域からの避難の合理性をいまだ認めていないといってよい。

支援施策

（1）税金の医療費免除等

　医療費の自己負担分の減免、固定資産税の減免、電気料金やNHK受信料の免除など、避難指示区域からの避難者に対する支援制度の多くは、E～G地域からの避難者には適用されない。

　なお、福島県では、2012年10月から、独自の18歳以下の医療費無料化が実施されている。これは、18歳に達する年度の3月末まで、福島県内に住所がある人が対象であり、保険診療を行った場合に、3割ないし2割の自己負担分を県と市が独自に負担する制度である。他の自治体でも行われている子ども医療費無料化制度の延長にあるが、県レベルで一律の制度であること、18歳と上限年齢が高いことが特徴だ。

　この制度は、福島県内に住所を持ってさえいれば、放射線量の高低とは無関係に対象となる（自治体外に避難しているときは、自己負担分をいったん支払った上で、住民票がある自治体から還付を受ける）。県外に避難している場合、住民票を福島県内に残せば制度の対象となる一方、住民票を県外に移した場合は対象から外れ、まちまちである避難先の制度が適用されることになる。この施策は、福島県の子ども人口維持のためのものであり、避難者支援を目的とするものではなく、被ばくによる健康影響への対応策とも言いがたい。

　2015年6月、福島県は、後述する県民健康調査のうち子どもの甲状腺検査において治療や経過観察が必要となった人を対象として、医療費の自己負担分を全額助成すると発表した。子ども医療費の無料化は、住民票が福島県にある18歳以下の子どもだけが対象なのに対し、新たな甲状腺医療費助成は、19歳以上も対象としており、また県外に住民票を移した後も対象となる。被災者の医療支援としては評価されるべき施策であるが、放射線被ばくとの因果関係とは無関係に、また国ではなく福島県が助成を行う点において、事故による健康影響の責任問題をうやむやにする効果があることも否定できない。

（2）子ども・被災者支援法に基づく支援対象地域

　2012年6月に成立した子ども・被災者支援法は、放射線量が避難指示の基準である年間20mSvを下回っているものの一定の基準以上である地域を支援対象地域として、同地域からの避難者に対し、移動の支援、住居の確保、就業の支援などの施策を行うこととしている。2013年10月に決定された同法に基づく基本方針は、この支援対象地域を「福島県中通り及び浜通りの市町村（避難指示区域等を除く）」と定めた。これは、本書の区分でいうと、E地域およびF地域のうち福島県県南地域が該当することになる（なお、実際に支援対象地域を対象とする政府の支援施策は、後述する公営住宅の入居円滑化のみである）。

（3）住宅支援

　民間賃貸住宅借り上げ制度（みなし仮設）など災害救助法に基づく住宅支援は、避難区域の内

外を問わず利用可能となっている。また、福島県外からの避難者についても、当該市町村が地震・津波の被災地として災害救助法に基づく指定を受けている場合は、原発事故に起因する避難であっても、住宅支援を受けている場合がある。

なお、福島県は2015年6月、自主避難者向けの災害救助法に基づく住宅支援について、2017年3月で打ち切り、新たな支援策に移行すると発表した。しかし具体的な支援策は示されておらず、数少ない自主避難者向けの支援であった住宅支援の打ち切りにより、多くの避難者が帰還を強いられることが予想される。

一方、現在建設が急ピッチで進められている復興公営住宅への入居は、避難区域からの避難者のみ対象となっており、現在のところ自主的避難者の入居は認められていない。

また、最近開始された制度に、公営住宅への入居円滑化がある。これは、子ども・被災者支援法に基づく支援対象地域からの避難者について、所得金額の半分を所得として認定する（ただし母子・父子避難などの分離世帯に限る）と同時に、避難元に住居を所有していたとしても入居要件を満たすこととして、公営住宅への入居を容易にするものである。この制度の適用対象は、支援対象地域からの避難者であり、具体的にはE地域と、F地域のうち福島県南地域からの避難者に適用される。有償での入居が前提となるため、無償である民間賃貸住宅借上げ制度と比較すると金銭的な負担が発生するが、一般に公営住宅の家賃は低廉であり、また今から避難しようとする新規避難者にも適用される点が注目される。しかし、2015年6月の毎日新聞の報道で、国土交通省が、抽選なしでの入居が可能な「特定入居」ではなく通常の募集で対応するよう自治体に指導していることが明らかとなり、本施策の実効性は疑問視されている。

(4) 健康診断

福島県による県民健康調査は、主に、外部被ばく量の推計を行う基本調査、事故当時18歳以下だった子どもを対象とする甲状腺検査、より広い健康影響の把握を目的とする健康診査からなる。このうち、基本調査と子どもの甲状腺検査は、福島県全県（E地域、F地域のうち福島県南地域、G地域のうち福島県会津地域）を対象として実施されている。一方、健康診査は、避難区域および伊達市のうち特定避難勧奨地点があった区域でしか行われていない。本書の分類でいうと、E地域のうち田村市、川内村、川俣町と、伊達市の特定避難勧奨地点があった地区がこれにあたる。

一方、福島県外については、現在のところ国は健康調査は不要であるとの姿勢を崩しておらず、体系的な健康診断は実施されていない。子ども・被災者支援法は、「子どもである間に一定の基準以上の放射線量が計測される地域に居住したことがある者及びこれに準ずる者」について、生涯にわたる健康診断が行われるよう必要な措置を講じることを政府に義務づけている。これを受けて設置された「東京電力福島第一原子力発電所事故に伴う住民の健康管理のあり方に関する専門家会議」では、同法をふまえ、線量把握・評価、健康管理、医療に関する施策のあり方が検討された。同会議は、福島近隣県の住民から再三の要請があったにもかかわらず、福島近隣県では対応の必要はないと結論づけた中間とりまとめを発表した。環境省はこれに基づき、2015年2月、福島県外については特段の健康診断は必要ないとの「当面の施策」をとりまとめた。

なお、市町村によっては、独自に甲状腺エコー検査やホールボディーカウンターによる内部被ばく検査を実施したり、助成を出すなどの施策を実施したりしているが、これらはいずれも各自治体の独自予算によるものである。

(5) 高速道路無料化

原発避難者への数少ない移動への支援が、高速道路の無料化だ。当初は避難者支援策として、福島県・宮城県・岩手県と青森県・茨城県の一部からの避難者について無料化措置がとられていた。2012年4月に制度変更が行われ、無料化の対象者は避難指示区域または特定避難勧奨地点からの避難者に限定されることとなった。これに対し、避難区域外からの避難者も対象とすべきとの声が上がり、2013年4月から、母子避難者を対象に、区域外避難者への適用が再開されることになった。この措置の対象地域となる避難元は、福島県の中通り・浜通りと宮城県丸森町とされており、本書の分類ではE地域とF地域にあたる。

(6) 除染

現在、放射性物質汚染対処特措法に基づく除染が行われている。避難区域（A～C地域）については、除染特別区域とされ国が直轄で除染を行うこととされている。一方、避難区域外で年間1mSvの地域を含む市町村が、市町村長の意見を聞いた上で汚染状況重点調査地域に指定されている。これら地域では、市町村が除染計画を作成し、除染を実施することとされている。

汚染状況重点調査地域も、環境省の補助が利用可能な除染方法によって、2つの種類に分かれる。福島県中通り（本書ではE地域とF地域のうち福島県南地域）などは「比較的線量の高い地域」とされ、住宅除染にあたり表土はぎ取りや高圧洗浄などが実施されている。一方、福島県外など（本書ではF地域のうち宮城県丸森町とG地域）は「比較的線量の低い地域」とされ、雨樋等の清掃・洗浄や落ち葉の除去などのみが環境省による補助の対象とされている（いわゆる「低線量メニュー」）。

避難者が抱える困難

　E地域〜G地域の避難者が抱える困難を制度面から見ると次のようになる。
　第一に、これら避難者の避難は、「自主避難」と呼ばれ、避難の必要性・合理性がまだまだ十分に理解されていない。E地域からの避難については、2011年12月の中間指針追補でその合理性が承認されたものの、特にG地域からの避難は社会的に十分な認知を受けているとはいいがたい。このような状況の中、多くの避難者は、避難するか否かを深刻に悩み、家族やコミュニティの中で多くの意見対立を経験しながら、避難を決断している。このような決断を強いられた状況自体が、これら地域の避難者にとっての被害である。
　第二は、避難者への賠償は、支払われていたとしても避難区域からの避難者と比較して少額にとどまることだ。G地域からの避難者にはいまだに避難費用や慰謝料が支払われていない。またE地域からの避難者も、十分な賠償を受けるためにはADRセンターへの申し立てが必要となっている。不十分な賠償は、新規避難を困難にし、他方で避難者の経済的な苦境の原因となっている。
　第三は、賠償や支援の有無について、不合理な線引きがなされていることだ。自主的避難等対象区域には福島県県南地域が含まれず、子ども・被災者支援法の支援対象区域には会津地域が含まれない。高速道路の無料化は県外でも宮城県丸森町だけが対象となっているが、同町の健康調査については国の支援がない。多くの避難者が利用できたのは災害救助法に基づく民間賃貸住宅借上げ制度のみであり、他の制度は適用範囲が狭く、また支援内容そのものも不十分なものにとどまっている。
　福島県と県外の格差も深刻である。健康診断や除染のメニューなど、多くの施策において福島県の内外で異なる取り扱いがなされているが、放射能汚染の現状からは、こうした線引きを正当化することはできない。
　子ども・被災者支援法は、広い支援対象地域の指定と包括的な支援プログラムの提示により、上記のパッチワーク型の支援を根本的に改善すると期待された。しかし、実際に定められた支援対象地域は狭い範囲に限られ、また支援施策も既存施策の羅列にとどまっており、避難者が抱える困難を解決するには至らなかった。

E地域 避難指示区域外（自主的避難等対象区域）
当事者へのヒアリング①

郡山市／宍戸 慈さん（30）

家族構成：夫（30代）／長女（0）

避難経路：福島県郡山市→北海道札幌市

　私は福島県福島市内で、小学校の教員をしていた父と主婦である母の間で生まれました。福島市内の小中高を出て、独立してからは郡山市に住み、震災のころには地域の雑誌の編集と地元ラジオのパーソナリティ、イベント等のMCなどをしていました。

　3.11の地震のときは、郡山駅前のビルの一階にいたんです。「このまま死んでしまうのではないか」と思いました。この日は、ラジオ局で仕事があって、12日の午前0時から午後2時ごろまで不眠で緊急生放送をしていました。仮眠をとって夕方5時くらいに起きたとき、原発の事故のことを知りました。私や局の仲間は、その時点では何が起き、どういう状況なのか、安全か危険かもわかりませんでした。状況を把握するために地図を広げ、原発からの距離を測りました。郡山までは約55km。実はこの時、「避難したい」という気持ちと「目の前の仕事」で揺れていました。その後10日間ほど泊まり込みで緊急放送を続けていたのですが、常に不安と隣り合わせで、一時は死も覚悟しました。今でもその時の選択が正しかったのかはわかりません。

　その後、避難を決意したのは2011年の夏でした。避難先探しと保養もかねて札幌に行ったとき、偶然、「子どもたちを放射能から守る福島ネットワーク」の代表の方のお話し会があって、それに参加しました。

　実を言うと、当時、「母子が大事なのはわかるけど、私たちのような独身女性は守られなくていいの？」という憤りのような気持ちがあったんです。その気持ちを、お話しされた方にぶつけました。そうしたら「私たちもとても必要なことだと思っている。けれど、そこまで手が回っていない。もしよければ、一緒にやりませんか？」とおっしゃって……その時、ハッとしたんです。なぜ他力本願になっていたんだろう。自分から変わっていかなかったら何も変えられないんだ、って……。そこが、福島の独身女子の団体「ピーチハート」を立ち上げる原点でした。独身女性だって、放射線の影響から自分を守りたいし、保養にだって出かけたい。何より、放射能についての不安や本音を話すための場がなかったんです。そんな場作り、仲間作りのために活動し始めました。

　今の夫とは、もうこのころには出会っていました。2013年7月に結婚しているんですが、実は、付き合う期間がなかったんです。彼は南相馬市が実家で、震災当時は東京にいたのに、「復興を手伝うため」に南相馬の実家に帰っていました。私のほうは、福島から出て、札幌に避難しよう、というときで、方向性が真逆だったんです。お互いに思う気持ちはあっても、未来が描けない……という状況ですよね。イメージがわかないんです。

2012年の11月に、チェルノブイリに行って、現地の様子を取材したんですね。深く深く考え込みました。私は、28年後をみてきたわけですよね。ドーンと落ち込んでいた、そんなときの気持ちをシェアできた唯一の相手が彼でした。でも、彼との未来は描けない。もう八方ふさがりになっていたとき「結婚しよう」と彼がいいました。「住む場所も仕事も、細かいことは、あとから決まっていけばいい。順を追って決めて行くよりもゴールを先に決めてしまおう」と。その一言に、なるほど、と妙に納得して、2013年3月12日を結婚記念日に決めました。原発が事故を起こした日、私たちにとってはきっと一生忘れられないつらい思い出を、いい思い出として塗り替えてしまおうと。

　入籍してもしばらく別居が続いていましたが、娘がお腹にできたことで「もう舵を切るしかない」という状況になりました。夫は南相馬の仕事をやめて、札幌で一から起業、私は身重で産休に突入。約1年間は、貯金を切り崩してぎりぎりの生活でした。現在、夫はさまざまな仕事をこなしていますが、借上住宅に住んでいることも相まって、なんとか生活することができています。

　借上住宅についても、2011年12月から私が住んでいた単身者用のアパートに、夫が増え、娘が増え、狭い中でひしめき合った生活は大変でした。25平米しかない場所で、娘がハイハイしだしたころから、「このまま住み続けるのは限界だな」と思いました。それで、「住み替えたい」と、北海道庁に相談に行ったんです。そうしたら、「あなたの旦那さんは震災当時、南相馬にいた人ではないから、避難者ではない。借り替えもできません」と門前払いでした。

　とはいえ、娘は日に日に大きくなって、冬でストーブなどを炊きだしたりと危険因子は増えていき、結局、眠れなくなったり、イライラしたり、頭痛がしたり、ストレスで日常生活に支障が出てきました。友人に「診断書を書いてもらったら？」とアドバイスを受けて、生まれてはじめて精神科を受診してみました。すると、それは狭苦しい環境で子育てをしているストレスが影響しているよ、と診断書を書いてくださって。それを持って再度、北海道庁に行き、借上住宅のままで住み替えを認めてもらえたんです。引っ越すことができて、ようやく平穏な生活ができるようになりました。

　福島にはすべてがありました。中通りは、都市部でありながら、自然に近く、人との触れ合いも多く、都会と田舎がミックスされた、私にとってとてもよい町でした。

　先日、ヨモギの新芽を摘んで、お餅を作りました。とても幸せでおいしい香りがしました。こんな当たり前のことができない地域が、この日本にはあるんですよね。大好きな福島には、それを我慢して暮らしている友だちや家族、仲間がたくさんいます。そのバックボーンを礎に、私に何ができるのかいつも考えています。

　去年は仲間と一緒に畑を始めました。今年は遊休農地を開墾してお米作りにトライしています。大きなことはできないけれど、ひとつひとつ依存していたものから脱却していく。自然とともに生きていく。その姿を見せていく。足下の生活から、暮らしを変えていきたいな……と思って今はコツコツやっています。毎日とっても楽しいですよ。せっかくの人生、100％楽しまなきゃ損だなと思います。

　　　　　　［2014年12月14日・2015年4月13日聞き取り／石垣正純・吉田千亜］

避難指示区域外――E・F・G地域

E地域 避難指示区域外（自主的避難等対象区域）
当事者へのヒアリング②

郡山市／磯貝潤子さん（40）

家族構成：夫（43）／長女（14）／次女（13）
避難経路：福島県郡山市→新潟県新潟市

　私たちは、震災から1年間は郡山に住んでいました。子どもをできるだけ被ばくさせないようにさまざまなことに気を付けて生活をしていましたが、2011年の12月ごろには、「この不自由な生活はいつまで続くんだろう？」と、疲れてしまったんですね。

　0.2μSv/hなんてふつうだった。それに慣れるのも怖いんです。家の中で0.2くらいあって、外も0.4〜0.5μSv/hあってもふつうなの。

　日本中見渡したら、他県の人は何のストレスもなく幸せに暮らしているんですよね。福島の人だけがそういう思いをしているということに、中にいたら気づかないんです。福島のテレビは、天気予報と放射線量を同じ扱いで流しているでしょう。あれは、よく考えたら、おかしいんですよね。

　それで、2012（平成24）年3月、2人の娘が5年生と6年生に進級するときに、やっと母子で避難しました。どうしても踏ん切りがつかなくて。正直にいうと、避難を決心してからも、行きたくなくて。

　郡山は、20年以上過ごしていたので、顔見知りばかりで、友だちもたくさんいたんです。独身のころの友だち、子どもの幼稚園からの友だち、娘の習っていたサッカーの友だち……。

　だけど、原発事故後の日常を、事故前のまま過ごそうと思っている人たちと、うまく交われなくなってしまって。避難をしたらますます、お互いの生活も変わって、「ああ、もう友だちでいることすらも難しいんだな」、と思いました。やっぱり、さみしいですね。

　そう思うと、私は避難によって、子ども以外のものを全部、一度、失ったんだと思います。

　一応、私もまだ住民票を郡山市に置いて税金を払っています。だけど、立場が弱いんですよね。なんとなく「避難して、すみませんでした」という感じで。行政は、復興することには惜しみない努力をするんだけれど、私たちのことは、何もしてくれていないように感じてしまいます。

　この間、今の職場の同僚で新潟の人に「働ける場をもらえることがありがたい。もっと被災者を雇ってくれたら助かる」って話したんですね。そうしたら、その人が「でも、避難しているってことは、いつまでいるかわからないから、なかなか雇えないよね」と、悪気はないんでしょうけど、そう言っていてね。

　確かにそうかもしれないけれど、でも、こっちにいる間の今月や来月のお金がほしいから働くんですよね。子どもを塾に入れたくて働くわけだし、いずれ発生するかもしれない家賃のために

働くんですよね。

　私たちだって、長く勤めたい。でもどうなるか、自分だけで決められない。もし、この先、避難を継続させるなら、お金が必要なんです。

　もう、本当に世の中は優しくないな……と思うの。自主避難って、誰もが望むふつうの生活をしちゃいけないの？　と思う。

　結局、どこにいても、自分が悪いことをしている気持ちになってしまうんですよ。

　じゃあ、私はどうやって生きていきたいんだろうって考えてみると、一番望むのは、放射能のないところで、今までとおり──とにかく放射能のないところで生活していくことなんですよね。

　その夢──「夢」っていうのかなぁ。「夢」だなんて言っていることが悲しいけど──そういう未来を叶えるのであれば、郡山の家のローンを支払いながら、二重生活を続けられるだけの収入を得る、という、準備をしないといけないんだろうな、と思いますよ。正直、ふつうに暮らしている人がうらやましい、って思いますね（苦笑）。

　積み上げてきたものを捨てて逃げることを「あなたが選んだ」と言われる理不尽さが解消されない限り、私はずっと、「避難者です」と言いたいと思うんです。「もう私の人生は放浪する人生なんだ」って思って納得できれば、今の生活だって楽しむことができるかもしれないけれど、やっぱりそれは難しいですよね。

　一番悔やんでいることは、自分のカンですぐ動けばよかった、ということです。事故のあと、すぐに避難したほうがいいんじゃないのかな、と心で思ったことはあっても、「いや、でもいまは無理」って抑えていて。気持ちの通りに動いていれば、子どもを被ばくさせることはなかったんじゃないかな、と思うの。「子どもの健康が一番」って、事故から４年近く経った今も、そう思っているから。

　あるとき、子どもがぽつんと「元気でいたい」と言ったんですよね……。

　子どもの言葉で言われたときに、はっ、としたの。そうだよね、「元気でいたい」って根本なんだよな、って。とにかく、生きていてほしいなぁ、って思う。生きているって当たり前なんだけど、当たり前じゃないですよね。

　私たちの現実は、「これからどうしたいか」と「これからどうなるか」がうまく一致しないんだろう、と思います。いま、子どもも自然に新潟に馴染んでいることは、よかった、と思います。だから、もう、このまんま何もなかったかのように、借上住宅の打ち切りも、健康被害も何もなく、無事にこのままずーっと終わったら一番いいのに……と思うんです。

[2014年11月5日聞き取り／吉田千亜]

避難指示区域外──Ｅ・Ｆ・Ｇ地域

109

F地域 避難指示区域外（半額賠償区域）
当事者へのヒアリング③

白河市／都築啓子さん（48）

家族構成：夫（48）／長女（17）／長男（15）
避難経路：福島県白河市→北海道札幌市

私は、結婚後福島県白河市に移り住み、自宅で英語教室を経営しながら子育てをしていました。

原発事故後、しばらくの間は子どもたちにマスクをさせる程度で、それ以上の危機感を持たずに生活していました。ある日、知り合いが避難したと聞いて、不安になり、インターネットでいろいろ調べました。市役所のウェブサイトで空間線量を見たら、事故前は 0.03 μSv/h なのに、そのときは 0.8 ぐらいになっていました。それまでの暮らしを振り返り、あまりに無防備で、子どもに無用の被ばくをさせてしまったと、とても後悔しました。

3月の終わり、福島県の放射線健康リスク管理アドバイザーだった山下俊一さんが白河で講演をしました。友人が参加後わざわざ内容を知らせにきてくれました。マスクもいらないし、子どもが外で遊んでも土を触ってもかまわない、布団も外に干して大丈夫、何の心配もいらないよと言うのです。いつもマスクをしていたその友人は、もうマスクをしていませんでした。これは何かがおかしいと感じました。

すでに被ばくしてしまったことは取り消せませんが、なんとかそれ以上の被ばくを避けたいと思いました。学校にも資料を持っていって校長と話をしたのですが、「学校は学校で考えているから大丈夫」と言われ、春休み明けから通常どおり授業が始まってしまいました。5月に例年どおり運動会をやると聞いて、やめてほしいと言ったところ、学校・保護者からの強い反発がありました。校長に、なぜこんな時に運動会をやる必要があるのか、と聞いたら、「今は20ミリまで浴びていいことになっているから今やるんです。明日1ミリという通知がきたらやめなくちゃいけないでしょう」と言われました。ああ、年間行事予定どおりに行うことしか考えていないのだ、ここに子どもを預けることはできないと思いました。

避難というのは簡単なことではありません。情報だけは集めていたのですが、なかなか家族に言い出せずにいました。5月、息子が連続して4回ぐらい大量に鼻血を出し、生まれてからそれまで鼻血を出したことがなかった娘も大量の鼻血を出しました。何度目かの鼻血が出たとき、息子に、「本当にここにいて大丈夫なの」と聞かれて、主人に避難について話をする決心がつきました。夫は「住むところが確保できればいいんじゃない」と言ってくれ、ようやく避難に向けて動き出しました。自宅のローンも残っていますし、主人は仕事が辞められず、私と子どもたちだけで避難することにしました。震災から4ヵ月経った7月のことでした。

札幌では、週に1回ボランティアでラジオのパーソナリティをやっています。東日本大震災を

経験した人たちの声や被災者に必要な情報を発信する番組で、被災者や支援者、支援してくれているアーティストなどをゲストに呼んでいます。そのほか、専門学校の非常勤講師として、週に2回英語を教えています。

　子どもたちは札幌になじみすぎているぐらいで、娘は友だちと北海道弁をまじえて話しています。もう福島は、帰る場所ではなく、祖父母に会いに行くところだと頭を切り替えたようです。

　今悩んでいるのは自分の将来のことです。子どもたちが札幌の大学への進学を希望しているので、その間はここで暮らすことになると思うのですが、その後彼らが独立したら、私だけ札幌に残る必要があるのだろうか、と悩んでいます。普通に考えれば、自宅のある場所へ戻ることになるのでしょうが、友人も親戚もいなかった札幌で、ゼロから必死で努力して手に入れた今の仕事や人間関係を捨てて、福島での生活をやり直すのかというと、それは今の自分が望んでいることだとは思えないのです。でも、まだもう少し先のことなのであまり考えないようにしています。福島に残してきた親の体調も気にかかります。夫は、福島に戻ってきてほしいというよりは、札幌に自分が行きたいという気持ちが強いようです。

　白河は、2011年12月に決まった賠償基準から漏れてしまい、賠償金が払われませんでした。車でほんの5分ぐらいのところは賠償の対象になったのですが。でも、その時にはすでにADRの申し立てをしていたので、ADRの中で白河も同程度の汚染があるのだと認めてもらおう、と考えました。その後長い時間がかかりましたが、ADRの申し立ては認められて和解しました。でも、地元に残った人の生活に変化はないという理由で、残っている夫の慰謝料は認められず、その判断に納得できないので、今は北海道の集団訴訟に参加しています。

　事故のせいで、当たり前だと思っていた生活が突然できなくなりました。家族がみんな一緒に暮らし、子どもたちは生まれ故郷の白河で大きくなり、私は英語を教えるというやりがいのある仕事がある……、あのまま続いていくはずだった生活は、もう失われ、取り戻すことができません。

　原発事故で被害を受けた私たちが、物わかりがよくなってはいけないと思います。避難した人たちの中には、支援してくださいと声を上げることすらできない人もいます。まだ支援が必要な人たちがたくさんいるはずです。自立しなさい、前を向きなさい、もう声を上げてはいけませんという雰囲気の中で、被害者が切り捨てられていくことが一番怖いです。

［2014年12月2日聞き取り／福田健治］

避難指示区域外――E・F・G地域

F地域 避難指示区域外（半額賠償区域）
当事者へのヒアリング④

宮城県丸森町／吉澤武志さん（38）

家族構成：妻（36）／長男（6）／長女（5）

避難経路：宮城県丸森町→宮城県大河原町

　出身は宮城県仙台市です。東京の大学院に在学中だった2002年、NGOのプログラムでタイの農村に行きました。その時の経験から、自分も農的な暮らしをしながら、地域づくりをして田舎の生活をアピールし、日本の田舎を元気にしたいと思うようになりました。

　タイでの生活を終えた後、宮城県の農村をいくつか見て回り、丸森町筆甫地区に移住することを決めました。筆甫地区は福島県の相馬市や伊達市と接する人口1000人にも満たない集落なのですが、当時から地域づくりが盛んでした。それで、地元の人と一緒に地域づくりをしたいと思って、2004年4月にここに移ったんです。

　筆甫地区の住民で構成されている筆甫地区振興連絡協議会（振興連）という組織が、2010年4月ごろ、丸森町から委託事業を受け、団体として地域を担うことになりました。私は振興連の事務局長を務めています。この事業では、料理教室など生涯学習事業の実施、地域の情報発信、Uターン・Iターンの勧誘、特産品の開発・販売等を行っています。

　東日本大震災では、筆甫地区は停電にはなりましたが、家屋被害や人的被害はありませんでした。2011年3月13日に原発で事故があったことを新聞で知りましたが、その時は、福島の原発まで距離があるから大丈夫だろうと考えていました。

　でも3月15日午前中、地域に住む仲間から、「3号機が爆発したら危ないよ。MOX（燃料）だからマズイよね」と言われ、さらに別の知り合いからも「自衛隊から避難したほうがいいと言われた。子どもを避難させたほうがいい」と聞きました。この話を聞いて、大変なことが起こった、と身の危険を感じました。女性や子どもが放射線による影響を受けやすいということは一般常識として知っていたので、妻に、子どもと一緒に避難するように言いました。

　ただ、私は、妻や子どもと一緒に避難はできませんでした。筆甫地区の住民の暮らしを支える役目も担っていたので、ここで避難すると後悔すると思ったのです。

　とりあえず、宮城県登米市の妻の実家に避難させることにしました。自宅にあった食材や灯油などを全部車に積んで、妻と2人の小さな子どもを送り出したとき、もう家族と会えないかもしれないと思ったことを今でも思い出します。

　3月19日に弘前大学の研究グループが旧筆甫中学校の校庭の線量を測っているとき、私はたまたま居合わせて、放射線量が6.4μSv/hという数値になっているのを見ました。でも当時は6.4という数値で健康にどのような影響があるかどうかもよくわかりませんでした。それでも、なん

となく危機感がありました。

　子どもたちは丸森町の保育所に通っていたので、保育所が始まる3月末に、妻と今後について話し合いをしました。

　妻も仕事があるので日中は子どもの世話ができず、かといって私の実家のある仙台市、妻の実家のある登米市に避難すると通勤が困難になります。そこで、どこかに家を借りることにしました。

　できるだけ福島第一原発から離れ、かつ、私や妻が避難先から筆甫までギリギリ通える大河原町で家を借りて、妻と子ども2人が避難することにしました。大河原町から筆甫までは約40kmくらいです。

　この時点でもまだ、私は避難するかどうか決めていませんでした。4月は、月の3分の2以上は筆甫で暮らしました。しかし、妻と子どもだけで生活させるのはいろいろと大変だと感じ、5月の連休からは、月の半分以上を大河原町の借家で過ごすようになり、徐々に生活の拠点を大河原町の借家に移していきました。筆甫の自宅は借家ですが、自分で改修したので愛着がありますし、まだ荷物も残っているので、今でも借りたままになっています。

　震災当時は何よりも子どもの安全が一番でしたが、月日が経って落ち着くと、矛盾と葛藤を感じるようになりました。筆甫地区のために働き、まわりの人たちの世話になっているにもかかわらず、自分が筆甫に住んでいないことに負い目を感じます。

　みんなからは、「子どもがいるから避難は当然」「住むところが違っても一所懸命やってくれてありがたい」と言われますが、地区外の人からは、地域の取りまとめ役が筆甫に住んでいなくていいのかという声も聞きます。私自身も、筆甫に住んで筆甫のための仕事をしていくと考えていただけに、非常につらいです。

　だからといって、今すぐ筆甫に戻るという決断はできません。自宅の周りは今でも0.3～0.5μSv/hと高く、また、子どもたちも今ある暮らしに慣れてしまっているので、もう一度帰ってこようという動機がないのです。

　子どもたちは、避難先の保育所で子ども同士の繋がりを作り、一緒に同じ小学校に通うと言っています。再び転校し、保育所から続く子どもの人間関係を断ち切ることはできません。また、筆甫の自宅も4年ほど生活をしていないため、傷んでしまっています。

　妻とは、今後についてはあまり話をしません。戻りたいと思いながら葛藤を抱えている私と妻との意見の違いが顕在化してしまうからかもしれません。

　私は、筆甫に愛着を感じていますし、筆甫の住民が喜んでくれてやりがいがある今の仕事を天職だと思っているので、仕事を辞めようとは考えていません。でも、筆甫を離れたまま筆甫地区の仕事をしていていいのか、という葛藤はあります。割り切ればいいのかもしれませんが、私の仕事は地域の人が住んでいるからこそできる側面もあります。筆甫に私だけ住民票を残しているのは、せめてもの繋がりを残したいと考えているからです。私は、今でも葛藤し続けています。

　　　　　　　　　　　　　　　［2014年12月8日聞き取り／江口智子］

G地域 避難指示区域外（その他地域）
当事者へのヒアリング⑤

栃木県那須塩原市／井川景子(いがわけいこ)さん（32）

家族構成：夫（34）／長女（8）／次女（4）
避難経路：栃木県那須塩原市→広島県→栃木県那須塩原市→愛知県小牧市
　　　　→愛知県名古屋市

　私たち家族は、栃木できちんと自立し安定した生活を送っていました。しかしあの日から生活は一変し、権利はないのに「被災者」とくくられるだけです。放射能汚染さえなければ、今ごろは那須塩原市の地で、新築のマイホームを建てて幸せに暮らせていたと思います。
　2011年3月11日、栃木県那須塩原市（旧黒磯市）で被災しました。計画停電の中、電気もない暗闇で襲い掛かる余震から身を守ることで精一杯でした。「放射能」という聞きなれない言葉に、危険なのか大丈夫なのかまったくわかりませんでした。
　そんな中、「那須塩原市の水道水から基準値超えの放射性物質検出。乳幼児は飲用禁止」というニュース。「美味しい那須の水」と言われていた水道水は完全に放射能に汚染されました。
　我が子は、どれだけの放射能の水を飲んだのでしょうか。
　続いて衝撃を受けたのが「那須塩原市の牛の生乳から高濃度の放射性物質検出」というニュース。牛のお乳から放射性物質――当時母乳育児をしていた私は「私の母乳は大丈夫なのだろうか」と不安でした。本来なら我が子に母乳をあげている時間というのは幸せな瞬間です。しかし、ゴクゴク飲む我が子を見ながら不安ばかりが募りました。
　家の周辺は当時、毎時1μSv/h前後あり、本当に、ここにいてよいのだろうかと模索していました。計算したら、たった1ヵ月弱で年間1mSvに近い被ばく量でした。水道水や母乳での内部被ばくを合わせるとさらに高い被ばく量になると思います。その数字にショックでした。
　主人はこの計算結果を見てすぐに会社を辞め、広島県の親友に連絡をして私たちを連れ出しました。
　広島での避難生活では、気を遣っていたつもりですが、私たちの不安感や焦りなどが伝わってしまったのかも知れません。親しかった昔からの友人関係はギクシャクしていきました。
　避難先では「お前ら自主避難だろ」と言われ、狭い一室で家族4人肩身の狭い日々でした。5月になり、次女が発熱。肺炎と診断され、2週間も入院しました。入院生活が終わり私たちは、5週間の避難生活を終え、いったん栃木に帰りました。
　疲れ果てた私たちは、那須塩原市という標識を見たとき、なんとも言えない安堵感がありました。那須塩原市、ホットスポット、高線量地域と言われても私には大切な街です。
　でも、やっぱりここでは、大切な我が子を育てられないと想い、6月23日、多くの友人と別れ、

Ⅱ　避難元の状況

栃木を出て愛知に向かいました。

　避難先の愛知では、ご近所には原発事故による避難ということを伏せ、「転勤で参りました」と嘘の挨拶をしました。我が子がどういう扱いをされるのかが、心配だったからです。

　幼稚園に転入した長女は、毎日引っ掻き傷をつけられ、「栃木なんて汚いから、もう戻れないよ」と言われていました。毎日毎日「みんなの所に帰りたい」と泣いていました。

　長女の体調の異変に気付き、受診をすると震災避難によるストレスが要因の「心因性咳嗽」と診断されました。数ヵ月にわたり、異様な咳払い、時には会話も困難なほどの発作症状になることもありました。ちょうど、同じころ私も、めまい、胸の痛み、動悸が頻繁に起こっていました。また、主人も苛立ち、疲労感が目立っていました。子どもも親もたくさんの疲れと、たくさんの感情を押し込めていた結果、「体調不良」になったのです。

　2012年2月、被災者交流会「ゆるりっと会」を開催しました。3回とも50名もの被災者が参加してくださいました。はじめて同じ境遇の人たちと出会い、共感し合うことで気持ちが楽になることを知りました。それと同時にたくさんの支援者とも出会い、私たちはこの見知らぬ地でこの方たちにしっかりと支えられながら生きているのだと実感しました。

　翌年には、「原発被害者支えあいの会　あゆみR.P.Net」を設立。テレビやラジオ、新聞に取材され、衆議院議員会館の院内集会にも参加しました。「私は運動家ではない。お母さんだから伝えたいだけ」「こんなことは早く終わらせて解決させたい」と思っていました。

　「相手・国　場所・東京地方裁判所」――そんな文字が書かれた訴状に印鑑を押すときは手が震えました。原発事故子ども・被災者支援法具体化訴訟の原告団のひとりとして提訴しました。私はとうとう国を相手に訴訟を起こしてしまうのだと、ぼんやりとした不安を感じていました。

　家族は原告に入れませんでした。もしも、もしも、何か言われることがあるとしたら、それは私だけでいい。子どもたちが大人になったとき、すべてのことは解決し、何も心配することなく、たくさん遊んで、たくさん学んで、素敵な恋愛をし、幸せな結婚をしてほしいだけ。願うことはそれだけです。

　愛知で出会った人たちや、私の周りにいてくれる人たちに本当に感謝しています。そして、晴れの日も雨上がりの日も元気に外を走り回る子どもたちの笑顔。困難と引き換えに得た宝物です。大事にします、ずっと。

　でも、ひとつだけ……。東海沖地震や南海トラフとか、浜岡原発再稼働……など騒がれていますが、また、もし私が震災に遭ったときは生き残りたくありません。

　もう避難や、未来へのこんな不安感は二度と嫌です。次は、耐える自信はありません。

［2014年10月23日聞き取り／大城　聡］

避難指示区域外――E・F・G地域

G地域 避難指示区域外（その他地域）
当事者へのヒアリング⑥

東京都世田谷区／田代光一さん（48）

家族構成：妻（47）、長女（5）
避難経路：東京都世田谷区→岡山県岡山市

　私は昭和41（1966）年に東京で生まれました。生まれは東京ですが、神奈川県相模原市で育ちました。高校卒業後は上京し、7年半ほどテレビ局のロケバスの運転手を務めました。その後、自営で介護タクシーの運転手をしていました。原発事故があったのはそのようなときでした。

　地震が発生したのは、東京での仕事で、車で信号待ちをしていたときでした。電信柱がまるで人が揺らしているように大きく揺れていました。カーナビからは警報が出て、ビルからは人がわっとたくさん出て来ました。すぐに「これはただごとではない」と感じたのを覚えています。

　その翌日、テレビで原発事故が発生したことを知りました。温度が上がっているという報道を気味が悪いな…と思いながら観ていましたね。高校時代に少しだけ原発に関係する本を読んでいたことがあり、もともと原発というものが非常に危険な施設であるという認識はありました。

　福島の原発が水素爆発を起こしたことを知った時は非常に動揺しました。半ばパニック状態のままアタッシュケースに数日分の食料を詰め、いつでも逃げられるような準備だけはしておきました。妻には「もしかしたら、「遠くへ行け」と言うかもしれないけれど、その覚悟はしておいてくれ」と伝えました。そのころは、妻はあまりピンときていない様子でした。

　実際に避難をするかどうかについてはとても悩みました。私の様子を見た妻もようやく危険な状態であることを察し、家族で雨戸に目張りをするなどして、なるべく外出を控えていました。10日くらい外に出ませんでしたね。当時、避難は考えていましたが、タイミングを逃してしまった感じです。リスクを考えてあたふたしていました。

　その後は、長崎のほうに妻と娘を保養に行かせていました。2週間だったり2ヵ月だったり、期間はいろいろですが、計4回ほど行っています。

　最初に岡山に来たのは平成25（2013）年の3月でした。妻と娘と3人で来て、自分はそのまま東京に帰りました。そこは半年という約束の家だったんですね。

　私のほうは、どうしても踏ん切りがつかなくて……。仕事はいつでも辞めるつもりではいました。ただ、収入の心配がありました。お金の問題は、行った先でつきまといます。生活できるかどうかを見計らっていた、という感じです。

　決め手となったのは、平成25（2013）年の5月ごろに岡山県が実施した移住の説明会でした。そこで、住宅の抽選に当選したんです。これが決断に大きく影響しました。空き家を利用して岡山市が管理している場所です。取り壊しを2年後に予定しているところでしたが、「もうこれは

行くしかない」と思いました。

　それまで中部大学教授の武田邦彦さんのブログなどをこまめに見ており、早い段階から「東京に安全に住み続けることが厳しい」と感じていた私は、家族の健康を守るために自分の決断に賭けました。もしこの判断が間違っていたとしても、それは自分で決めたことなので、その損失はかぶろう、と覚悟しました。

　数値の安全性がどうあれ、一度東京に住めないと感じてしまった以上、不安に思うことから逃れることはできないだろうと感じています。

　移住の決断をしたことに関して後悔はしていません。後悔していることと言えば、事故直後、家族だけでも早期に避難させてもよかったかなと思うことぐらいです。

　私の避難に対して、東京の知人や友人からは「何でそこまでする必要があるの？」という声が圧倒的に多いですね。タクシーのお客さんでそういう話ができた人が１人だけいましたね。東京では、今では原発事故が話題になることもほとんどありません。

　事故発生当時も、なかなか周りに相談できる人がいなかった私は、インターネットを通じてこまめに情報交換を行っていました。「仲間」という意味では、むしろ移住後のほうが周りに放射能について話をできる仲間が多く、そういった人とのつながりは強いです。

　今後のことですが、妻は介護の仕事をしており、正社員になることが決まっています。私は今の仕事（学校の用務員）の契約が今年（2015年）６月までなのですが、そのあとは未来を担う子どもたちに関わる仕事したいと考えています。

　いまの住居は平成27（2015）年３月で契約が切れるのですが、その後は岡山市内で普通に賃貸借契約を締結して生活することにしています。

　今回の事故は、あってはならないものだったと思っています。放射能の問題というのは、否定しづらい問題だと思うんです。よく、「絆」って言いますよね。その「絆」という言葉に隠されて、見えないもの・においのないものを拒否する力が弱い気がするんです。きちんと民主的な手続きを踏まないと核の問題を解決は難しいと感じています。日本は、民主的な力が少し弱いですよね。

　東京にいたころ、毎週金曜日の官邸前デモに参加していたりもしたのですが、これからも声を上げ続けることが重要ではないかと思っています。政治的なことに興味があったにしても、きちんと意思表示することがなかったように思うんです。選挙に行くだけじゃだめだったんじゃないかな……と今になって思うんですよね。

［2015年１月31日聞き取り／丹治泰弘］

避難指示区域外――Ｅ・Ｆ・Ｇ地域

G地域 避難指示区域外（その他地域）
当事者へのヒアリング⑦

千葉県流山市／後藤素子さん（49）

家族構成：夫（50）／長男（18）／次男（15）／長女（10）／猫3匹
（事故時は素子さんの両親と同居）
避難経路：千葉県流山市→熊本県→大阪府→京都府→滋賀県甲賀市
　　　　　→三重県四日市市→滋賀県湖南市

千葉の家は定年退職した父が、退職金で建てた家でした。夫は事務所を構え、私は小さなカフェを開くという夢をかなえる家だったんです。父は地域活動に力を入れ、すぐに馴染んでいました。私も子ども3人を育て、PTAの本部も経験し、ママ友もたくさんいました。今回の事故で汚染がなければ、千葉の家から引っ越す理由はなにもありませんでした。

事故当初、私は何が起きたのかピンときておらず、保育園にも通常どおりお迎えに行っていました。夫は直後からネットで情報を必死で集めていたようで「逃げられるなら逃げたほうがいい」と避難を勧めてきたんです。強く言われたので、17日に熊本のいとこの家に一時身を寄せましたが、長女が1年生になるのに合わせ4月上旬に戻ってきました。いとこは、公営住宅の手続きなども勧めてくれたんですが、そのような判断ができる状態ではありませんでした。今後、どうなってしまうのかというプレッシャーが大きくて。今にして思えば被ばくしていたのかな、と思うんですが、ずっと下痢気味で、歯茎が腫れていたんです。帰ってきてからは、夫にも会えてほっとしたんですが、彼は「子どもたちも外に出るときはマスク、洗濯物を外に干すな」などと口うるさく、私も「やっと帰ってきたのに！」などと口論ばかりしていました。

連休前に、彼が通販で購入したウクライナ製のガイガーカウンターが届きました。家の中では鳴らなかった機械が外に出したとたん、ピーピーと鳴り始めたんです。そのころから、夫はツイッターで情報を流し始めました。夫の情報を頼って東葛地域でもだいぶコミュニティができてきたところでした。

私自身はそれでも気をつけて暮らせばなんとかなるかなと思っていたんですね。ただ、内部被ばくのことなど、勉強して勉強して、気にしないと情報は入ってこないことはだんだんとわかってきてはいました。

そのころ柏、松戸、流山が汚染状況重点調査地域に指定されたんですが、そもそも指定されていることを知らない人も多いんですね。重点調査地域は、市民が測って声を上げた結果、指定されたのだと思うんですが、興味がない人にとっては「それって何？」という程度のことなんです。

今、千葉に残った友人と交流はほとんどありません。放射能を気にする、気にしないというのが「生き方のフィルター」になってしまいました。できれば私もなかったことにしたい。だから、

いろいろな事情で移住まではできないわという方に対しては、もしよかったら保養に来たらどうかな？という程度の連絡はしますが、それ以上のことは言いません。

　両親もこちらに呼び続けていて、最近は少し態度が柔らかくなった気がします。移住前は精神的にもかなり参っていたようで、私たちにも厳しい言葉をかけてきました。今、長男がまだ向こうにいるんですが、長男がこちらに避難したらがくっと来るのではないかと心配していて……一緒に住もうという誘いはしています。実の家族でさえそんな状態なのに、友人を説得するなんてとても無理ですよね。

　滋賀には2012年の信楽でのショートステイで来たんです。関東からの避難者も受け入れてくれるという「なちゅらる・まま」というグループにお世話になりました。食べ物などにも意識の高いお母さんたちが世話をしてくれるショートステイで、私だけでなく他の参加者もだいぶ癒やされていました。私はその後2013年の春に移住を決めたんです。保養で一緒になった家族と話す中で、夫に理解がないところは離婚した、というのも聞いています。うちは、子どもの無事な成長を願うところで夫婦一致したことが恵まれているんだと思います。戻りたい気持ちがないわけではないんですが、戻ったとしても、気づいてしまった以上、地元の野菜は食べられないし、友人づきあいも大変になると思います。

　滋賀に引っ越すと決めてこちらの地域で家を探すときにも、保養で出会ったメンバーがいろいろと助けてくれました。そのうちに、湖南市で地域おこし協力隊の仕事を募集していることを教えてもらい、職に就けました。地域おこし協力隊では市の職員の知り合いができ、顔も広くなるので、地元へ素早く溶け込むことができたのは良いことと考えました。地元に溶け込むというのは私のもともとの気質もあるけれど……。

　今一番言いたいのは、避難しようがしまいが、子どもたちが健康で育つかどうかを気にしてほしいということですね。今、福島では検査をして判定を出していますが、それを関東はほとんどやっていないんです。乳がん検診をピンクリボン運動で普及させるレベルで、子どもの検査をどこででも普通に受けさせるようにならないものか……と思います。私たちは、気にしているからそれなりに受けさせているんですが、頑張っているのは市民レベル。これを行政でやれるようにならないとおかしいと思っています。

［2015年1月28日聞き取り／松田曜子］

ヒアリングを終えて
──原発事故が避難者にもたらしたもの

福田健治（弁護士）

奪われたもの

避難者たちが口々に述べるのが、避難によって「普通の生活」が奪われたことだ。

「「暮らし」がなくなった、人生を奪われた」（市村さん〈B〉）
「自分たちが生活してたものがある日、根こそぎ奪われる経験は、経験してみないとわからないよね」（金井さん〈C〉）
「事故がなければ、子どもと孫も自宅で暮らしてて、幸せな生活ができたな」（藤原さん〈D〉）
「家族がみんな一緒に暮らし、子どもたちは生まれ故郷の白河で大きくなり、私は英語を教えるという（中略）生活は、もう失われ、取り戻すことができません」（都築さん〈F〉）

その内容こそ違えど、今まで当然に続くものと思われた生活が失われたことへの喪失感は大きい。避難者の言葉からは、単なる現在の生活だけでなく、その延長線上にある将来計画が奪われてしまったことを見て取ることができる。

とりわけ放射能の影響で自然や土地とのつながり、そして土地と結びついていた生業が失われてしまったことへの苦悩も多く聞かれる。子牛を餓死させないため最後まで飯舘村に残っていた鴫原さん〈A〉や菅野さん〈B〉、移住して何年もかけて作った農地を汚染させられた熊本さん〈D〉らの苦しみは、察するに余りある。避難先でよもぎを摘んで餅を作りながら幸せを感じる宍戸さん〈E〉の姿も、事故で失われた自然とのつながりを感じさせる。

また生活の本拠であった自宅への想いも強い。日帰りで浪江の家を訪問しお店や自宅をできるかぎりきれいにしたいと願っている篠原さん〈A〉、自宅に30人ぐらい親戚が集まって寝ることができたという菅野さん〈B〉。金井さん〈C〉は、一世一代の自分の城であった自宅に、もう帰らないけど、愛着があるから捨てきれないという。避難指示区域外でも、吉澤さん〈F〉は、改修した自宅に愛着があるため、一家で避難したものの借りたままにしている。

壊されたコミュニティ

避難指示区域では、住民が方々に避難したため、避難前に存在していた地域のつながりは強制的に断ち切られることになった。なくなってしまった盆踊りや御神輿に祖先への感謝の気持ち

Ⅱ　避難元の状況

を見出す鴫原さん〈A〉、部落のどこに行っても親戚づきあいのようだったといい、「あのころはよかった」という菅野さん〈B〉。豊かな社会的・人間的関係が存在していた分だけ、広域避難によって壊されてしまったものを回復することは困難だ。避難者の孤立を防ぐために、一緒に住むための県外の公営住宅を求める声もある（吉田さん〈A〉）。

区域外避難の苦しみ

　避難区域外では、また違った苦悩を見て取ることができる。避難指示がなく、政府が放射能の影響について安全論を振りまいたがゆえに、人々のつながりは静かに断ち切られ、異なる日常を過ごすことを余儀なくされた。原発事故後、放射能の影響を気にせず事故前のまま過ごそうとしている人たちとうまく交われなくなったという磯貝さん〈E〉や、学校に放射能対策を求めると学校や保護者からの攻撃を受けたという都築さん〈F〉。後藤さん〈G〉は、避難元の友人との交流はもうないし、帰還したとしても友人づきあいが大変だろうという。後藤さんは、放射能への考え方の違いが「生き方のフィルターになってしまった」と表現する。多くの避難者は、「被ばく下でのストレスある生活」と「避難」との比較の中で苦しんだ結果、避難を余儀なくされている。磯貝さんは避難前、「この不自由な生活はいつまで続くんだろう」と疲れてしまったという。
　しかし、区域外避難者にとって、避難するということは、自らの手でこれまでの生活や人間関係を断ち切るということでもある。避難を決めてからも行きたくなかったという磯貝さん〈E〉は、避難によって子ども以外のものを全部一度失ったと振り返る。井川さん〈G〉は、避難後、子どもが毎日「みんなの所に帰りたい」と泣いており、ストレスで体調が悪化したと語る。田舎のために働きたいと思い筆甫地区に移住し地域づくりに取り組んできた吉澤さん〈F〉は、避難した自分と地域のための仕事との間で葛藤している。避難により多くのものを失うことを、自ら決断することが求められる残酷さがそこにある。
　こうした苦しみは、区域外避難が十分社会的に理解されていないことでさらに増幅されている。「避難してすみませんでした」と感じるという磯貝さん〈E〉や、「おまえら自主避難だろ」と言われ、転勤で参りましたと挨拶したという井川さん〈G〉の言葉は、避難が当然の選択肢として認知されるまでの障害の大きさを考えさせられる。

苦しみを増幅する政府の施策

　避難者の苦悩は、政府による事故後の対応でさらに増幅している。
　多くの人々が口にするのが、避難の遅れによる被ばくへの後悔だ。事故後4月22日まで避難指示が出なかった飯舘村の鴫原さん〈A〉は、孫を被ばくさせてしまったことが一番つらい、放射能の危険性について本当のことを教えてほしかったと語る。避難区域外でも、磯貝さん〈E〉も、都築さん〈F〉も、後藤さん〈G〉も、口々に、当初十分な情報がないままに子どもが被ばくしたことへの苦しみに言及している。
　住宅支援も不十分だ。吉田さん〈A〉は、双葉町からの避難者が集住するための福島県外での

公営住宅建設を願うが、これは実現していない。磯貝さん〈E〉は借上住宅の打ち切りが迫っていることを不安に感じている。宍戸さん〈E〉は、家族が2人も増えたのに借上住宅の借り替えが容易には認められない現実を指摘する。

政府が進める避難指示の解除に対する目線も厳しい。特定避難勧奨地点が解除された南相馬市原町区の藤原さん〈D〉は、解除の線量基準が高すぎ、これでは子どもが安全とはとても言えないと批判し、「おれたちの声をきいてほしい」と求めている。

賠償も、避難者の苦しみを緩和するには不十分かつ不合理に見える。賠償に格差を設けられADRを通じた解決を求めている菅野さん〈B〉・藤原さん〈D〉や、失われた家や牛について「お金をもらって代わりを求めればよい」という東京電力への怒りを表現する鴫原さん〈A〉の話を聞くと、賠償は、避難者が抱える問題の解決策ではなく、むしろ原因となっているのではないとすら思えてくる。

帰らない

今回話を伺った避難者の多くは、避難元に帰還する予定がない。その理由はさまざまだ。戻らないという家族をおいて一人では戻れないという鴫原さん〈A〉。自分らしく生きられる場所に行きたいと語る市村さん〈B〉。母もかわいい孫も夫の職場も避難先のいわきにあるという金井さん〈C〉。子どもたちの新しい人間関係を断ち切ってまで戻ることはできないという吉澤さん〈F〉。子どもが大きくなった後帰還するか迷っているという都築さん〈F〉も、避難先での仕事や人間関係を断ち切ることに疑問を持つ。共通するのは、放射線量の高いところに住みたくないというだけでなく、豊かな人間関係やコミュニティの中で生きたいという当然の願いであり、帰還してもこれは叶わないという現実である。

闘いと新たなつながり

避難者は苦しんでいるだけではない。多くの避難者が、政府への支援の要望、ADRや訴訟などを通じて、現在置かれている状況を改善し、傷つけられた権利を回復するために闘っている。原発事故がなければ平穏に暮らすことができていた人々だ。「おかしいときちんと言い続けていなければいけない」と言う鴫原さん〈A〉、「怒りを忘れてはいけない」と語る熊本さん〈D〉の決意は重い。宍戸さん〈E〉は、独身女性が原発事故に向き合う「peach heart」を立ち上げた。

社会にできることは多く残されている。旧騎西高校へ避難する間に見た「ようこそ双葉町民のみなさん」という横断幕が印象に残っているという吉田さん〈A〉や、避難先の自治体や支援者が温かく迎えてくれたと語る都築さん〈F〉、田代さん〈G〉、後藤さん〈G〉の経験は、避難者がより生きやすい社会を私たちは創ることができるはずとの希望を抱かせてくれる。

「普通の生活がしたい」、これが多くの避難者に共通の願いだ。これを実現するために、私たちが当事者とともに何ができるかが問われている。

III 避難先の状況

約1200人いるとされる埼玉県内の自主避難者（2015年1月現在）の自助グループ「ぽろろん♪」のイベントの様子。4年経つ今なお「はじめて同じ境遇の人と出会えた」という声も。

[撮影：吉田千亜]

避難先での支援の違いを知る

橋本慎吾・津賀高幸（JCN）

東日本大震災以降、日本各地において避難者の受け入れが行われてきた。しかし地域ごとの避難者の状況や避難者の受け入れ支援はさまざまであり、その実情はどこにも集約されていない。

第Ⅲ部では、原発避難者の全体像を把握するため、47都道府県の受け入れ体制や支援策をできるかぎり収集することに努めた。その結果、自治体によって情報の多寡があるものの、収集した情報から、地域によって支援状況や避難者の動向が明確に違っていることが見えてきた。そして避難者の現状を知ることにより、今後に必要な施策の一端も明らかになった。

避難者の状況

復興庁が公表している各地の避難者数と福島県が公表している県外避難者数から福島県からの避難者数と福島県以外からの避難者数を整理したところ、避難者数と移動（転居・帰還）に、地域による特徴があることがわかった。

避難者数の推移を比較したところ、全体では2012年にかけて増加し、その後減少する傾向にある。山形県、新潟県では減少する割合が多いが、北海道、東京都、愛知県、沖縄県では微減するにとどまっている。一方、岡山県では、2013年から2014年にかけて増加する傾向にある。

福島県からの避難者と、福島県以外からの避難者の割合を比較したところ、山形県・新潟県の避難者は9割以上が福島県からの避難者である一方、茨城県や東京都では、福島県外からの避難者が全体の20％を占める（図1）。関東圏では類似の傾向にあると思われる。福島県から一定程度離れた北海道、愛知県、沖縄県の避難者の60〜70％程度が福島県からの避難者となっている。岡山県は、他県とは傾向がまったく異なり、福島県外からの避難者が非常に多く、福島県内外の避難者の割合が逆転している。

全都道府県の避難者数の推移と地域の推移、福島県からの避難者と福島県外からの避難者数の割合にも違いがある。こういった傾向を踏まえ、今後の支援施策や支援活動を検討していくことが求められる。

受け入れ支援の地域差

各地で行政による積極的な支援施策が行われたが、結果的には地域による違いが明確にあった。施策の根拠となる法律や対象の違いも複雑であり、正確な理解が困難なものも多くある。そのた

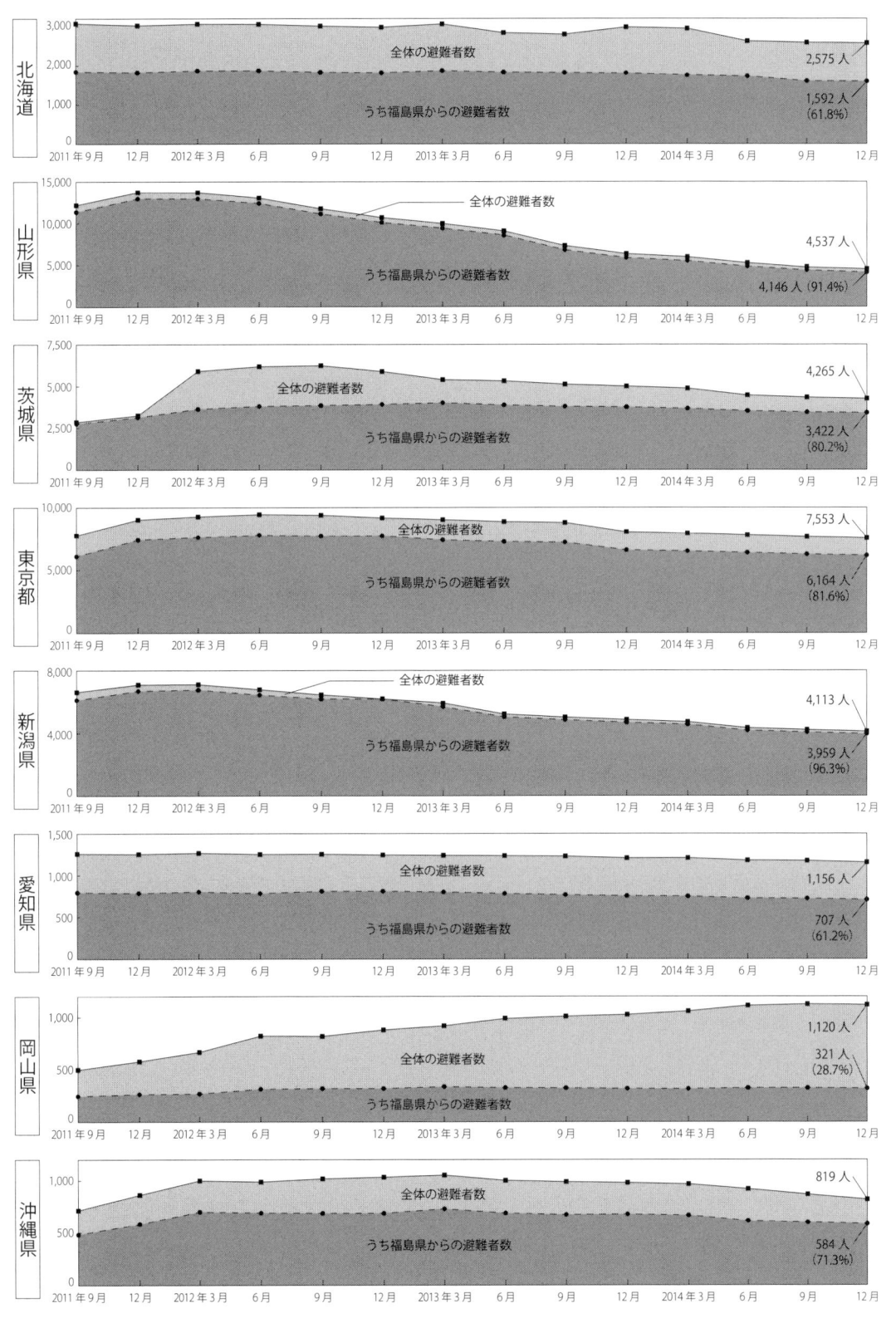

図1　各地の避難者数の推移

め、行政の担当部局や担当者の裁量・判断が施策の運用に大きく影響した。

　支援の地域差は住宅提供にもみられる。応急仮設住宅の供与は、災害救助法に基づいて行われる。しかし、受け入れ側の自治体では、独自の裁量で避難者を公営住宅に受け入れ、応急仮設住宅としての家賃を求償していないところもある。そのため、供与期間が他県より早く打ち切られるという問題も一部で発生した。

　また、2014年9月には「『子ども・被災者支援法』に基づく支援対象避難者の公営住宅の入居について」という住宅支援施策が発表されているが、それを施行する・しないも都道府県・市町村の裁量にまかされており、対象となる自主避難者を困惑させている。

　菅磨志保[1]は、「避難元の自治体の状況、避難先が提示する受け入れ支援の条件、支援団体との関係や原発に対するスタンスが、同じ避難者同士の協働を難しくさせた」と指摘しており、まさに受け入れの条件の違いは避難者に大きな影響を与えたといえる。

民間による取り組みの特徴と課題

　47都道府県における避難者支援や受け入れ・民間支援の動向をまとめる中で、いくつかの特徴が見えてきた。

　北海道、山形県、愛知県、岡山県など行政と民間支援団体の連携が十分に図られているところは、発災当初から円滑に避難者支援が行われている傾向にある。行政と民間の連携が図られていても、行政の資金的支援がなくなるとともに活動が停滞してしまったケースもあるが、それは協働が形だけのものであったといえよう。その一方で、大阪府、愛媛県などでは、避難者の現状を的確に伝え、行政のさまざまなサービスや避難者の情報を引き出すなど、信頼関係を構築しながら、支援活動をさらに充実させている例もある。

　支援の現場では避難者の課題がさまざまであり、一団体で対応することには限界がある。避難生活が長引く中で、支援側の疲れも出てくる。そういった中で、支援団体間のネットワークは、支援側の悩みが共有できる有意義な場となり、活動の継続や充実につながっている。たとえば、東京の「広域避難者支援連絡会in東京」等にみられる各地の定例ネットワークミーティングは、支援団体や当事者団体が日々の活動に参考になる情報を得ることができ、活動の悩みなどを話せる大切な機会である。

　また、当事者団体の活動も各地で活発化してきている。避難先でお互いに支えあう自助グループでは、避難者一人ひとりの声を伝え、さまざまな団体とつながりながら必要に応じた支援を実現している。北海道、東京都、新潟県、京都府、大阪府、岡山県、愛媛県、沖縄県をはじめ、各地で活動が活発である。

　定期的に開催している交流会、情報紙の発行などは一般的な活動メニューではあるが、それらも各地で創意工夫のもと展開されている。例えば、東京都や埼玉県では、避難元のつながりを維持している団体もある。また、岡山県では、専門家などと連携し相談窓口の設置をしている。北海道、栃木県、愛知県などは行政と連携し、戸別訪問を行うなど、地域によってさまざまな活動が広がりつつある。

その一方で、民間の活動にもいくつかの課題が残っている。
　まず、避難者それぞれの悩みや課題の解決のためには、専門的なノウハウが必要となる場合もあるが、それがないために、必要な支援が避難者につなげられないケースも見られる。
　資金面の課題もある。発災当初は、多くの市民から寄せられた寄付があり、秋田県、長野県、岐阜県など一部の地域では行政が基金化して避難者支援に活用した事例もあった。また、国の交付金を活用した公的助成金制度なども民間支援活動に活用された[2)]。しかし、それらの資金と、さまざまな民間支援活動の全体、および現場のニーズとを俯瞰し調整するコーディネート機能の不在も指摘されている。東日本大震災支援全国ネットワーク（JCN）でも全国の状況を把握することに努めているが、公的支援制度などを担当する部署を調整するまでには至っていない。
　各地の支援団体においては活動資金の問題とあわせて、スタッフの確保、団体の運営基盤の整備や強化も課題だ。活動継続のためには、組織内での意思決定システム、会計処理、事業計画づくり、事務作業の効率化、スタッフの人材育成など、運営の強化が必要となっている。

今後の支援について

　現在行われている「避難者支援活動」は、日本国内でそれほど多くの地域や民間団体が経験しているものではなく、日常的な市民活動とはまったく違う様相がある。それは、東日本大震災・東京電力福島第一原子力発電所の事故によって、新たに生じた社会課題といえる。
　国の避難指示の有無による支援の違い、避難先での行政サービスの違いには避難者自身も困惑したであろうし、避難者に関わった多くの市民も戸惑ったであろう。それでも多くの市民は、避難者によりそい、避難者の暮らしを支える活動を行った。
　「避難者それぞれの暮らしはさまざまであり、抱えている課題や悩みも多様化している。また、それまでにあったコミュニティや社会的な接点が切り離されて、社会的に孤立している人たちも多くいる」との声が、支援する側からも聞かれる。震災から4年が経過するなかで避難者の「つながり、居場所、役割」について改めて考えていく必要がある。これまで避難者支援に関わった人たちだけでなく、これからは福祉や医療、生活困窮などの社会的包摂に携わるさまざまな専門組織や支援団体などが、避難者のための行政施策や民間の支援活動に取り組んでいくことが求められる。

第Ⅲ部の読み方

　第Ⅲ部では、行政による支援施策や民間団体による支援状況、避難者の様子等について、各種報告書やホームページ、また避難者および避難者支援団体からのヒアリングや記録をもとに、都道府県ごとに取りまとめた。しかしながら、震災から4年が経過し、各種情報の散逸がみられるため、網羅的な整理には至っていないことをあらかじめ断っておきたい。また、団体情報等は2015年3月末時点のものとなっている。
　都道府県ごとの基礎情報として、行政が公表している避難者数の避難元内訳と各都道府県の人

口を掲載した。復興庁では、2011年8月以降、毎月各都道府県の避難者数を居住区分別にウェブサイト上（http://www.reconstruction.go.jp/topics/main-cat2/sub-cat2-1/hinanshasuu.html）にて公表しているが、避難する前に居住していた避難元の都道府県の内訳については公表していない。一方で、都道府県によっては避難元の内訳を独自に公表しているところもある。

　復興庁の公表する数字は、唯一把握されている「全国の避難者数」ではあるが、第Ⅰ部においても触れているとおり、正確に実態を示しているものではない。しかし、今のところそれが"公式"な避難者の数ということになっている。

　なお、第Ⅲ部の執筆にあたっては、東日本大震災支援全国ネットワーク（JCN）が各都道府県（福島県を除く46都道府県）の避難者支援担当部局を対象に避難元別の避難者数の内訳をたずねるアンケート調査（一部はヒアリング調査にて補足）を行い、その結果を県ごとに掲載している。

　調査では下記の内容について質問した。

1. 復興庁に報告している2014年12月11日現在の避難者数の内訳（福島県・宮城県・岩手県・その他の県の各人数）。
2. 都道府県のウェブサイトで公表している場合、そのURL。
3. 本調査に回答できない場合は、その理由。

　調査回答の中には「復興庁の避難者調査であるため、詳細については復興庁へ問い合わせ願いたい」との回答とともに、避難元の内訳について回答なしの県が複数あった。それらの回答を受け、復興庁に電話で問い合わせたところ、ウェブサイトで公表している数字以上の情報については提示できない旨の説明がなされた。

注
1) 関西大学社会安全学部編著、2014『防災・減災のための社会安全学』ミネルヴァ書房
2) 松田曜子・津賀高幸、2014「福島第一原発事故による広域避難者支援活動を行う民間団体に向けた公的資金の交付状況に関する考察」関西学院大学災害復興制度研究所紀要『災害復興研究』Vol.6

福島県

[県庁所在地] 福島市
[人口] 1,932,392人
[県内避難者数] 63,962人

❖行政による避難者支援

発災当初は、福島県災害対策本部が避難者の対応にあたり、活動支援班の中に「県外避難者支援チーム」も編成され、県外避難者にも対応してきた。2012年4月からは生活環境部の中に「避難者支援課」ができ、現在も県内外避難者への対応を行っている。

行政による避難者向け支援施策で、避難生活を支える要となっているのは、災害救助法に基づく応急仮設住宅の供与である。震災後に建設されたプレハブ等の応急仮設住宅だけではなく、公営住宅、UR賃貸住宅、雇用促進住宅、民間賃貸住宅も、みなし仮設住宅として適用している。災害救助法上、供与期間は原則2年となっているが、激甚な災害の場合は「特別非常災害特別措置法」に基づき、さらに1年ごとに延長できることになっている。1年ごとの延長判断では、避難生活の見通しを立てることが困難であると指摘されているが、現状では何ら改善されていない。

そのほか、さまざまな税の減免措置や行政サービスの無料化や特別措置などがある。これらは福島県からの避難者すべてに適用されるものではなく、避難指示区域内・外によって施策の対象や手続き方法などに違いがある。

また、避難者支援課では、情報支援も行っている。ウェブサイトに支援施策や震災関連の相談窓口を公表するほか、避難者支援の状況や福島県の復興の動きなどをまとめた「ふくしまの今が分かる新聞」を定期的に発行し、避難世帯や各地の公共施設などに配布している。また、地域振興課では、福島県生活拠点コミュニティ形成事業を特定非営利活動法人「3.11被災者を支援するいわき連絡協議会（愛称・みんぷく）」に委託し、県内の復興公営住宅でコミュニティ交流員が支援活動を行っている。

ここまで、主に県内外避難者に対する行政の施策を述べた。県内避難者への行政サービス・減免措置・福島復興再生特別措置法に基づく支援施策・住宅・健康診断等は、第Ⅱ部A地域〜C地域およびD地域の「支援施策概要」を参照いただきたい。

ここからは、主に福島県の県外避難者への支援施策について述べる。

県外へ避難した者に対しては、特に避難者数の多い14都府県（2014年度）に福島県避難者支援課の「駐在員」を派遣し、避難先自治体との情報共有や避難者への情報提供、相談対応などを行っている。また、各地の避難者支援に取り組む民間団体とのやりとりも見られる。2014年度の補正予算により、総務省「復興支援員制度」を活用して、県外4都県に福島県復興支援員を設置した。

県では、行政による施策に加えて、民間による支援活動を支えるために、「福島県地域づくり総合支援事業補助金」など複数の事業を実施している。福島県地域づくり総合支援事業は、内閣府が2010年度に始めた「新しい公共支援事業」の予算を原資とした事業で、2011年度の第3次補正によって岩手・宮城・福島の3県には8.8億円が積み増しされ

た。福島県では、県外避難者支援のための活動も対象にしている。2013年度からは、新しい公共支援事業の後継となる「NPO等の運営力強化を通じた復興支援事業交付金」を原資として「ふるさと・きずな維持・再生支援事業」という名称で補助を継続している。同事業の2014年度予算は約1億1千万円だった。

なお、震災直後に、新しい公共支援事業の運用を被災者支援に拡充する通達が出たことにより、福島県だけではなく、受け入れ側である各都道府県が、避難者支援活動にも活用している。また、避難者支援課では、2012年度より、避難者支援活動のための補助事業として厚生労働省の緊急雇用創出事業を原資とした「ふるさとふくしま帰還支援事業(県外避難者支援事業)」や、厚生労働省、文部科学省が所管する安心子ども基金を原資とした「地域の寺子屋設置推進事業」などを行っている。これらの補助、助成金は、各地で避難者支援に取り組む市民団体や当事者団体の活動を支えている。

補助金とあわせて、各地で避難者支援に取り組む支援団体のネットワークづくりや避難先での暮らしを支える民間の支援情報を提供する「県外避難者支援事業」(東日本大震災支援全国ネットワークに委託)や、2014度からは各種相談対応を適切に案内する相談窓口「ふくしまの今とつながる相談室 toiro」(ふくしま連携復興センターに委託)なども行っている。

「ふくしま子どもセンター支援事業」では、子育て支援や教育支援に取り組む特定非営利活動法人「ビーンズふくしま」が県内外支援者研修や相談会などへの専門家派遣、県外での交流会開催などを行っている。また一度は避難したものの、さまざまな理由から帰還した避難者同士のコミュニティづくりや、帰還後の生活を支える活動も行っている。「県外避難者の心のケア事業」では7都府県で避難先の民間団体に委託し、相談窓口を開設している。

避難元となる市町村でも、県外への支援施策を行っている。伊達市では、特に避難世帯の多い山形市、米沢市、新潟市に「相談窓口」を開設しているほか、複数の市町村では避難世帯向けの情報を定期的に郵送等で提供している。

双葉町、大熊町、浪江町、富岡町でも県外に復興支援員を設置しており、戸別訪問や相談対応、避難者同士のコミュニティづくりなどを行っている。地域によっては、町村の復興支援員と民間団体とが情報を共有しながら、取り組みを進めている。

❖民間による避難者支援

福島県内では、双葉郡を中心に避難者の暮らしを支える民間の活動も見られる。

例えば、双葉町では「夢ふたば人」がいわき市内に拠点を開設し、伝統行事の復活や地元住民との交流を進めている。また、いわきまごころ双葉会、双葉町借り上げ自治会など、仮設住宅やみなし仮設住宅の自治会、避難先での自治会もつくられている。

大熊町では、「大熊町ふるさと応援隊」が2014年4月に設置され、町内ツアーを行うなど、大川原地区でのコミュニティづくりが進められていて、特定非営利活動法人「元気になろう福島」が活動をサポートしている。

葛尾村では、「かつらおむら村創造協議会」が自治会支援や「むらカフェ」、ツアー企画など実施している。ユースフォー3.11や絆ジャパンなど地域外の団体も活動をサポートしている。

楢葉町では、復興支援員事業を一般社団法

人「ならはみらい」に委託。支援員を3名配置し、町内見守りや仮設自治会などの見守り活動を行っている。

川内村では、特定非営利活動法人「川内村NPO協働センター」が「かえるかわうち」などのイベントを実施。郡山南一丁目の仮設住宅では自治会長が特定非営利活動法人「昭和横丁」を立ち上げ、町民の見守り活動や物資支援などを継続的に実施している。

広野町では、「広野町がんばっ会」が自治会支援を行っている。いわき市内の仮設住宅では自治会があり、特定非営利活動法人「3.11被災者を支援するいわき連絡協議会（愛称・みんぷく）」や特定非営利活動法人「シャプラニール」などが支援を行っている。

（津賀高幸・吉田千亜）

北海道・東北

北海道

[県庁所在地] 札幌市
[人口] 5,407,928人

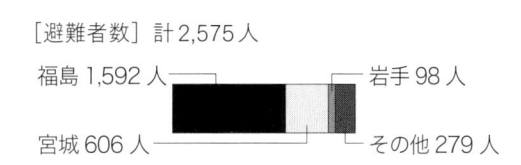

[避難者数] 計2,575人
福島 1,592人
宮城 606人
岩手 98人
その他 279人

◈避難者支援の概況

2011年4月9日に北海道内の民間団体有志が、民間企業や行政の協力を得て、避難者向けのイベント「第1回ようこそあったかい道」を開催し、約100人の避難者が参加した。これを契機に、避難当事者団体「みちのく会」が2011年4月23日に発足した。現在、「みちのく会」を中心に、行政、市民団体等が避難者をサポートする体制がつくられている。「みちのく会」は北海道内に5支部を展開しており、会員数は2014年12月末時点で1721人。

◈行政による避難者支援

2011年度以降、集団による福島県から北海道への移動にかかる交通費や、公営住宅入居までの宿泊費の補助をはじめ、北海道庁による積極的な支援策が講じられた。

2012年度は、道内の民間支援団体、当事者団体（みちのく会）によるコンソーシアム「北海道避難者支援アシスト協議会」が、道庁の「避難者受入支援事業」を受託し、一時避難の受け入れや母子避難者を対象とした家族再会のための交通費補助、避難者実態調査などを行った。2013年度は、避難者支援事業（緊急雇用創出事業）を、「みちのく会」と「あったかい道」からなる「北海道広域避難アシスト協議会」が受託した。避難者4人を含む6人をスタッフに雇用し、広報紙『からから』の発行、一時帰郷交通費の支援を実施した。2014年度には、一般社団法人「北海道広域避難アシスト協会」に事業委託をし、これまでの情報発信事業に加えて、常設の交流の場の開設や、「ふるさとネット」（全国避難者システム）に登録済みで、交流会などに参加したことのない世帯を中心に戸別訪問を行っている。

また、道内の避難者の半数が居住する札幌市は、2011年度以降から「北海道NPO被災者支援ネット」に事業委託をし、生活支援に関する情報発信などを行っている。このほか、

北海道内の各自治体では、独自の支援策を設けているところもみられる。2013年度から始まった復興庁による「県外自主避難者等への情報支援事業」については、2013年度から特定非営利活動法人「北海道NPOサポートセンター」が受託し、実施している。

※民間による避難者支援

原子力発電所事故直後の緊急時の支援から中長期的な支援へと、支援ニーズの変化に伴い、支援団体のあり方も変容している。当初は、2011年3月に設立した「東日本大震災市民支援ネットワーク・札幌（通称：むすびば）」や「ようこそあったかい道」などの民間支援団体により、避難者の受け入れや日用品の提供、生活情報の提供、避難者同士の交流などのきめ細やかな支援が行われてきた。「むすびば」は2013年12月、「ようこそあったかい道」は2015年2月に活動を休止・休眠することになったが、その間に「むすびば」から発展した団体や、新しい団体が活動を展開している。たとえば、「むすびば」から発展した「うけいれ隊」などは、避難者を対象とした託児サポートを行っている。札幌市内の雇用促進住宅「桜台団地」に居住する当事者が組織した自治会「桜台」は交流会などを開催している。また、「チームOK」は桜台団地に居住する母子避難者を中心として結成され、さまざまなイベントを実施している。

これら支援団体の活動を支える中間支援団体も見られる。2011年3月に北海道内のNPOなどにより設立された「北海道NPO被災者支援ネット」は、団体間の連携や支援情報の収集・提供や活動資金の提供などを行っている。民間支援団体が活用できる基金は複数あり、北海道NPOファンド被災者支援基金、北海道新聞社社会福祉振興基金助成事業などがあげられる。

このほか、道内の支援団体、当事者団体、民間企業、研究者、行政（北海道、札幌市、福島県北海道事務所、社会福祉協議会）からなる被災者支援団体全道連絡会が2ヵ月に1度札幌市内で開催され、支援状況などを共有する機会が設けられている。　　　（津賀高幸）

青森県

[県庁所在地] 青森市
[人口] 1,316,886人

[避難者数] 計578人
福島 377人
岩手 49人
宮城 143人
その他 9人

※行政による避難者支援

青森県では、東日本大震災に際し、全国から寄せられた寄附金を原資として、「青森県東日本大震災復興基金」を設置した。この基金を活用して、青森県生活再建・産業復興局では、避難者の支援を積極的に行っている。県外避難者支援を目的とした助成金「青森県被災者交流総合支援費補助金」を運用している。

※民間による避難者支援

青森市と福島県南相馬市からの避難者の人が、避難してきた方々の交流の場「つながろう会」を開催しており、東青地域県民局がその取り組みを支援している。　　　（津賀高幸）

岩手県

[県庁所在地] 盛岡市
[人口] 1,280,467人
[避難者数] 回答なし

　岩手県内陸部の応急仮設住宅やみなし仮設住宅に福島からの避難者もいる。しかし、応急仮設住宅は、岩手県の沿岸部からの避難者が多く、交流会などを開いても福島からの避難者はあまり出てこない傾向がある。そのため民間支援団体の間でも、原発避難者に対してどういった支援が必要となるのかわからず、手をこまねく状態が続いている。

　盛岡市では、一般社団法人「SAVE IWATE」に県外避難者支援の交流会事業を委託しているが、こういった支援は一部であり、全般的に県外からの避難者支援は積極的に行われていない。

　なお、岩手県では、県外に避難している県民に対して、各地の交流会、相談会へ職員を派遣して、情報提供などを行っている。

（津賀高幸）

宮城県

[県庁所在地] 仙台市
[人口] 2,326,186人
[避難者数] 回答なし

❖行政による避難者支援

　震災後、津波被害によって沿岸部から多くの被災者が仙台市に避難してきた。同時に福島県から避難した人も、応急仮設住宅やみなし仮設住宅へ入居している。宮城県では、県内の応急仮設住宅、みなし仮設住宅に入居している避難者は避難元の県内外を問わず、保健福祉部のそれぞれの課で支援を行っている。

　震災から時間の経過とともに、福島県内への通勤可能距離である県南部エリアへ避難や転居をしているとの情報もある。例えば、社会福祉法人「亘理町社会福祉協議会」は、町内の応急仮設住宅の見守り活動と合わせて、福島からの避難世帯を対象にしたサロン活動を実施している。

❖民間による避難者支援

　県外避難者支援を目的としたネットワーク「Fumiya・ねっと」では、福島ママと子どもを対象としたサロン情報等を一覧化しているほか、定期的に情報交換会や研修会を実施している。特定非営利活動法人「せんだいファミリーサポート・ネットワーク」が事務局となり、仙台市内外や福島県、山形県内のNPO計11団体で構成している。子育て世代の避難した女性による「福ガール'sプロジェクト」が「Fumiya・ねっと」と連携してサークル活動を行っている。

（津賀高幸）

秋田県

[県庁所在地] 秋田市
[人口] 1,067,359人

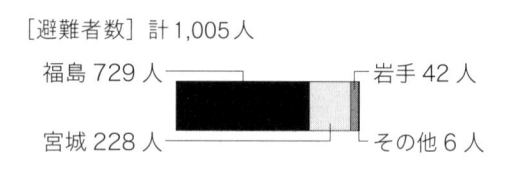

[避難者数] 計1,005人
福島 729人
宮城 228人
岩手 42人
その他 6人

❖行政による避難者支援

秋田県では、県内への避難者への対応を総合的に把握するために、県内に避難している方々の交流の場「秋田県避難者交流センター」を開設した。避難者支援相談員が常駐し、相談などに対応している。

また、避難者のための情報紙『スマイル通信』を毎月1回発行し、提供している。県が独自に情報紙を発行している例は少ない。

❖官民一体となった避難者支援

県民からの寄付金を、避難者へのさまざまな支援活動に活用するために、特定非営利活動法人「あきたスギッチファンド」に交付した。

「あきたスギッチファンド」は、通常の市民団体への助成枠と別に「東日本大震災避難者支援応援ファンド」、被災した子どもたちを対象とした活動の助成事業「三国こども支援ファンド」を創設し、さまざまな団体の被災者支援事業を支えている。

❖民間による避難者支援

震災当日から、特定非営利活動法人「あきたパートナーシップ」など秋田県内のNPOでは支援物資を集めはじめた。その後、あきたパートナーシップ、特定非営利活動法人「秋田県南NPOセンター」、「秋田うつくしま県人会」などがそれぞれ地域での支援活動を展開している。

避難者同士による「秋田避難者おやこの会」は震災支援の助成金を受け、NPOの協力を得ながら活動を実施しているほか、大学生による復興支援活動として小中学生を対象にした学習支援「ふくしまの集い」なども行われている。

(津賀高幸)

山形県

[県庁所在地] 山形市
[人口] 1,126,690人

[避難者数] 計4,537人
福島 4,146人
宮城 351人
岩手 32人
その他 8人

❖避難者支援の概況

山形県への避難者数はピーク時には1万3000人を超え、2011年夏ごろから2013年7月まで、全国で最も多い時期が続いた。同じ東北地方であり福島県の隣県であることから、福島県内からの避難者がきわめて多く、特に避難指示区域外からのいわゆる「自主避難者」が多いことも特徴である。自主避難者は福島県からの母子避難者が相当の割合を占めている。その理由として、父親など仕事を福島県に持つ家族が福島県での居住を継続しながら、「二重生活」を送ることが他の都道府県への避難

に比べて物理的に可能であったことが考えられる。震災の被害がほとんどなく、放射能の心配が少ない山形県の市町村（主に米沢市のある置賜地区や山形市のある村山地区）に避難し、週末や長期休暇に父やその他家族が避難先の母子を訪問するといったケースが多くみられた。

一方で、避難の長期化に伴い、二重生活による経済的負担、生活上の孤立や不安感の増大といった精神的な負担、子どもの進学問題、福島にいる家族との関係性などの理由から、福島へ生活の基盤を戻す避難者が増え、山形県への避難者数は2014年12月時点で、3894名まで減少している。

❖行政による避難者支援

山形県は2011年6月、福島県からの自主避難者も含めた山形への避難者の受け入れを表明し住宅支援等を始めており、このことが地理的な要因に加えて、福島県からの避難者を多くした一因になった。

山形県は、同じく避難者の多い新潟県と、避難者の主な避難元である福島県とで開催する3県知事会議を通じて、高速道路の無料化や災害救助法による応急仮設住宅（みなし仮設住宅）制度の拡充、財源処置などの支援体制の強化を国に求めている。

また、社会福祉法人「山形県社会福祉協議会」が2011年度より「避難者生活支援相談員事業」を県内9市町で実施している。事業を受託している社会福祉協議会は避難者支援の窓口としての役割を一部担っている。

2013年度から始まった復興庁による「県外自主避難者等への情報支援事業」については、2013年度は特定非営利活動法人「山形の公益活動を応援する会・アミル」、2014年度は一般社団法人「山形県避難者連携支援センター」が受託し実施している。

基礎自治体による取り組みもいくつかある。

山形市では発災直後、山形市総合スポーツセンターを開放して避難所を設置した。2011年7月に山形市避難者交流支援センターを開設し、現在は避難元情報や支援情報を情報誌とともに提供している。

米沢市では「米沢市避難者支援センターおいで」を設置し、社会福祉法人「米沢市社会福祉協議会」の協力のもと、避難者の相談窓口、情報提供事業等を実施している。この施設を拠点に、避難者のネットワークによる政策提言などの取り組みも行われている。

最上地域は、避難者数が少ないこともあり支援者間のネットワークはないが、「新庄市民活動ひろば・ぷらっと」が地域の窓口団体として、県内の避難者支援をしている団体と適宜情報交換を行っている。

庄内地域は、主に「鶴岡市社会福祉協議会」と「酒田市社会福祉協議会」が避難者支援の窓口となり、避難者支援を目的としたネットワークの中心的役割を担っている。

❖官民一体となった避難者支援

発災直後は山形県災害ボランティア支援本部において情報交換会が青年会議所や県、NPO等の支援者を含んで毎日開催され、その後1週間に1度の頻度で開催されていた。2011年8月には「新しい公共の場づくりのためのモデル事業」のひとつである「つながろう！ ささえあおう！ 復興支援プロジェクトやまがた」の事業として「復興ボランティア支援センターやまがた」が設立された。構成団体は特定非営利活動法人「山形の公益活動を応援する会・アミル」、特定非営利活動法人「Yamagata1」、特定非営利活動法人「ディー・コレクティブ」（現在解散手続き中）、「山形県県民活動プロスポーツ支援室」である。

山形県内で活動するさまざまな支援団体の情報交換と交流の場として「支援者のつどい」が定期開催されている。

2013年8月には山形県知事の発案で県（担当：危機管理課復興・避難者支援室）により、行政機関、関係機関、NPO・ボランティア団体等の避難者支援団体が情報を共有し、相互に連携・協働し、避難者のニーズに対応した支援を行うことを目的にした官民横断的なネットワーク組織「やまがた避難者支援協働ネットワーク」が設立された。会員の取り組みや避難者ニーズ等について地域ごとでの意見交換会を開催し、各地域で出された避難者ニーズや特定のテーマでの取り組みに関し、県全体での意見交換会を開催している。またメーリングリストによって、ネットワーク内で避難者支援に関する情報共有が行われている。

❀民間による避難者支援

発災直後はNGO関係団体や阪神・淡路大震災を経験しているボランティア団体などがいち早い支援活動を展開し、その後は県内各地において多様なボランティアグループが活動に参加。大学や既存のNPOも独自のネットワークを使って支援活動を展開した。現在も地理的要素から、福島からの保養受け入れを実施している団体は多い。

母子避難者が多いことから、地元の特定非営利活動法人「やまがた育児サークルランド」による子育て支援のノウハウを活かした母子支援や、当事者を中心に始まった「山形避難者母の会」による居場所づくり・保育支援・情報提供など、民間の特徴的な活動が実施されている。

避難者間のネットワークとしては、「りとる福島避難者支援ネットワーク」のメーリングリストが発災当初より機能しており、さまざまな避難者のコミュニティが生まれている。

（橋本慎吾）

参照
山根純佳、2013「原発事故による「母子避難」問題とその支援——山形県における避難者調査のデータから」『山形大学人文学部研究年報』10: 37-51

関 東

茨城県

[県庁所在地] 水戸市
[人口] 2,916,044人

[避難者数] 計4,265人
福島 3,422人 ／ 岩手 25人
宮城 58人 ／ その他 760人

❀避難者支援の概況

県北部は、東日本大震災による津波被害を受けた被災地でありながら、福島県に隣接し生活する文化圏が近いという地理的要因もあり、福島県沿岸部からの避難者が多い。ピーク時には把握されているだけで約4000人が県全域に避難していた。茨城への避難理由として、就労世代（20代～50代）に限ると「勤務先との関係（転勤）」が最も多く、仕事の関係により茨城で避難生活をおくる家族の多いことが特徴である[1]。日立市は、旧警戒区域にあった関連企業が数多くあるため、避難者数が県内で最も多い状況が続いている。旧警戒区域からの避難が6～7割を占めることも

III 避難先の状況

あり、現在も3500人程度で推移している。

❖行政による避難者支援

原発事故に伴う福島県からの避難者増加に伴い、県では2011年12月まで避難所を開設していた。このほか、住宅に困窮している被災者に対して、空いている県営住宅の一時提供を行った。北茨城市やつくば市など一部の市町村では、避難者に対する訪問活動などが実施されていた。現在も継続しているところもある。

茨城県が設置する災害公営住宅（2ヵ所）は、県外で被災した広域避難者も入居可能となっている。

❖民間による避難者支援

茨城への避難者の暮らしや交流をサポートするため、避難者・支援者ネットワーク「ふうあいねっと」が2012年5月30日に発足した。立ち上げには、県内の中間支援団体である特定非営利活動法人「茨城NPOセンター・コモンズ」が中心的な役割を担い、福祉系NPO、大学などが協力した。その後、茨城県内のNPOや専門機関、避難者の自主組織などが加わり、現在は約30団体によって構成されている。支援団体と当事者団体が参加する情報交換会となる「ふうあい会議」の定期的な開催、交流会の企画・運営、避難者同士の交流の場作り、法律など各種相談に対応する専門機関との調整、当事者団体組織の立ち上げ支援、情報誌『ふうあいおたより』の発行などを行っている。

また、当事者団体としては、大熊町の当事者グループの「積小為大の会」、浪江町を中心とする「元気つく場会〜いい仲間つく浪会」、南相馬や浜通り地域を中心とする「取手・南相馬・浜通りの集い」などが避難指示地域出身ごとに立ち上がっている。また「ふうあいママの会」「Happy Ibaraki Fukushima（HIF）」「じゃあまいいかねっと」など子育て世代による地域横断的な団体も立ち上がっており、当事者同士のネットワーク形成も進んでいる。

（橋本慎吾）

注
1) 原口弥生、2013「東日本大震災にともなう茨城県への広域避難者アンケート調査結果」『茨城大学地域総合研究所年報』第46号：61-80

栃木県

[県庁所在地] 宇都宮市
[人口] 1,978,327人

[避難者数] 計2,958人
福島 2,851人 ─── 岩手 20人
宮城 86人 ─── その他 1人

❖避難者支援の概況

震災後、中間支援組織である特定非営利活動法人「とちぎボランティアネットワーク」が中心となり、避難者支援のためのネットワーク組織「とちぎ暮らし応援会」を結成、避難者の受け入れや生活支援が行われた。

避難者は当初は避難所で生活していたが、他県同様、公営住宅やみなし仮設住宅などに入居することになり、所在が把握しづらくなった。

そこで、避難者支援に取り組む「とちぎ暮らし応援会」が県と避難者の名簿共有をするために、覚書を締結した。行政が民間と名簿を共有する例は、ほとんどない。「とちぎ暮らし応援会」では、個人情報の取り扱いに関する研修を受講し、名簿の保管管理を徹底している。その名簿をもとに、県に登録した避難者全世帯の戸別訪問を行っている。宛名シールは県が発行し、名簿は随時更新している。2014年度は、栃木県の委託事業として情報提供・相談事業などを行っている。

❖官民一体となった避難者支援

「とちぎ暮らし応援会」には、2012年段階で、38のボランティアとNPO、3大学、6企業、9市町の中間支援センター、5県市の社会福祉協議会、福島県避難者支援課・栃木県2課の合計63団体で構成されている。2013年度は約1000世帯を訪問し、2014年度は、訪問する世帯のうち、支援が継続して必要な60世帯ほどを中心に、訪問・電話による声がけや社会福祉協議会などに地元の支援者につなぐなど丁寧な対応を行っている。

訪問活動とあわせて、支援ニーズを把握するために年2回のアンケート調査を行うほか、専任の職員を配置して、支援者間のコーディネートなども行っている。

直接的に交流サロンを実施するのではなく、民間の団体にサロン、交流会の情報や先進事例を紹介し、広報の仕方、イベントへの協力などの立ち上げ支援を行っている。そのほか、情報誌「とちぎ暮らしの手帳」の発行や避難当事者団体の設立支援など、中間支援機能を持っている。

（津賀高幸）

群馬県

[県庁所在地] 前橋市
[人口] 1,980,573人
[避難者数] 回答なし

❖避難者支援の概況

震災後、福島県に隣接する群馬県には多くの避難者が見られた。

新潟県に隣接する片品村では、震災直後に南相馬市まで出向き避難受け入れを呼びかけ、バスをチャーターし、1000人近くの避難者を村内の民宿などで受け入れた。村民ボランティア有志による「むらんてぃあ」による情報紙の配布や物資支援などの活動が行われた。5月には南相馬市役所から職員が村内に出向し、避難先への情報提供やサポートなどを行うようになった。2011年のゴールデンウィークごろから、避難元への帰宅や、新たな転居が進み、8月中旬にはほとんどの避難者が他の地域に移った。なお、東吾妻町でも、南相馬市からの避難者受け入れの要請があり、同様の避難者受け入れが行われた。

❖民間による避難者支援

群馬県内の特定非営利活動法人「じゃんけんぽん」「エプロンの会地域福祉サービス」「よろずや余之助」などが避難者の受け入れ支援を独自に行っている。「じゃんけんぽん」では、福祉施設に避難者が来るようになり、物資を届けるなど対応を広げていった。

その後、栃木県の支援団体「とちぎ暮らし

応援会」からの働きかけがあり、県内各地の地域福祉のNPO、福島県の支援をしていた「群馬県司法書士会」、社会福祉協議会などが共同で、「ぐんま暮らし応援会」を2013年9月に発足。10数団体と運営委員11人（うち2人は当事者）で構成されている。「群馬県精神保健福祉士会」、一般社団法人「群馬県社会福祉士会」やさまざまな団体が参加し、高崎市、前橋市を中心に県内地域を分けた交流会や情報提供などを行っている。月に一度ニュースレターを発行し、自治体を通じて600～700世帯に配布。ニュースレターとあわせてはがきを同封し、相談などを受け付け、個人登録を行っている。

また、太田市、桐生市などでは当事者団体の動きもある。

2014年6月から浪江町の復興支援員が4人配置されており、安否確認や相談対応などを行っている。　　　　　　　　　　（津賀高幸）

埼玉県

［県庁所在地］さいたま市
［人口］7,238,391人

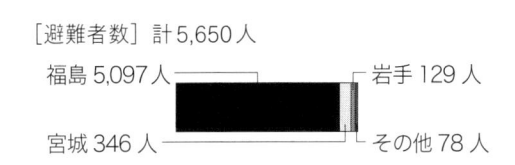

［避難者数］計5,650人
福島5,097人　　岩手129人
宮城346人　　その他78人

❖ 避難者支援の概況

埼玉県は、東北道・常磐道・国道4号、東北新幹線など、被災地からの交通アクセスがよく、2015年3月現在、東京都に次いで避難者の多い地域である。その内訳は、福島県の警戒区域から約7割、福島県の警戒区域外から約2割、岩手県・宮城県から約1割で、多様な避難者が存在する点に特徴がある（『福玉便り　2015春の号外』）。

❖ 行政による避難者支援

2011年3月15日、福島県から各都道府県に避難者の受け入れ要請が出されたことを受けて、埼玉県は16日より多目的ホール「さいたまスーパーアリーナ」（さいたま市）を開放し、20日には川俣町に避難していた双葉町民1200人が町役場ごとスーパーアリーナに避難した。同じ時期に、富岡町と友好都市提携を結ぶ杉戸町が近隣の幸手市・宮代町と協力して富岡町民192人、広野町と災害時における相互応援に関する協定を結んでいる三郷市が広野町民298人を、それぞれ受け入れている。他の市町村でも福祉センターや体育館を避難所として開放し、3月24日時点で埼玉県内の避難者が3476人（うちスーパーアリーナに2171人）という状況だった。3月31日にスーパーアリーナが閉鎖されると、元の住所ごとに次の避難所が各地に用意されることになり、例えば双葉町民1200人は再び町役場とともに旧騎西高校（加須市）へと移った。

2011年3月以降、県内各地の避難所が閉鎖されるのと並行して、埼玉県や各市町村は災害救助法適用の決定を待たずに独自に提供住宅を整備していった。上尾市の県営住宅、新座市の国家公務員宿舎、東松山市の雇用促進住宅や、民間賃貸住宅を提供した狭山市、町内の企業宿舎・独立法人宿舎を提供した鳩山町などの例がある。その後、7月に埼玉県がみなし仮設住宅の募集を発表し、入居する避難者が増えていった。

関東

一方、旧騎西高校においても、双葉町民が加須市内や福島県内のみなし仮設住宅に移っていったが、避難所機能も長期にわたって維持された。2013年12月に最後の4世帯5人が転居し、旧騎西高校は閉鎖となる。東日本大震災・原発事故による「最後の避難所」として、全国的な注目を集めた。

　こうした避難所・住宅の提供に加えて、埼玉県内の各市町村は、独自判断で水道料金の減免や家電製品の提供、戸別訪問、義捐金の配布などの支援を実施している。

❖民間による避難者支援

　さいたまスーパーアリーナでは埼玉県内の各種団体が迅速な支援活動を展開し、その後も一般社団法人「埼玉労働者福祉協議会（埼玉労福協）」「コープみらい埼玉県本部」「震災支援ネットワーク埼玉」（SSN）などの団体が、物資提供・法律相談などの支援活動を継続している。一方、みなし仮設住宅に入居する避難者が増えた時期から、「一歩会」（越谷市）・「シラコバト団地被災者の会ひまわり」（上尾市）のような当事者団体や、「おあがんなんしょ」（ふじみ野市）・「ふるさと交流サロン」（熊谷市）のような地元の行政・支援者による交流会が、県内各地で形成されるようになった。こうした支援団体と当事者団体・交流会の主催者が顔を合わせるなかで、民間による県内の支援ネットワークの模索が始まる。

　2012年4月には、「埼玉労福協」・特定非営利活動法人「ハンズオン埼玉」・「SSN」によって避難者向け情報新聞『福玉便り』が創刊された（2013年4月からは、埼玉労福協・ハンズオン埼玉・コープみらい埼玉県本部の共同発行）。毎月4000部を発行し、各地の交流会や各種イベント、子育て・健康・就労に関する情報などを掲載している。また、2012年7月には、埼玉県内の当事者団体や支援団体の関係者が集まる「福玉会議」が始まり、出席者数を増やしながら、隔月で情報交換や今後の支援のあり方を議論している。さらに、2014年3月には、自主避難の母親たちのネットワーク「ぽろろん♪」が立ち上がり、交流会の開催や情報誌『お手紙ですよ　ぽろろん♪』の発行などを行っている。

　そして、現在では復興支援事業を通した、支援団体と避難元自治体との連携も進展している。2013年7月から浪江町の復興支援員が埼玉県に配置され、事務局を受託した「埼玉労福協」作成の避難者名簿等も活用しながら避難者を訪問している。2014年4月には双葉町復興支援員、7月には大熊町復興支援員も埼玉県に配置された（両町とも一般社団法人「RCF復興支援チーム」が受託）。11月から埼玉労福協の受託による福島県の復興支援員事業が始まり、自主避難者を含めた4町以外の避難者への訪問事業が行われている。また2015年1月には、同じく埼玉労福協の受託で、富岡町の復興支援員も配置された。

（原田　峻）

千葉県

[県庁所在地] 千葉市
[人口] 6,195,906人
[避難者数] 回答なし

2013年度、特定非営利活動法人「ちば市民活動・市民事業サポートクラブ」の事務所に、浪江町復興支援員の事務所が設けられた。各地のサロンへの参加や戸別訪問を行い、必要に応じて保健師等の派遣もしている。

「ちば市民活動・市民事業サポートクラブ」は、避難者支援のための情報交換会を開催している。ここには社協職員や県庁職員も参加し、情報交換を行っている。2014年度はほぼ隔月で開催した。このほか県内の避難者支援の状況などをまとめた情報紙『縁joy』を発行している。2014年12月には、さまざまな団体と連携してイベント「縁joy・東北2014」を開催するなど、支援の輪を広げている。

2013年から14年にかけて、千葉市、佐倉市、山武市、東金市、松戸市もそれぞれ当事者団体が設立された。福島県内の、特に旧警戒区域からの避難者が中心で、会員数は20人ほど。設立には地元のNPOや市民団体が関わっており、定期的な交流会やバスツアーなどを実施している。

（津賀高幸）

東京都

[都庁所在地] 新宿区
[人口] 13,392,041人

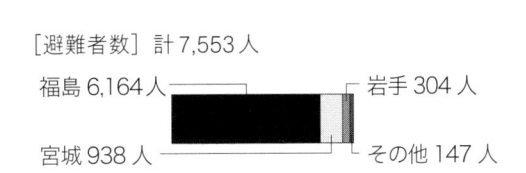

[避難者数] 計7,553人
福島 6,164人
岩手 304人
宮城 938人
その他 147人

❖避難者支援の概況

東京都内では、東京ビッグサイト、東京武道館、味の素スタジアムなど複数の大規模施設で避難者を受け入れた。東京都の所管部局、区市町村、社会福祉協議会が協議しながら避難所の運営が行われ、民間支援団体も避難者の支援に関わるようになる。例えば味の素スタジアムでは、ボランティア希望者が急増したために、東京都、調布市、社会福祉協議会などが話し合い、「調布市被災者支援ボランティアセンター」を開設し、ボランティアコーディネートを開始した。食事の提供や洗濯機の利用、物資提供などを行ったほか、子ども向けのプレイルームや学習室、中高生カフェの設置など次々と避難者支援プログラムを展開した。

しかし、多くの施設では、避難者が滞在しているスペースは行政職員（都庁職員）しか立ち入りができなかった。そのため、避難者のニーズ把握が困難な状況があった。

その後、大型施設の避難所が解消され、避難者は公営住宅やみなし仮設住宅などへ転居していった。それにあわせて、都は、2011年8月から「高齢者等孤立化防止事業」を社会福祉法人「東京都社会福祉協議会」に委託し、各地での避難者の交流サロンなどが行わ

れるようになった。このみなし仮設住宅への転居により、ただでさえ避難者と接点をつくることが困難であった支援団体は、さらに避難者の所在を把握することが難しくなった。

都は2015年4月現在、区市町村に対し、都が把握している名簿を提示し、区市町村側で把握している名簿との突き合わせを行うことで丁寧に避難者数を把握している。また、避難者への定期便、情報提示など、他県に比べると丁寧な支援を行っている。

このほか、具体的な支援策を検討するために避難者を対象にしたアンケート調査を実施し、2015年度からは、調査結果をもとに、福島県避難者支援課の駐在員とともに都の職員や福島県復興支援員が戸別訪問を行っている。さらに、福島県避難者支援課の駐在員と都の職員が交流会や連絡会に参加するなど、情報交換や広報などにおいても協力し合える体制ができつつある。

東京都では、復興庁の「県外自主避難者等への情報支援事業」を特定非営利活動法人「医療ネットワーク支援センター」が受託しているほか、福島県県外避難者心のケア事業を「東京都臨床心理士会」が受託し、それぞれ事業を展開している。

❖民間による避難者支援

2000年の三宅島噴火災害の時に避難者支援に関わった団体等が中心となり、2013年に避難者支援団体のネットワークづくりをはじめた。2013年3月、東日本大震災支援ネットワーク（JCN）と「広域避難者支援連絡会in東京準備会（東京ボランティア・市民活動センター事務局）」が共催で「広域避難者支援ミーティングin東京」を開催。さまざまな民間支援団体と情報交換を行い、正式に連絡会を発足することになった。その後も、JCNと共催（現在は協力）して、避難者支援団体間の情報交換を継続的に実施している。

連絡会に参加していない民間の支援団体も多数見られるが、ミーティングなどを通じた情報交換などは行われている。前述のとおり、東京都の委託事業「高齢者等孤立化防止事業」は都内の社会福祉協議会が行っているが、実際に民間支援団体との情報共有はほとんど行われず、具体的な連携が図られていない状況にある。

このほかにも、中野区にある都営住宅「鷺ノ宮住宅」などで、特定非営利活動法人「こどもプロジェクト」が学習支援や料理教室、情報交換会などを開催している。また、武蔵野市では、武蔵野市と社会福祉法人「武蔵野市市民社会福祉協議会」、「東京YWCA」の協議体「避難母子を支える会議in 武蔵野」が避難した母子を対象に「福福カフェ」という交流企画を定期開催している。

また、東京都内では現在17の当事者グループが形成されている。他県に比べてもグループ数が多いことが特徴といえる。特に避難先の区市町村や集合住宅の単位でのグループが見られる。これらのグループ化には、福島県避難者支援課の駐在員が避難先の交流会に出向き、積極的にグループ化を働きかけたことも影響していると言われている。

各地で団体やサロン間を超えた活動が目立ってきており、当事者団体による交流や情報交換（支援ミーティング：連絡会主催ほか）が行われている。また、「広域避難者支援連絡会in東京」の呼びかけにより、当事者団体による実行委員会形式で大規模なバスハイクや餅つきなどのイベントを開催。より顔の見える関係ができつつある。　　　（津賀高幸）

神奈川県

［県庁所在地］横浜市
［人口］9,094,974人
［避難者数］回答なし

❖避難者支援の概況

　2011年3月11日の東日本大震災発生直後、県内のボランティア活動を支援するために県が設置した「神奈川県災害救援ボランティア支援センター」と特定非営利活動法人「神奈川災害ボランティアネットワーク」が連携し、同年3月18日から「県内一時避難所」の支援を開始。4月11日に、神奈川県、社会福祉法人「神奈川県社会福祉協議会」とともに「かながわ東日本大震災ボランティアステーション事業」を立ち上げ、避難者の受け入れや物資提供などの支援を行った。

　また、横浜市、川崎市をはじめ市町村単位で避難者の受け入れをしているところもあり、避難所の運営や物資支援などを行っていたが、2011年8月ごろには避難者がほぼ転居したため、解消となった。

　2011年6月1日に県は「かながわ避難者見守り隊」を結成。見守り隊スタッフがボランティアとともに県内避難者に対して戸別訪問を行い、支援ニーズの把握やさまざまなサポートを行っていた。現在、公益社団法人「神奈川県社会福祉士会」が事業を受託し、介護、就労、子育てなどさまざまな課題を抱える避難者や、継続的な見守りが必要な世帯に対して、専門的な立場から対応できる専門相談員を配置し助言やサポートを行っている。

❖官民一体となった避難者支援

　2013年に県は、避難者支援を行う関係団体や県内市町村、避難元自治体等による「かながわ避難者支援会議」を設置した。法人、任意団体、企業、大学等15団体、および避難元・避難先の行政で構成されており、定期的（年数回）に会議を開催し、情報交換を行っている。参加団体にはメーリングリストでの情報共有を行っている。支援団体間では情報交換のほか、交流会などを協働で行っていたが、関わる支援団体が限定されており、支援団体間の連携もあまり見られなかった。

　また、2014年より、浪江町の復興支援員が藤沢市に配置され、特定非営利活動法人「藤沢市市民活動推進連絡会」が神奈川拠点の復興支援員サポートチームとなり、戸別訪問などを実施している。

❖民間による避難者支援

　2013年6月に特定非営利活動法人「かながわ避難者と共にあゆむ会」（設立時は「かながわ避難者支援ネット」、その後改称）は、大規模な交流会「ふるさとコミュニティinかながわ」や町別交流懇談会を行ったほか、避難者への情報提供や支援団体間の情報交換の機会、一時帰宅支援、ふるさとの方々との交流活動（みなし仮設住宅の訪問など）、ふるさとバスの運行など幅広い活動を継続している。

　また、当事者団体として「Hsink（エイチ・シンク）避難・支援ネットかながわ」が立ち上がり、避難者自身による活動を行っている。

（津賀高幸）

中　部

新潟県

[県庁所在地] 新潟市
[人口] 2,306,864人

[避難者数] 計4,113人
福島 4,014人　　　　　岩手 0人
宮城 82人　　　　　　その他 17人

❖避難者支援の概況

　新潟県では、避難先市町村によって避難者の構成が大きく異なる。県の資料によれば、柏崎市の避難者は8割以上が避難指示区域からの避難である一方、新潟市では8割弱が自主避難となっている。柏崎市で避難指示区域からの避難者が多いのは、東京電力柏崎刈羽原発の立地町であることから、事故前から原発関係の仕事での地縁があったり、東電関係者が多いためと思われる。

　原発事故直後の新潟県への避難経緯については、財団法人「消防科学総合センター」による「東日本大震災関連調査」（2012年度版）に詳しい。2011年3月15日に福島県知事から新潟県に対して正式に避難者の受け入れ要請があったことから、県は観客席4万の競技場、ビッグスワンスタジアムなどに一時受付場所を設置した。そこから順次、各市町村が設置した避難場所に誘導していった。この際、泉田裕彦知事からは、同じ地区からの避難者がばらばらにならないようにするという指示があったという。その後、3月19日までに、新潟県内の全市町村が避難者を受け入れた。

　避難者に対する行政の支援施策は、『震災・復興の社会学』（松井克浩著、リベルタ出版）によれば小千谷市、三条市などで住宅支援や情報提供、孤立化対策などの取り組みがあったほか、後述するように民間団体を通した支援も幅広く行われている。

　現在でも続く行政の支援施策としては、2012年4月に始まった、県による高速バスと高速道路の料金支援がある。政府による高速道路無料化措置の対象外の地域からの避難者で、二重生活を強いられている世帯の父、母が高校生以下の子どもに会いに来る場合に、高速バスは1週間に1回、高速道路は1ヵ月に1回、料金の支援をしている。政府とは違い、対象を母子避難者に限っていないのは大きな特徴といえる。

❖民間による避難者支援

　新潟県内では、2011年3月から1年間は、「支援物資、避難や支援に関する情報等の提供」「被災・避難による心の傷の緩和」などの支援が行われた。

　その後、避難者は避難者同士のコミュニティづくり、避難先での生活情報などを求めるようになり、自立支援型の要望へと変化しているものの、全体的な支援へのニーズは依然として高く、自治体主導による支援の縮小との間でギャップが広がりつつある。

　柏崎市内では「柏崎市被災者サポートセンターあまやどり」が市の委託を受け、双葉郡を中心とした避難者に対し、交流会事業・相談事業等を行っている。また、「共に育ち合い（愛）サロン「むげん」」でも、交流会活動や支援物資提供等を行っている。

　新潟市内では、一般社団法人「FLIP」が、

Ⅲ　避難先の状況

避難者の状況を分析し、ニーズを満たすための総合拠点「ふりっぷはうす」を開設し、相談対応、就労支援など幅広い活動を行っている。同法人はこのほか福島県伊達市や復興庁「県外自主避難者等への情報支援事業」などの支援事業も受託している。

新潟県内の支援は、柏崎市など強制避難区域からの避難者が多い地域と、新潟市など自主避難者が多い地域とで、避難者の構成に応じ、多岐にわたる支援が行われている。発災から満3年が経過したころから、自主避難者を中心に避難先での就労に関する相談が増えている。

県内の当事者団体は、新潟市「ふりっぷはうす」、柏崎市「柏崎市被災者サポートセンターあまやどり」「共に育ち合い（愛）サロン「むげん」」などの拠点で活発に活動をしている。2014年度は、新発田市でも自主避難者を中心とした団体が設立され、隣接する新潟市の「ふりっぷはうす」と連携し、当事者活動を活発化している。　　　（津賀高幸）

富山県

[県庁所在地] 富山市
[人口] 1,067,359人
[避難者数] 回答なし

関西学院大学災害復興制度研究所『検証 被災者生活再建支援法』によれば、富山県は県外避難者への支援として、住民による寄付金を原資として、当座の生活費として、1世帯あたり10万円、単身世帯の場合は5万円、児童生徒のみで避難している場合、2人以上は10万円、1人は5万円を支給した。

2011年に県内のNPOや企業、各種団体・個人が集まり発足した「とやま311ネット」では、避難支援情報を一元化して提供するほか、物資提供や避難者同士の交流会などを実施した。精力的に活動を行ったが、予算確保が困難となり、2013年3月で活動を休止することになった。現在は、避難者自体が少なく、避難者同士のつながりはあまり見られない。
（津賀高幸）

石川県

[県庁所在地] 金沢市
[人口] 1,153,778人
[避難者数] 回答なし

県健康福祉部を中心に各部局の支援情報をとりまとめた「生活の手引き」を作成し、市町を通じて配布している。

福島からの子どもたちの保養プログラムを実施する民間団体が「311こども石川ねっと」というネットワークをつくっており、一部の団体で避難者の支援にも関わっている。また、県内在住の福島県出身者でつくる「ふ

中部

くしま311・石川結（ゆい）の会」では、弁護士会等とともにサロン運営、相談等の活動を行っている。　　　　　　　（津賀高幸）

福井県

[県庁所在地] 福井市
[人口] 787,852人

[避難者数] 計248人
福島 175人
宮城 50人
岩手 7人
その他 16人

❖行政による避難者支援

2011年3月17日、福井県は福井県への移住についての総合的な相談窓口「福井県被災者受入相談室」を開設した。他県では、危機管理部局が窓口になるケースが多い中で、「観光営業部ふるさと営業課」、つまり移住支援部局が担当しているところが特徴で、住宅等の支援に関する相談対応などを行っている。あわせて、市町村にも被災者受け入れ窓口を設置している。

また、3月18日に第1回大震災対策支援福井県連絡会議を開催し、知事はじめ県庁各部局、県内首長、民間団体が一堂に会し、被災地支援とあわせて、被災者の受け入れについても話し合われた。その後も5月末までの間、連日会議が開催され、受け入れ状況も共有された。

❖民間による避難者支援

2011年6月、大学教員や生協職員、弁護士、NPO、市民有志が中心となり、福井県内の避難者を支援するために「ひとりじゃないよプロジェクト・福井」が設立された。避難者交流常設拠点「たわら屋」を設置し、避難者を対象にした交流会や物資提供などをスタートした。

2012年からは、避難者を事務局スタッフとして雇用し活動を継続するほか、避難者相談ホットライン（電話相談）を開設し、相談対応やアンケート調査によるニーズ把握など、現在も活動を継続している。　（津賀高幸）

山梨県

[県庁所在地] 甲府市
[人口] 837,527人

[避難者数] 回答なし

❖行政による避難者支援

山梨県では、発災直後、住宅支援とあわせて、就労ニーズの把握や、被災者に対する健康相談窓口を、県内の産業保健推進センター及び地域産業保健センターに設置した。

❖官民一体となった避難者支援

2011年10月、5つの県内民間団体と山梨県、甲州市で構成する「東日本大震災・山梨県内避難者と支援者を結ぶ会（以下、結ぶ会）」が発足し、支援事業を展開している。構成団体は、山梨福島県人会、特定非営利活動法人

「山梨県キャリアコンサルティング協会」、特定非営利活動法人「フードバンク山梨」、特定非営利活動法人「バーチャル工房やまなし」、「やまなしライフサポート」、及び山梨県となっている。

「結ぶ会」では、避難者や生活困窮者支援等を行う県内複数の民間団体が連携しあい、避難者1対1の伴走型支援を行うパーソナルサポーターを養成・配置し、必要な支援を行っている。パーソナルサポーターは避難者のニーズ把握、支援制度窓口の案内や支援団体へのつなぎ、各種情報提供を行っている。個々の団体の活動はほとんどなく、「結ぶ会」が県内唯一の支援団体といえる。

(津賀高幸)

長野県

[県庁所在地] 長野市
[人口] 2,102,367人

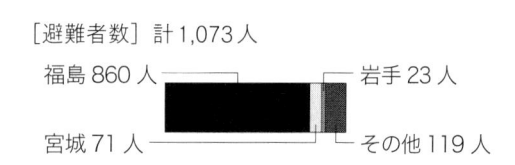

[避難者数] 計1,073人
福島 860人
岩手 23人
宮城 71人
その他 119人

◇避難者支援の概況

長野県では、多くの県民からの被災地を支援したいという声をもとに、被災地からのさまざまなニーズに応えるため、「東日本大震災支援県民本部」を設立し、被災地支援を行った。そのなかで、被災地の子どもたちを対象にしたキャンプや自然体験などの事業を助成する「子どもリフレッシュ募金」を設置した。2011年6月から寄付を募り、2011年12月末で2400万円ほど集まった。これにより、当初はキャンプや自然体験などの事業がメインであったが、県内に避難している子どもたちへの支援も対象に広げられた。

県内でも松本市は避難者支援が活発に行われている地域で、NPOや市民団体9団体による「まつもと震災支援ネット」で定期的な情報交換を行うほか、フォーラム開催など啓発も行っている。「まつもと子ども留学基金」では、被災地の子どもたちが安心して生活し、遊び、勉強する居場所づくりを進めている。避難当事者のグループ「手をつなぐ3.11信州」では、市内の古民家を拠点に、避難者への生活支援や情報提供に加え、避難希望者への情報提供なども行っている。

そのほか、上田市の社会福祉法人「上田明照会」では、避難者支援や移住支援の拠点「上田ともいき処」を開設し、被災地との子どもとの交流や避難者の生活支援などを行っている。

(津賀高幸)

中部

岐阜県

[県庁所在地] 岐阜市
[人口] 2,037,188人

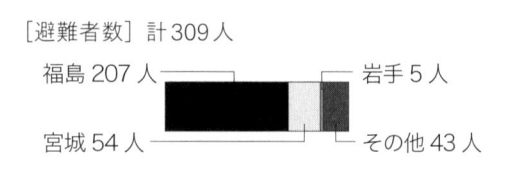

[避難者数] 計309人
福島 207人
宮城 54人
岩手 5人
その他 43人

❖行政による避難者支援

　岐阜県では、「ぎふ受入避難者支援募金」を設置し、集まった募金をNPO等の活動へ助成した。2012年度で終了し、その後は、個々の団体が活動を行っている。県担当部署と支援団体の定期的な会合は開催されていないが、県内の被災者に、各支援団体の情報を郵送で届ける仕組みができている。

❖民間による避難者支援

　岐阜地域では、特定非営利活動法人「コミュニティサポートスクエア」、「岐阜キッズな（絆）支援室」など、中濃地域では、特定非営利活動法人「KIプロジェクト」、飛騨地域では、「光の帯ネットワーク」などが支援を行っている。全県域では、NPO等の団体間のネットワークはないが、メンバー個人がつながっている状況にある。また、岐阜県弁護士会による損害賠償説明会等も行われ、弁護士を囲む定期的な交流会が始まっている。

　岐阜県西部エリアへの避難者に対しては、地域の団体によって組織化された「西濃環境NPOネットワーク」が中心となり、「ぎふ・西濃"新しい縁（えにし）づくり"」が立ち上げられた。西濃地域の空き家を登録し、被災者の一時的な移住を促し、就労支援、職業訓練を実施するなど、被災者の自律・自立・自活を支える活動が行われている。

　岐阜市周辺では、当事者グループが支援団体と連携して立ち上がり、イベントや農産物の生産、被災地への農産物発送支援等を行っている。また、教師経験者らが中心に運営する寺子屋「無償塾」が毎週開かれており、震災避難している親子の居場所となり、支援者とのネットワーク拠点ともなっている。

（津賀高幸）

静岡県

[県庁所在地] 静岡市
[人口] 3,697,651人

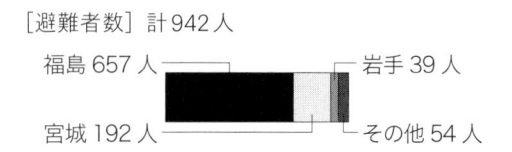

[避難者数] 計942人
福島 657人
宮城 192人
岩手 39人
その他 54人

❖行政による避難者支援

　2013年、2014年と、県・県社協・支援団体が連携して全県を対象にした避難者の交流会を開催している。

　県・市町の担当部署と支援団体等では定期的な会合は開催されていないが、いくつかの市で避難世帯への情報の郵送は継続されている。2014年度は静岡県が主催する各市町の受け入れ被災者担当部署の会合で、社会福祉法人「静岡県社会福祉協議会」からの情報提供の他、特定非営利活動法人「臨床心理オフィス　Beサポート」、「地域づくりサポートネッ

ト」より避難者の事例報告がされている。

◈民間による避難者支援

2011年、浜松市では、福島県双葉町からの避難者と浜松市民有志によるNPO「はままつ東北交流館」を発足。東北物産の販売スペースと交流スペースを兼ねた事務所を開設し、交流イベントやニュース発行などを実施した。しかし、活動継続が困難となり、2014年3月に閉館となった。

沼津地域では、特定非営利活動法人「臨床心理オフィス　Beサポート」が、交流会のほか夏季・冬季の児童預かり事業を展開している。静岡市では、「SAVE IWATE しずおか」が商店街の中に、東北の物産販売を行うスペースを避難者の交流にも活用している。特定非営利活動法人「地域づくりサポートネット」では避難者交流会を県内各地で実施している。また、福島県富岡町から静岡県内に避難している町民有志が毎月交流会を開催しており、地元大学生などが活動をサポートしている。

（津賀高幸）

愛知県

[県庁所在地] 名古屋市
[人口] 7,443,884人

[避難者数] 計1,156人
福島707人　　　岩手63人
宮城202人　　　その他184人

◈避難者支援の概況

愛知県への避難理由は、他県と同様に親類縁者を頼ったり、過去に居住経験があったりしたなどのケースが多いが、「放射能の影響が少ない中での最も東側の県として選んだ」という声や、「トヨタ自動車など日本を代表する大企業が立地しているため、比較的好景気で仕事を見つけやすいと思った」という声も聞かれている。2014年11月30日現在の受け入れ被災者登録状況は478世帯1156人で、うち福島県からの避難者が274世帯707人（61.2％）で最も多く、さらにいわゆる自主避難といわれる地域からの割合も高い。また宮城県や岩手県からの避難者の中には、津波による家屋流出などを避難理由にしている方も多く、支援団体等が企画する交流会で「原発事故ばかりが強調されると参加しづらい」との声も聞かれる。一方、茨城県や栃木県、千葉県など、ホットスポットと呼ばれる関東地方からの避難者も67世帯178人で、全体の15.4％となっている。

愛知県は38市14町2村の合計54市町村であるが、名古屋市へは197世帯447人（38.7％）と最も多く、豊田市34世帯88人、豊橋市34世帯86人と続く。受け入れ被災者の登録がない自治体が11市町村あるほか、5世帯以下も28市町村あることから、市町村単位での避難者向けの支援策が実施されにくいという指摘もある。

また、震災から1年が経過した2012年4月当時の受け入れ避難者数は1265人であった。この間、帰還したり別の地域へ転居したりするなどして、現在と比して100人程減少しているが、全国的に見れば微減とも言え、就学や就業などの理由で愛知県への定住を決めた世帯が多いとも推測できる。

※官民一体となった避難者支援

愛知県では、県内のNPOに業務委託する形で2011年6月13日に「愛知県被災者支援センター」を設置し、現在も受け入れ被災者支援を継続している。財源は、2011年度は内閣府「新しい公共」事業、2012～2014年度は厚生労働省「絆支援事業」を活用している。事業概要は、広報誌『あおぞら』の発行、月2回の定期便の送付、県内各地での交流会の開催、母(父)子元気事業、生きがいづくり事業、大交流会、全世帯への米の配布など多岐にわたり、特に2014年度は、保健師、当該市町村担当者、センター職員の3者による全戸訪問を実施し、交流会などに参加されない方の状況も把握するなどに努めている。また、月に2回、「愛知県弁護士会」「愛知県司法書士会」「愛知県臨床心理士会」、医療関係者、大学、生協、NPO等で「パーソナルサポート会議」を開催し、各専門家と連携して原発損害賠償説明会や健康相談会を開催したり、避難支援に関する情報交換や助言、アドバイスを受けたりしている。

一方、名古屋市は、「愛知県被災者支援センター」の設置より早い2011年4月11日に「東日本大震災被災者支援ボランティアセンターなごや」を設置し、現在も支援を継続している。事業は社会福祉法人「名古屋市社会福祉協議会」へ委託し、名古屋市内の災害救援NPOや各区の災害ボランティア団体が協力して、月1回のお知らせ定期便の発行、電話相談、お茶会の開催などをしている。また2014年度は保健師による全戸訪問を実施している。

(栗田暢之)

近畿

三重県

[県庁所在地] 津市
[人口] 1,816,267人

[避難者数] 計463人
福島197人　岩手115人
宮城54人　その他97人

※官民一体となった避難者支援

三重県では、東日本大震災の被災地や被災者の受け入れを官民が連携して行うために、「みえ災害ボランティア支援センター」が2011年4月に発足した。6月、県内の避難者への支援が必要との声があがったが、県では予算がなかったため、有志による「仲間つくり隊」を結成して、交流会を実施することにした。交流会の周知は県を通じて市町村から案内を送った。また、月に1度の定期便には、三重の情報紙「シンプル」、民間団体からのイベントへの招待、物資提供などの情報をまとめて送付するようにした。

しかし、2013年12月にセンターが閉所することになったため、引き続き避難者支援活動を継続するため支援団体、行政、社会福祉法人「三重県社会福祉協議会」などで構成する「311みえネット」が発足した。

「311みえネット」では、支援団体・協力団体の情報を提供し、協力団体の募集も行っている。支援団体との情報共有、避難者への情報提供(情報紙・メールマガジンなど)、交

流プログラムなどを実施。2～3ヵ月に一度定例会を開催している。

❖民間による避難者支援

四日市市の「母子疎開ネットワークhahako」が震災直後に発足し、避難者や移住者の受け入れのコーディネートを実施している。三重県内に限らず、他の地域や海外への避難、移住、保養なども紹介している。

「コープみえ くらしたすけあいの会」では、生活支援の取り組みを行っているほか、鈴鹿市消防職員協議会やNPOがイベントを開催するなど、各地で支援の取り組みが見られている。

津市や伊勢市では、避難当事者が避難者交流会を定期的に開催するなどの動きも見られる。

（津賀高幸）

滋賀県

[県庁所在地] 大津市
[人口] 1,415,907人

[避難者数] 計235人
福島 166人
岩手 3人
宮城 35人
その他 31人

❖避難者支援の概況

2010年12月に設立されたばかりの関西広域連合では、東日本大震災への対応にあたり、カウンターパート方式を採用した。カウンターパート方式とは、2011年3月13日の「東北地方太平洋沖地震支援対策にかかる関西広域連合からの緊急声明」に基づき、被災県と応援府県を組み合わせて支援に取り組むというもので、岩手県を大阪府・和歌山県が、宮城県を兵庫県・鳥取県・徳島県が、福島県を滋賀県・京都府が担当した。

滋賀県にいる親戚縁者を頼っての避難も一定数あるが、まったく縁のない中で、滋賀県からの受け入れ情報をもとに避難してきた福島県からの避難者も少なくない。2012年の県の調査によると半数近い世帯が被災地に別居家族のいる二重生活を送っているという数字が出ている。「滋賀県内避難者の会」（避難者の会）が把握したところでは、ピーク時（2011年8月）には165世帯423人の避難者が確認されている。

❖行政による避難者支援

3月13日の関西広域連合からの緊急声明に加えて、3月16日には滋賀県・京都府からの共同声明として、改めて避難者の受け入れを表明している。

滋賀県としての主な支援は、「地震、津波等による住宅への被害により、現在の住宅に居住することが困難な方」および「原発事故に伴う避難指示等がなされている半径30km圏内の居住者」に対する、県営住宅の無償提供がある。また、市町ごとに対応は異なるものの、県住宅課が窓口となり、市町公営住宅の紹介が行われた。

住宅支援については、県営住宅に入居する避難者に対し、2016年3月までの延長が決定している。また、避難者を対象とした招待イベントなどが開催されるとともに、2011年12月には第1回の「滋賀県内避難者交流会」が県の後援のもと開催された。現在も市町を通じてイベント等各種支援情報が発信されている。

滋賀県は2014年度からは「東日本大震災

被災者と県民との交流支援事業費補助金」を実施しており、補助率は2分の1以内という制限があるものの、県民の防災意識向上と避難者の生活再建支援に資する交流イベント等への補助事業を実施している。

なお、市営・町営住宅についてはほとんどの市町が県と同様の決定ではあるが、有料化を決定した市町も一部であり、統一された対応は取られていない。民間住宅については2011年の時点で滋賀県内の賃貸オーナーや賃貸管理会社、各メディアが、敷金や礼金免除、家賃の減額などの各種住まいの情報を提供する「滋賀で住まいる！ TOHOKU応援プロジェクト」が立ち上げられ、情報提供が行われた。

❖民間による避難者支援

地元の団体である特定非営利活動法人「しがNPOセンター」や一般社団法人「滋賀県労働者福祉協議会」が主に支援団体の中心となり、避難当事者の団体である避難者の会の立ち上げ、運営を支援している。避難者の会では、県の後援などを受けながら、各種助成金等を活用し、交流や情報交換を目的とした交流会、子ども向けプログラム、行政からの情報や各種イベント情報などを避難者に届ける会報の発行などを行っている。また、大津市市民活動センター内のスモールオフィスに拠点を開設し、電話や窓口での個別相談の受付等も実施している。 （橋本慎吾）

京都府

[府庁所在地] 京都市
[人口] 2,609,316人

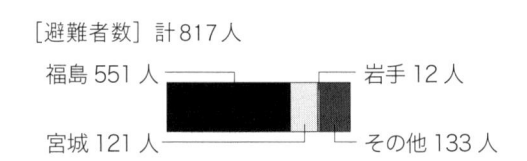

[避難者数] 計817人
福島 551人
宮城 121人
岩手 12人
その他 133人

❖行政による避難者支援

発災直後、関西広域連合のカウンターパート方式による支援として、京都府は滋賀県とともに福島県への支援を表明した。その中で「福島県からの被災住民の皆さまの避難先を確保し、その移動手段、生活物資、生活場所、子弟の教育環境、医療などの確保をお約束いたします」と明確な意思表示がなされた。

京都府では2012年1月には、福島県をはじめとする被災地からの避難者に対して、NPOや民間団体、行政などの多様な主体が連携し、避難者支援の取り組みを進めていくために「京都府避難者支援プラットフォーム」を立ち上げている。主に月に1回定例会を開催し、避難者支援の取り組みや現状と課題などについて意見交換や情報共有、また交流会や相談会などのイベントの開催を通じて、避難者のニーズに応じた支援活動を進めている。また月に2回、支援団体が府庁で封入作業を行い、避難者に向けた支援情報の定期便を発送している。また、府主催のフェスティバルでカフェブースの運営や活動紹介、避難者支援活動の広報等を通じて、市民に対して風化防止などを訴えている

就労支援では、既存の仕組みであるハローワークと緊密に連携し、ワンストップの総合就労支援拠点として京都府が展開する「京都ジョブパーク」を避難者向けにも拡充。状況に応じた支援を実施している。

このほか、2013年度から始まった復興庁

による「県外自主避難者等への情報支援事業」が、2014年度から京都府でも実施されており、特定非営利活動法人「和（なごみ）」が受託し事業を実施している。

❖民間による避難者支援

福祉分野で活動していた地元の特定非営利活動法人「ハイビスカス」が、東日本大震災直後に被災地支援とともに、京都府下への避難者に対する生活支援や相談などを行うための拠点として、2011年10月に「福興サロン和～なごみ～」の運営を開始した。2013年にはハイビスカスの支援部門が独立するかたちで特定非営利活動法人「和（なごみ）」が設立され、サロン運営を継続しながら、避難者や移住者の孤立を防ぐために、各種相談、情報提供、交流会等のイベント開催、就労支援、京都府避難者支援プラットフォームとの連携、支援者間のネットワーク形成などを行っている。

当事者団体としては京都に避難した避難者同士、避難者と地元の人々とのネットワークづくりなどを目的とした「みんなの手」が2011年12月に福島県からの避難者により発足。一般社団法人化し、健康相談会や現在の地域コミュニティつながり作り、震災の記憶の風化防止などの活動も行っている。

また、2014年に避難した母親たちが中心となって立ち上げた「ドーン避難者ピアサポートの会」が、避難者がつどう場として定期的に交流会を開催している。　　（橋本慎吾）

大阪府

［府庁所在地］大阪市
［人口］8,843,906人

［避難者数］計609人（公営住宅への入居者数）
福島430人　　　　　　　岩手13人
宮城95人　　　　　　　その他71人

❖避難者支援の概況

大阪府の公表している大阪府下公営公社住宅への避難者は609人（2014年12月時点）で、うち福島県からの避難者が430人となっている。大阪府は関西広域連合としてカウンターパート方式による岩手県への支援を表明し、さらに「大阪府における被災された方の避難受け入れのご案内」を発表するなど、阪神・淡路大震災の経験もあったことから、避難者を積極的に受け入れる体制が形成されていた。避難者にとっては生活の便の良さなどから多い時で2000人近い避難者がいたともいわれる。

❖行政による避難者支援

大阪府は2011年3月には被災者受け入れ検討チームを立ち上げ、4月には「大阪府における被災された方の避難受け入れのご案内」として、ワンストップの窓口となる被災者生活相談窓口を開設し、府営住宅等への受け入れなどの支援メニューを発表した。大阪府は雇用促進住宅で独身者や単身者の関西で唯一、受け入れを行っていた。また雇用に関しては緊急雇用創出基金を活用し、大阪府下への避難者を雇用し、生活の安定につながる就職に向けたスキルアップや職種転換を支援する「震災被災者JOBフェニックス事業」を2011年度から2013年度まで実施した。

堺市では、堺市に個人情報を登録した避難者に対し、施設の入館料、プールの利用料の割引、図書館の利用などのサービスを受ける

ことができる「東日本大震災　被災者サポートカード」を発行した。また、2013年度の補正予算に5億円計上し、東日本大震災での被災者や避難者へのきめの細かい、息の長い支援活動、および今後発生する大規模災害の支援に備えた堺市大規模災害被災地等支援基金を設立した。この基金からは、交流会の開催、避難者へのカウンセリングを行う専用相談窓口の開設、安否確認や支援情報の提供などを目的とした自宅訪問、帰省費用の軽減のための里帰りバスの運行などの支援事業が実施されている。また、一定条件を満たした避難者に対する市内認可保育所への優先入所も実施されている。

復興庁による「県外自主避難者等への情報支援事業」については、2013年度は社会福祉法人「大阪市社会福祉協議会」、2014年度は特定非営利活動法人「み・らいず」が受託し実施している。

民間による避難者支援

2012年5月に情報の提供とニーズの把握、具体的な支援の実施、被災者・避難者支援体制の充実を目指して、大阪弁護士会、社会福祉法人「大阪府社会福祉協議会」、社会福祉法人「大阪市社会福祉協議会」、自助団体、NPOが中心となり「ホッとネットおおさか（大阪府下避難者支援団体等連絡協議会）」という支援ネットワークが立ち上げられた。2ヵ月に1回程度の定例会を開催するとともに、避難者向けに定期便として大阪府内の支援団体からの情報紙をまとめて各自治体へ配布し、自治体から避難者へ配布されている。

また支援団体、企業等の連携による復興応援イベント「3.11 from KANSAI」が2012年から毎年開催されており、避難者や市民の交流、風化防止に向けたメッセージ発信が行われている。

このほか、特定非営利活動法人「全日本企業福祉協会」（チームおせっかい）は、2011年から避難してきた学生を対象に「学習サポート」を実施継続している。子どもたちの先生には地元関西の大学生らの協力を呼びかけ、子どもたちの学習サポートの間に保護者たちの交流会を別室で開催、関西での暮らしや就職や住宅の相談に応じている。

当事者団体としては「まるっと西日本」が、2011年12月から西日本への避難者に対するウェブやメーリングリスト（ML）、Twitter、紙媒体で支援情報を提供している。また、公営住宅の入居期限について、NHK大阪放送局との共同調査や独自の調査などから、避難者の置かれている状況や避難先ごとに異なる行政支援の格差などの課題を把握し、これらの情報を広く社会に対しても発信している。

「避難ママお茶べり会」は避難している母子を支援する自助団体として、2011年から継続して交流会を開催している。大阪市内を中心に実施していた活動は、2014年度からは社会福祉法人「堺市社会福祉協議会」を通じて、堺市の会場で実施している。

2011年に東京から避難した女性によって「関西フューチャーコミュニティ」が発足し、避難者の相談ダイヤルの開設、MLの開設、避難者同士のつながりや交流の場や勉強会などを毎月開催していたが、現在は活動を終了している。

（橋本慎吾）

兵庫県

[県庁所在地] 神戸市
[人口] 5,531,281人

[避難者数] 計895人
福島 503人 ／ 岩手 25人
宮城 164人 ／ その他 203人

❖行政による支援状況

　阪神・淡路大震災の経験を持つ兵庫県は、東日本大震災の発災直後、関西広域連合のカウンターパート方式によって、宮城県への支援とともに、他の関西広域連合構成府県同様に東日本大震災被災地からの避難者に対して、公営住宅等を活用した受け入れを表明している。

　兵庫県は、県内避難者支援事業として「県内避難者相談・交流支援事業」を実施、阪神・淡路大震災等の自然災害時に被災者支援にあたった多くの団体は、その経験や教訓を活かし、生活再建に資するよう県内避難者に対する各種相談、情報提供、避難者間の交流促進など実施しており、こうした活動に対して補助を行っている。2014年度は相談や情報提供事業には20万円、交流促進事業には30万円まで助成された。補助を受けることのできる回数は3回までとなっている。2014年度実績で延べ6団体が助成を受けた。

❖民間による支援状況

　兵庫県には阪神・淡路大震災の経験から実行力のある団体が多く、発災直後から各市町の社会福祉協議会、NPO、大学、多数の団体がそれぞれの市町単位で活動を行った。2012年8月には県内の支援ネットワークとして「避難サポートひょうご」が発足。当事者団体、NPO、市民活動団体、行政、社協、専門家組織など40以上の団体が加盟し、3～4ヵ月に1度の全体会議では、避難支援に関わる情報と課題の共有を行い、連携している。

　このほか、「東日本大震災の被災者を支援する市民の集い（TKサポート）」による「あしたの集い」、「暮らしサポート隊」による「みちのく・だんわ室」（2015年3月現在）、関西学院大学災害復興制度研究所・社会福祉法人「西宮市社会福祉協議会」・特定非営利活動法人「日本災害救援ボランティアネットワーク」による「KSNプロジェクト」による避難者のネットワークづくりのための交流会や、「YMCA神戸」による避難者向け「ファミリーキャンプ」など、さまざまな組織による避難者支援が行われてきた。

　当事者団体としては、東北・関東地方から避難・移住してきた母子によるグループ「べこっこMaMa」が避難者間の交流を進めながら、地域の支援者とともに、お菓子やジャム、雑貨等の販売をするなどの活動を続けている。

　その他にも、発災当初は、ピアカウンセリングや生活情報の交換を行う当事者団体の活動もあったが、活動の中心にいた避難者の転勤や再就職など環境の変化に伴い、規模は縮小傾向にある。

（橋本慎吾）

奈良県

[県庁所在地] 奈良市
[人口] 1,373,158人
[避難者数] 回答なし

❖避難者支援の概況

奈良県によると、避難者の多くが奈良県内の親戚や知人を頼って避難してきているとされる。奈良県危機管理室は、大阪を中心に活動している「まるっと西日本」の作成する月刊情報紙を毎月避難者宅に配布協力している。

❖民間による避難者支援

2011年3月21日に県内のボランティア・NPO・企業等が集まり、避難者への生活支援を目的とした「奈良災害支援ネット」が設立された。「奈良災害支援ネット」は協力団体・個人のネットワークづくりや、被災者受け入れ自治体との連携、協力者への支援要請などを行った。事務局は特定非営利活動法人「奈良NPOセンター」が担った。

当事者団体としては、「奈良災害支援ネット」が支援するかたちで、2012年3月6日に「奈良県避難者の会」が発足した。発災当初は自助団体として避難者への情報提供を中心に行っていたが、現在では避難者宅への訪問、生活相談や交流支援などの活動、および奈良県内避難者実態調査等を実施している。

その他、「ツキイチカフェ」という自主避難者が中心となって運営するグループによって、お茶会や勉強会が開催されている。

(橋本慎吾)

和歌山県

[県庁所在地] 和歌山市
[人口] 967,720人
[避難者数] 回答なし

❖避難者支援の概況

関西では最も避難者の少ない県で、100名程度の避難者が把握されている。避難者は関西圏の主に大阪などの交流会などに参加することで各種情報などにはアプローチしている状況である。和歌山県では、県内の避難者に対して、大阪の当事者団体「まるっと西日本」が発行する関西地方での支援情報をまとめた情報誌の配布に協力している。

❖民間による避難者支援

東日本大震災と原発事故の関係で和歌山県内への避難者による自助組織「わかやま避難者のWA」が2014年9月6日に発足した。会としては避難形態は問わず、震災・原発事故の影響による和歌山県内への避難者のための、情報共有、交流、子ども支援を目指している。

発足にあたっては特定非営利活動法人「全日本企業福祉協会」が中心となり、和歌

山県内の弁護士、特定非営利活動法人「わかやまNPOセンター」、「まるっと西日本」など、さまざまな団体が協力している。

(橋本慎吾)

中　国

鳥取県

[県庁所在地] 鳥取市
[人口] 572,706人

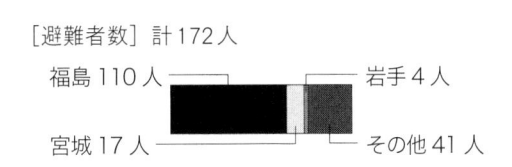

[避難者数] 計172人
福島110人
宮城17人
岩手4人
その他41人

◇行政による避難者支援

　鳥取県では避難の長期化にともなう避難者の不安や課題について「東日本大震災避難者等総合支援チーム会議」を定期的に実施している。避難者の多い鳥取市、民間の「とっとり震災支援連絡協議会」を加えて、統轄監、住宅政策課、福祉保健課、教育委員会事務局などが参加している。避難者の数は全国的にみて、決しては多くはないが、避難者支援に対して積極的な姿勢が見られる。たとえば、毎年更新されることで避難者の心理的負担が指摘されている避難住宅の提供について、入居の日から4年としていた県営住宅の家賃免除期間や、県が借り上げている民間の賃貸住宅への入居期間を2019年3月（最長8年）まで延長することが2015年2月に決まっている。

◇民間による避難者支援

　鳥取県では、震災直後に市民有志による「とっとり東北県人会」が発足し、自治体と連携をとりながら、避難者の人数把握・住居の確保・物資の確保及び配布・情報交換会の開催等の支援を行った。

　その後、田舎暮らしの応援団、特定非営利活動法人「KiRALi」が協働し、2012年3月「とっとり震災支援連絡協議会」を発足させた。「とっとり震災支援連絡協議会」は当事者団体ではないが、避難者が運営に関わりながら、鳥取県からの委託事業を受け事務所開設や支援コーディネーターを雇用し、交流会やイベント、学習支援事業、風化防止を念頭に置いた情報発信などの支援事業を進めている。また活動地域は鳥取県内にとどまらず、中国エリアでの支援団体ネットワークへの声がけやフォーラムの開催など、県域を越え、積極的な活動を展開している。

　また、県との密な情報交換も特徴的だ。避難者によりそいながら入手したニーズを丁寧に伝えることで、県の施策等へのインプットも行っている。その成果の一つとして、前述した住宅提供の延長がある。

(橋本慎吾)

島根県

[県庁所在地] 松江市
[人口] 694,942人
[避難者数] 回答なし

発災当初、公益財団法人「ふるさと島根定住財団」による緩やかな支援以外には、地元団体による積極的な支援活動は見られなかった。2014年6月に県内の自主避難者を中心とした「311ご縁つなぎネットワークわっかラボしまね」が立ち上がり、定期的な交流会を通じて、県内の避難者や避難者の状況の把握し、必要な支援に繋げる活動をしている。

(橋本慎吾)

岡山県

[県庁所在地] 岡山市
[人口] 1,922,571人
[避難者数] 回答なし

❖避難者支援の概況

中国地方の他の4県に比べて、岡山県内への避難者数は多い。これは、震災直後、岡山県が避難者の受け入れ支援を早く表明したこと、既存の原子力発電所から比較的距離があること、自然災害が少ないことなどから、避難先に選ぶ避難者が多くいたためと思われる。あわせて、民間による支援の立ち上がりが早く、支援内容も多岐にわたっていたことで注目を集めた。

他県とは違い、2012年以降も避難者が増えていることも特徴的だ。その理由としては、避難者が少しずつ当事者のコミュニティをつくりはじめたことや、避難元を問わない支援施策（一部地域で行われている保育料の無料措置や、無償での避難住宅の受け入れの継続）などがあると考えられる。

また、県内市町村の中には、2012年ごろから転入者の増加実績や避難者の声をもとに「定住・移住」支援の具体化をはじめたこともあり、被災地からではなく、避難先から転居するケースも見られる。

❖行政による避難者支援

岡山県では、特に岡山市が避難者支援に積極的であり、「福島県の子どもたち元気回復事業」として、福島県から県外へ避難・転居している世帯を対象に、県が管理する2つの宿泊施設の宿泊費・食費を減免している。

2014年度に岡山市では、市および民間の避難者支援団体、住宅に関わる団体等との協議会を発足させた。この協議会は「避難者支援」だけではなく「定住・移住支援」の側面も持っており、支援として幅がある。現在も被災地からの避難や移住、他の地域からの避難者の転居などが見られるため、それらの対応に、民間支援団体をフォローし続けている。

また、岡山県が主催する避難者交流会では、

県内の支援団体が連携して運営をサポートしているほか、避難者の相談事案によっては市町村と相互にやりとりもされている。

2014年度の復興庁「県外自主避難者等への情報提供事業」を特定非営利活動法人「岡山NPOセンター」が受託し、「うけいれネットワークほっと岡山」が連携して業務にあたっている。

❖民間による避難者支援

岡山県内各地で支援団体がそれぞれの得意分野、土地柄を活かし、避難や転居（定住・移住）や帰還、原発事故の影響による不安など、被災者のさまざまな状況やニーズにあわせた支援が行われている。団体間でお互いに緩やかにつながっている状況が続いており、必要に応じて行政（市町村）とのやりとりも見られる。

支援団体のネットワークである「うけいれネットワーク ほっと岡山」は、事務局を2014年6月末から市内の官民複合施設内に開設し、相談対応、情報提供、説明会・交流会の企画運営、支援団体の連携支援、支援申し出の窓口等の業務を行っている。避難者からは、生活困窮、DV等の相談も寄せられており、地元の社会資源（既存の専門組織）との連携も図るようになっている。

県内では震災以降、民間団体が主導してさまざまな取り組みが行われており、その情報やノウハウが蓄積されている。これらの情報、団体がかかえる問題などの現況等を、毎月1回の定例会議の場、構成団体が所属するメーリングリスト等で共有・相談している。

避難者は、自然発生的に県内各地で、地域ごとにグループをつくるようになっている。グループの活動は避難元や生活のあり方、また「移住」を意識した生活スタイルなど、さまざまである。

避難者が地域になじむため、また末永く受け入れてもらえるような働きかけが必要との声もあがっている。　　　　　（津賀高幸）

広島県

[県庁所在地] 広島市
[人口] 2,830,077人
[避難者数] 回答なし

❖避難者支援の概況

2011年5月に、広島市被災者支援ボランティア本部と社会福祉法人「広島市社会福祉協議会」が、避難者の交流会を実施。その後も月に1回程度の頻度で交流会を開催しているほか、ニュースレター発行などの活動を進めた。2012年1月からは、避難当事者が中心となり「交流カフェ」の活動をスタートさせる。交流会だけでは避難者の課題は解決しないという認識から、2012年10月に「ひろしま避難者の会アスチカ（以下、アスチカ）」が発足。「明日へ進む力」からその名称をつけた。

❖民間による避難者支援

「アスチカ」では、交流カフェを毎月開催するほか、避難者を対象にした情報紙を発行するなど、専門家や社協、中間支援組織、市民有志（アスチカサポーター）、大学等と連携

しながら活動を展開している。

2014年6月には、交流スペース「たねまくひろば」を開設。避難者と広島の在住者の交流や、避難者に関わる資料や生活情報、ふるさとの情報などを閲覧できる場となっている。2014年8月の広島市内の土砂災害の被災者支援に取り組む団体と連携するなど、活動の広がりを見せている。

そのほか、「アスチカ」は、広島市以外での避難者交流会として、呉市、福山市での交流会開催を定期的に実施。また、尾道市の当事者グループとも、避難者の関心の高いテーマでのイベント開催などでつながっている。2014年3月には会員対象のアンケートを実施して避難者のニーズ把握を行い、支援活動に活かしている。　　　　　　　　（津賀高幸）

山口県

[県庁所在地] 山口市
[人口] 1,403,945人

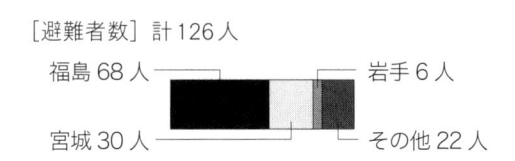

[避難者数] 計126人
福島 68人
宮城 30人
岩手 6人
その他 22人

❖避難者支援の概況

山口県では、2011年3月25日に、「被災者受入支援総合相談窓口」を健康福祉部に設置している。そして、住宅支援や生活支援、保健・医療・福祉サービス支援・教育支援など、被災者からニーズを踏まえた総合的な支援活動を行ってきた。同時に、山口県内の各市町でも相談窓口が立ち上げられ、公営住宅への受け入れや就学支援などが行われてきた。

❖民間による避難者支援

山口県の豊かな自然や多様なマンパワーを活用して、東日本大震災後の新しい生き方を求めるユニークな活動が行われている。たとえば、「福島の子どもたちとつながる宇部の会」では、なかなか支援の手が届きにくい発達障害児とその家族を対象にして、一時保養や移住支援のプロジェクトを行ってきた。ほかにも、「福島〜山口　いのちの会」、「関門保養プロジェクト・下関」、「福島から祝島へ〜こども保養プロジェクト」など、豊かな自然環境を活用したプロジェクトが注目される。

他方、東日本各地からの避難者の当事者団体としては、「山口県避難移住者の会」が挙げられる。ここでは、避難者同士の交流や不安解消を目的に、月1回、交流会が開かれている。これらの団体の多くは、やまぐち県民活動支援センターを窓口として、「中国5県支援ネットワーク会議」に参加している。このネットワークを通じて、他県のさまざまな支援事業を学びながら、避難者・移住者支援のあり方を模索している。　　（高橋征仁）

四 国

徳島県

[県庁所在地] 徳島市
[人口] 761,468人

[避難者数] 計66人
福島33人　岩手0人
宮城10人　その他23人

❖行政による避難者支援

　2011年3月、徳島県では、住宅支援とあわせて、当面の生活資金等として、1世帯30万円の供与や県民の方から支援物資として届けられた生活用品（布団・毛布、電器製品等）の提供が行われた。関西広域連合の取り決めにより、宮城県を支援することになったため、集団（おおむね5世帯以上）で徳島県に避難する場合に住宅等の入居支援、現地からの移動手段として、バス等の交通手段の確保などが行われた。原発避難者への支援施策ではないが、独自の事業として行っている。

❖民間による避難者支援

　民間による支援は、四国の中でも活動があまり見えない状況にある。2011年には避難当事者による取り組みも見られたが、民間支援団体による十分な支援が受けられていないなどの理由より活動が停滞している。それでも、「とくしま定住支援ネットワーク」のように、中間支援組織にあたる特定非営利活動法人「市民未来共社」と連携しながら、「311避難者・移住者の交流会」や各種イベントの開催や、求人情報の発信・相談対応などを行っている。
（津賀高幸）

香川県

[県庁所在地] 高松市
[人口] 978,999人

[避難者数] 回答なし

　2011年から、市民有志によって設立された特定非営利活動法人「福島の子どもたち香川おいでプロジェクト」が、福島の子どもたちの保養企画での施設利用・車両貸与などを香川県と連携して行ってきた。その後、保養プログラムとあわせて、香川の避難者の支援にも関わるようになる。

　各種助成を受けて、福島からの避難者を中心とした団体で当事者同士の交流会や各種イベントを開催や相談対応、子育て支援事業、里帰り支援などを行っている。また、関東からの避難者の団体「香川こどもといのちを守る会」とも随時協力している。　（津賀高幸）

愛媛県

[県庁所在地] 松山市
[人口] 1,391,236人

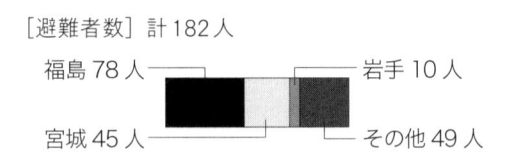

[避難者数] 計182人
福島78人　岩手10人
宮城45人　その他49人

❖避難者支援の概況

阪神・淡路大震災時に、愛媛県内で避難者の受け入れ経験があるNPOや寺院が中心となり、東日本大震災発災後にも積極的に避難者の受け入れを行った。物資提供や住宅斡旋の他、避難者同士の交流会も実施している。

2011年5月には当事者有志の組織「東日本大震災愛媛県内被災者連絡会」が結成された。また11月には自主避難者でつくる「自主避難者の会」も発足した。これらの会は、避難者同士が集まり新たなつながりをつくる場として機能し、交流会や弁護士などの相談会、愛媛県や福島県への要望活動などを行った。

2012年に入り、「東日本大震災愛媛県内被災者連絡会」は活動方針や運営方法を見直し、避難者を中心とする人たちが、さまざまな民間支援を避難者につなげることなどを目的に特定非営利活動法人設立のための運営検討会を開催した。地元の中間支援組織からの助言を受け、2013年3月に、特定非営利活動法人「えひめ311」を発足させた。東日本大震災の避難当事者グループではじめて特定非営利活動法人の認可を取得した団体である。

❖民間による避難者支援

「えひめ311」が当事者同士の交流会事業や情報紙発行などの活動を続けている。愛媛県・松山市それぞれの避難者支援担当課と「えひめ311」、社協、NPOなどによる定期的な情報交換会を実施している。また、2014年、心のケアを専門とするNPOと連携して、四国内避難者のニーズ調査を行った。調査結果を受けて、支援の充実を図り、研修会等を開催するなど、県域を越えた取り組みも見られるようになった。

2012年、2013年にそれぞれ実施した「広域避難者支援ミーティングin四国」では四国内で避難者支援に取り組む人たちが情報交換をすることができた。その結果、愛媛・香川・高知でそれぞれ実施されている保養プログラムを相互に支援したり、独自に4県のメンバーが集まり、情報交換を行ったりするなど、「えひめ311」が中心となり、四国内でのネットワークづくりも徐々に進められている。また、四国内の支援団体と連携しながら、四国4県内避難者孤立防止のための「お遍路カフェ」及び「おせったい訪問事業」なども展開されている。

（津賀高幸）

高知県

[県庁所在地] 高知市
[人口] 735,3743人
[避難者数] 回答なし

　2011年、高知県からの避難者の生活支援について相談を受けた社会福祉法人「高知県社会福祉協議会」と特定非営利活動法人「NPO高知市民会議」が中心となり「東日本大震災支援プロジェクトこうち」が設置された。行政との連携をとりながら情報収集とマッチングを行い、支援を実施。ニュースレターの発行、地場産品や米などを配布など県内に避難中の41世帯106名を支援した。その後、事業は終了したが、民間でできる支援や物資提供等、避難者からの問い合わせごとに対応している。

　この震災を契機に避難登録はしていないものの移住する人たちも見られ、地元のNPO等からは「避難者・移住者の線引きが難しい」という声もある。

　高知へ避難・移住してきた家族とそのサポーターによる「虹色くじら」では、当事者同士の交流会や相談会、各種イベントを開催しているが、他の団体との連携はあまりみられない。四万十町の特定非営利活動法人「地域支援の会さわやか四万十」では避難者の交流会を行うほか、町内の農業者団体とつながり、福島県や近隣県へ高知県産の野菜や食品を届ける準備をしている。

　県内では、「地域支援の会さわやか四万十」や社協のほか、保養プログラムを行う「えんじょいんと香美」「はちきん桜」などが緩やかにつながっている。

　「えんじょいんと香美」は、高知への避難者が中心となって、社協などの有志とともに、保養プログラムを実施しているが、他の四国3県の避難者などが当日の運営をサポートするなど、連携も見られる。　　　　（津賀高幸）

九州・沖縄

福岡県

[県庁所在地] 福岡市
[人口] 5,090,505人
[避難者数] 回答なし

　福岡市では、震災発生後、NPO有志による井戸端会議で、支援について意見交換が重ねられた。被災地への支援を進める動きが見られる中、2011年3月末の段階で400人ほどの避難者がいるとの情報を聞き、避難者の受け入れを進めるために8つの市民団体による「東日本大震災被災者支援ふくおか市民ネットワーク」（2014年に一般社団法人「市民ネット」に改称）が発足。当初は、避難相談窓口を設けて、住宅斡旋や地元の情報提供な

ど、さまざまな市民団体からの支援の申し出などを受けながら、避難者一人ひとりのニーズに合わせた取り組みを展開した。避難者の状況はカルテにまとめ、行政と情報共有した。避難者からのニーズと支援者の想いの間にギャップもあり、夏以降は、個々の世帯や避難・移住希望者への対応を丁寧に行うことに切り替えた。避難者の相談窓口としてさまざまな事業を実施してきたが、現在は規模を縮小しながらも、交流会などを開催している。

一方、北九州市では、NPO、民間、行政が連携した「「絆」プロジェクト北九州会議」が発足。一体となって住宅確保から生活支援までを提供することになった。特徴的なのは、住宅提供や物資支援のほかに、避難者の孤独死や自殺対策のために伴走型の支援を展開している点である。まず、北九州市保健福祉局のいのちをつなぐネットワーク推進課（絆プロジェクト）に相談窓口を設置し、相談や支援要請を受け、伴走型支援を紹介し、個人情報を共有することへの同意を確認し、登録するかたちをとった。伴走型支援の事務所にはパーソナルサポーター4人の専任スタッフを置き、メンタルケアを重視した訪問活動などを展開した。その後、2013年3月に「「絆」プロジェクト北九州」は終了したが、避難者の生活サポートは「北九州ホームレス支援機構」（現・特定非営利活動法人「抱樸（ほうぼく）」）の「自立生活サポートセンター」が引き継ぎ、見守りを続け、被災者交流会などの応援も継続している。

大牟田市では、当初は被災地の支援を行っていたが、気仙沼市の事業者からの避難者がおり、継続的な交流会などを開催するようになった。2014年度から「特定非営利活動法人おおむた・わいわいまちづくりネットワーク」は、浪江町復興支援員の事業を受託し、避難者の訪問活動などを展開している。

復興庁による「県外自主避難者等への情報支援事業」については、2014年度から一般社団法人「市民ネット」が受託し、実施している。

（津賀高幸）

佐賀県

[県庁所在地] 佐賀市
[人口] 833,131人

[避難者数] 計173人
福島85人　　　岩手0人
宮城22人　　　その他66人

※行政による避難者支援

佐賀県では2011年3月、「佐賀きずなプロジェクト」が発足。一時移住として、公営住宅、ホテル、研修所、民間アパート、民泊などを活用することで3万人の避難者受け入れ準備があることを表明した。避難者の受け入れ数は2014年12月時点で170人程度となっている。

※民間による避難者支援

東日本大震災をきっかけとして、佐賀県のNPOをはじめ、経済界、大学等が中心となった中間支援組織、「佐賀から元気を送ろうキャンペーン」が立ち上がった（事務局：特定非営利活動法人「地球市民の会」）。

本キャンペーンの一環として、佐賀への避難者支援のための「よかとこ佐賀プロジェクト」が開催された。主に福島県からの避

難者を対象にした福島県民交流の集いでは、JA、行政、社会福祉協議会が開催に協力した。2013年5月にキャンペーンの実行委員会は解散している。

また、佐賀市にある「西九州大学臨床心理相談室」では、佐賀県への避難者を対象とした心と身体のケアのため専門家や学生ボランティアによる「ほっとひろば」を2週間に1回の頻度で開催している。相談ではおとなのグループ、子どものグループそれぞれに分かれての相談のほか、個別による相談対応を継続的に実施している。さらに、避難者の『ほっとひろばだより』を定期的に発行し、避難者の声やイベントなどを紹介している。

また、宮城県出身者でつくる「宮城県人会さが」によって、避難者や在住者の定期的な交流や情報交換が継続的に行われており、避難者の支えとなっている。　　　　（橋本慎吾）

長崎県

［県庁所在地］長崎市
［人口］1,381,714人
［避難者数］回答なし

❖行政による避難者支援

長崎県は2011年3月22日、長崎市、佐世保市、島原市、雲仙市や民間事業者との協議のもと、避難者の第1次の受け入れ態勢として538世帯、おおむね1700人の受け入れと、交通手段の提供を表明した。

❖民間による避難者支援

東日本大震災による長崎への避難者の支援を目的とした「長崎ソカイネットワーク」が2011年3月に立ち上がった。生活に必要となる物資支援や住宅の相談、街の案内や子どもへの遊び相手などの支援活動、県内各地の受け入れ団体との連携もみられた。また避難先の住民と避難者との交流、情報発信を目的とした情報誌『ほくほく新報』も発行した。

（橋本慎吾）

熊本県

［県庁所在地］熊本市
［人口］1,794,233人

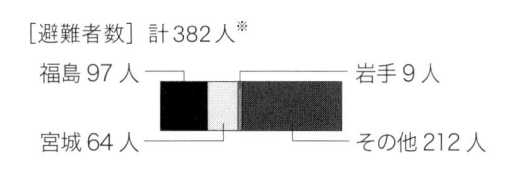

［避難者数］計382人※
福島97人
岩手9人
宮城64人
その他212人

※登録システムとは別に独自で集計（復興庁とは異なる）。

❖避難者支援の概況

東日本大震災発生以前から、阿蘇山を中心とする地域は自然と近いライフスタイルの実践地として認知されていたこともあり、震災発生後には避難先の一つとしてあげられることの多かった地である。県の発表（2014年11月）によると、県が把握している避難者380人のうち、半数以上の212人が岩手、宮

城、福島以外からの避難者となっている。県と、避難者支援を実施する支援団体との積極的な連携も見られた。

熊本県内の自治体では移住・定住について積極的な情報提供を行っている。避難者を、定住・移住希望者として支援するという傾向がみられる。

❖民間による避難者支援

「ACTくまもと」は熊本県や熊本市と連携しながら、熊本県への避難者を対象に物資支援、相談窓口、子ども支援、地元住民と避難者の交流、避難者の雇用事業などを実施した。

その他、「くまもとひなママネット」やその他民間団体が交流会や勉強会などを実施している。

また大学関係者や支援関係者の調査を元に「くまもとぐらし」という熊本県への避難者、移住者、保養希望者等に向けた情報のポータルサイトが2014年に立ち上がっている。

(橋本慎吾)

大分県

[県庁所在地] 大分市
[人口] 1,168,579人

[避難者数] 計225人
福島117人　岩手14人
宮城34人　その他60人

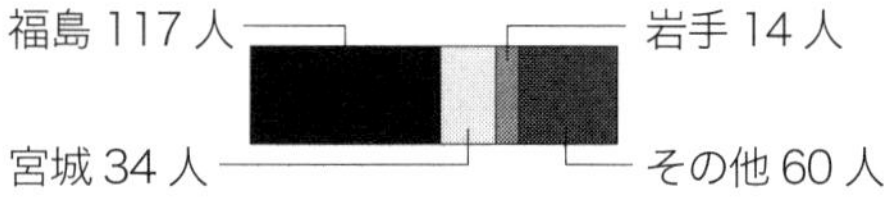

❖避難者支援の概況

大分県における避難者（2015年2月）は225人、被災3県以外からの避難者60人となっており、被災3県からの避難者が約7割となっている。

❖民間による避難者支援

社会福祉法人「大分県社会福祉協議会」の「大分県ボランティア・市民活動センター」が開催する、季節ごとの料理づくりを行うイベントなど、避難者の交流カフェが実施された。

(橋本慎吾)

宮崎県

[県庁所在地] 宮崎市
[人口] 1,112,859人

[避難者数] 計232人
福島135人　岩手7人
宮城32人　その他58人

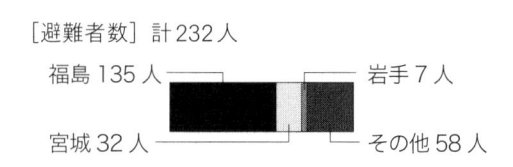

❖避難者支援の概況

2011年8月3日に復興庁が公表している避難者数を見る限り、宮崎県内への避難者は148人と九州では最も少なかった。宮崎県では岩手県、宮城県、福島県からの避難者に限定して住宅支援などが実施された。一方で、数は少ないが、震災から1年以上経過したのちも東北・関東圏から避難してくる人々がいる状態が続いていた。

❖行政による避難者支援

宮崎県では避難者向けに『避難者のための

ガイドブック』を作成し発行したほか、「みやざき感謝プロジェクト」の一環として、東日本大震災復興活動支援事業を実施した。これは宮崎県大規模災害対策基金をもとに、宮崎県内の民間団体の復興活動を支援するための助成事業で、2014年度からは「県内避難者の自立支援」活動も対象になった。

❖民間による避難者支援

2011年5月ごろ、地元の特定非営利活動法人「みんなの暮らしターミナル」が避難者を対象にした「避難者のつどい」を開催し、そこで知り合った母子避難者が中心となり、同年7月に「うみがめのたまご～3.11ネットワーク～」が発足した。

うみがめのたまごでは、宮崎県に避難者してくる家族や個人を支援する自助的なネットワークとして、Twitterを通じて、各地の避難者とつながりながら、避難者同士の交流会を開催してきた。2012年3月には、NHK宮崎放送局が実施した避難者アンケート調査に協力し、改めて、避難者の「行き場のない怒り、不信感、喪失感、まわりの人たちとの放射能に対する価値観の違い」といった意識を明らかにした。

2014年4月以降、宮崎県こども政策課の補助金と福島県うつくしまふくしま帰還支援事業の助成を受け、活動を充実させ、現在では月に1回の頻度で、行政や社協などと連絡調整会議を開催しており、県内のネットワークも充実したものとなっている。また、福岡で開催された「原発事故子ども・被災者支援法」のシンポジウムへの参加を通じた関係団体との交流、佐賀県、福岡県などの行政や市民団体、当事者とのつながりや、社会学などの研究者との情報交換を積極的に行うなど、県域を越えたネットワークの構築を進めている。

(橋本慎吾)

鹿児島県

[県庁所在地] 鹿児島市
[人口] 1,665,884人
[避難者数] 回答なし

2011年4月、かごしま福島県人会「うつくしま福島の会」が発足し、福島からの鹿児島への避難者を中心とした支援を継続している。ホームステイの受け入れ支援や避難者との交流、講演会を行っている。また、九州各地の避難者支援団体や当事者団体との交流も進めている。

その他、東日本大震災後に、地元の会社員や主婦が中心となって立ち上がった「ママトコかごしま」によって避難者の交流会、生活に必要な情報提供、保養プロジェクトなどが行われている。

(橋本慎吾)

沖縄県

[県庁所在地] 那覇市
[人口] 1,426,097人
[避難者数] 回答なし

❖避難者支援の概況

沖縄県は被災地から最も遠く、放射能の影響が最も少ない避難先として認知され、避難者数は2013年2月に800人近くまで達した。背景としては、物理的な距離からくる安心感に加え、原子力発電所がないこと、また避難者受け入れ体制が確立されたことも大きな要因であった。2011年3月23日には県を中心に県内各界の関係者による「東日本大震災支援協力協議会（会長：沖縄県知事、事務局：沖縄県知事公室防災危機管理課内）」が立ち上がり、避難者の対応にあたった。

沖縄県としては、東日本大震災被災者支援チームを立ち上げ、民間賃貸住宅の家賃支援、沖縄県へ渡航するための航空運賃の支援を行った。

❖行政による避難者支援

最も特徴的な支援は「ニライカナイカード」の発行である。主に東日本大震災で災害救助法が適用された7県の市町村からの避難者に対して発行されている本カードは、提示することによって東日本大震災支援協力協議会の会員である各種団体・企業等から割引などのサービスを受けることができる。例えば、カードを提示することで、那覇市の中心部を通る沖縄都市モノレール（通称ゆいレール）が運賃半額（当初2年間は全額無料）で利用することができる。

カードの有効期限は1年間となっており、毎年更新する必要はあるが、2015年度も継続されることが決まっている。現在、継続のみが受け付けられており、新規の申し込みは受け付けていない。

その他にも、ふるさと帰還支援として、故郷等への帰還に対する航空運賃の支援、民間による被災者支援の促進や避難者支援活動に対する「東日本大震災被災者支援活動助成」も行っている。東日本大震災支援協力協議会による支援活動には、県民および東日本大震災支援協力協議会会員からの寄付があてられている。

❖民間による避難者支援

発災直後から、主に福島県からの避難者を対象に、「沖縄福島県人会」が中心となって定期的に相談所を開設するなどの支援を行っていた。その後、避難者の増加に伴い、交流の場を設ける必要性が認識され、交流組織の立ち上げに向けた発起人会を皮切りに、2012年3月には福島県出身者を中心とした交流組織「福島避難者のつどい　沖縄じゃんがら会」が立ち上げられた。その他、当事者団体として「つなごう命～沖縄と被災地をむすぶ会」があり、健康や法律に関する相談会や原発事故の影響等に関する勉強会などを開催している。

また、県内では主に東北からの避難者と、東北の食文化を通しての交流や食文化の伝承を目的に活動する団体や、避難者も協力する保養団体による活動もみられる。

（橋本慎吾）

IV テーマ別論考

2014年9月に通行規制が解除された国道6号線。途中、線量率は最高で17μSv/h（マイクロシーベルト／毎時）以上になる。歩行者と二輪車は通行できない。駐車も原則禁止だが、渋滞で止まることはある。

［撮影：木野龍逸］

さまざまな視点から考える

河﨑健一郎（弁護士）

　ここまで、原発避難の発生と経緯、原発避難者がどこからどのような事情を抱えて避難したのか、そして避難先でどのような状況に置かれているのかを個別に見てきた。
　第Ⅳ部では、原発避難にかかわるさまざまな分野の専門家の立場から、より深い洞察を加えていく。

匿名の電話相談から見えてくるもの

　最初に、「よりそいホットライン」と「チャイルドライン」という、二つの電話相談ダイヤルに掛けられた相談の中から、原発避難者の置かれた状況を見ていく。
　「よりそいホットライン」は厚生労働省の補助金事業として2012年の3月11日に全国を対象にスタートした、日本最大の無料電話相談ダイヤルである。24時間365日、休むことなく全国からの電話相談を受け続けており、コール数は年間1000万コールを超え、受電する案件も30万件を超える巨大相談ダイヤルとなっている。
　匿名、無料でかけることができる電話相談は相談の敷居が低い。法律家による法律相談やボランティア団体による顔を合わせての相談では掘り起こせない、幅広く、時により深刻な相談を受けている中で、原発避難にかかわる相談データの分析をもとに、原発避難の現状を分析している。
　一方の「チャイルドライン」は1997年にスタートした老舗の相談ダイヤルで、その名の通り18歳までの子どもたちからの相談に特化して相談対応している全国ネットワークの相談ダイヤルである。被災や避難の最も深刻な影響は子どもたちに出る。大人と違って悩みを社会化する手段を限られる子どもたちからチャイルドラインがすくい上げた声は、原発避難の問題の実相を捉えるうえでの貴重な資料となる。

自主避難とは何だったのか

　次に、各分野の専門家が調査結果を踏まえて、自主避難という問題を深掘していく。
　第一に、その社会的・心理的特性について分析を試みたのが高橋論文である。自主避難を「放射線恐怖症」とみなし、心理的不安という個人レベルの問題に矮小化しようとし続けてきた政府の対応を批判的に検証している。
　第二に、特に福島県中通りの子育て世代の自主避難者に焦点を絞って、4年間の生活変化を分

析したのが成論文である。原発事故の影響が今日も続いており、むしろ慢性化している現状を豊富なデータに基づいて論証している。

　第三に、自主避難による家族の分断の問題について分析したのが原口論文である。避難の発生が、コミュニティの破壊にとどまらず、生活基盤そのものである家族関係自体にも大きな影響を及ぼしていること、自主避難は政府による対策の欠如が生み出した社会現象であることが指摘されている。

きわめて不安定な避難者の住まいの確保

　これら分析を踏まえ、では、この原発避難という問題をどのように考えていけばよいのか、解決の方向性を示す論文が第Ⅳ部の後半部分をなしている。

　避難者をめぐる大きな問題の一つは、経済面の困難であるが、その典型的な局面が生活の基盤となる住居の確保をめぐる困難である。住宅の問題について、そもそも避難者がどのような法的枠組みの下に置かれ、どのような状況にあるのか。解きほぐしているのが津久井論文である。

　政府による強制避難に伴い役場機能の移転を余儀なくされた地域では、役場や教育施設などを一体的に整備して避難生活を送る「仮の町」が構想された。その経緯と、そうした動きが結果的に政府の政策による災害公営住宅の整備に繋がっていく流れを分析したものが町田論文である。

避難者支援の現状と立法的解決の試み

　原発事故の発生から4年が経過し、支援現場には疲労感も目立ってきている。誰に対して、いつまで、どのような根拠をもって支援を続けるべきなのか、そうした問いも聞かれるようになってきた。そうした中、埼玉県での支援現場での実践を踏まえて、支援の現状と課題について分析しているのが原田・西城戸論文である。

　行政が動かず、司法的な問題解決には時間がかかりすぎる、それならば立法府による立法的な解決ができないか、との動きもみられた。そうした流れの中で成立したのが「原発事故子ども・被災者支援法」であった。2012年6月に成立を見た同法は予防原則の立場に立ちながら、被ばくを避ける権利を擁護し、個々人の自己決定を尊重することを宣言した点で、一定の評価に値するものであった。しかしその後の行政省庁、与党によって同法は徹底的に骨抜きにされ続けた。そうした立法の経緯と現状についてまとめたものが福田・河﨑論文である。

　子ども・被災者支援法の源流となったのは1986年にソ連で起きたチェルノブイリ原発事故を受け、ロシア、ベラルーシ、ウクライナの三国で成立したチェルノブイリ法である。この法律の示唆するところについて、日本での立法運動の状況と比較して論じたものが尾松論文である。

　原発避難の全体はあまりに広範囲に及び、また複雑であって限られた紙幅の中で全体像を描くのは難しい。ここに示したものは現時点で編者が把握する主要な論点について可能な限り触れたものであることをお断りしておきたい。

1 電話相談から見える複合的な問題①

「よりそいホットライン」の事例から

遠藤智子（一般社団法人社会的包摂サポートセンター事務局長）

被災者から寄せられる相談

　よりそいホットラインは、東日本大震災を契機に、被災者の悩みを受け付けるために、被災地の首長や首長経験者が立ち上げたなんでも電話相談である。開設当初は被災三県だけを対象としていたが、2012年3月11日から国の補助金を得て、全国を対象として24時間365日無料でどんな相談でも受け付ける窓口として活動してきた。現在では連日、1日に3万件を超えるアクセスがあり、昨年の相談受付数は約37万件である。

　よりそいホットラインは、匿名で相談できることと、無料で24時間稼働しているということが特徴であり「相談する側にとって垣根の低い」相談窓口である。また、「聴く」だけでなく、面接や同行支援も含め「実際に相談者によりそって動き」、相談者の住む地域での生活再建につなぐ役割を持つ相談である。総合的な相談のほかに、自殺予防、外国語、DV等女性の相談、セクシュアルマイノリティの相談と4つの専門的な相談窓口も設置している。

　相談表は個人情報をマスキングして電子データ化している。例年そのデータの集計を実施しているが、ホットラインに架電する相談者のプロフィールはおおむね以下のようなものである。

- 女性がやや多い
- 年代は40代が多い
- 6割が就労できていない
- 家庭内の不和や暴力に悩んでいる
- 3割を超える相談者が障がいや疾病に悩んでいる
- 対面窓口にたどり着けず、複数の問題を抱えている
- 対人関係に困難があり、引きこもりがち

　被災三県に関しては、自殺念慮とDVの専門回線を選ぶ率が高くなっているのが特徴である。
　もちろん、「よりそいホットライン」は相談窓口であり、相談者にアンケートを採っているわけではないので、相談表の集計は「傾向」があるという分析しかできない。そこを踏まえたうえで、2011年度から行ってきたよりそいホットラインの相談内容の分析では、被災地と全国の相談内容に大きな差があるわけではないことがわかっている。
　この事実には、開設当初はやや戸惑いを感じた。「被災の悩み」というものがあると漠然と考

えていたからだ（もちろん「原発や放射能」関連の悩みは震災との関連が明らかである）。実際は相談者の悩みは生活困窮や暴力・虐待・就労困難・障がいと疾病などで日本全体と同じであった。言い換えれば、震災によって、それまでも抱えていた悩みが深くなったり顕在化したりしたのだ、ということである。そこにまず留意していただくことが必要である。震災や災害は時と人を選ばない。被災者の悩みは明日のすべての人々の悩みであり、被災地は日本全体の将来の縮図なのではないかと、相談を受ける側の私は考えるようになった。

では、東日本大震災の影響を受けた悩みの相談とはどのようなものだったのだろうか。

2014年度から本ホットラインでは被災三県からの相談だけでなく、広域避難者対象の専門回線（「被災者ダイヤル」と呼称）を設け、被災者全体への支援に取り組んでいる。そのダイヤルに寄せられた相談は、「自主避難」の悩みを含んでおり、震災と原発事故の影響を一番強く受けている層であると想定できる。広域避難者の専用ダイヤルに寄せられた相談のうち、2014年4月から11月までに（打ち込みのすんだ）相談表2321件の全数の集計と、一般ラインの全国の集計（2014年4月から2015年1月末までの全相談表）4万6544件との対比は以下のとおりとなった。

- **性別**：全国の一般相談の方が女性の比率がやや多い。
- **年代**：10代から40代まで、特に30代が占める割合が高く、全国の相談者に比較して大変「若い」。30代・40代が67％。子育て世代であることがわかる。半数以上に同居者がいる。
- **同居者の有無**：半数近くに同居者がいる（9割近くは家族）。
- **相談できる人の有無**：広域避難者の相談できる人のいない率は高く、相談できる人がいる率は低い。孤立は深いと考えられる。
- **仕事の有無**：広域避難者は仕事についている率は高い。
  広域避難者は有職の率は高いが、パート・アルバイトが大変多く、福祉的就労は少ない。
- **疾病の有無**：広域避難者は疾病の率はやや低い。
- **障がいの有無**：広域避難者は障がいの率が低い。
  広域避難者は障がいの内訳を比較すると、療育手帳と精神障害者保健福祉手帳が低く、自立支援医療と身体障害がやや高い。

相談終了後、相談員は相談の内容について相談表の項目に複数チェックしていく。問題があると感じている項目を集計したものが図1-1のグラフである。心と体、家庭の問題、人間関係、などが上位に来ることがわかる。

詳細については、特徴的な項目を抜き出して比較検討した。

- **相談者の悩みの内容**：相談者が悩んでいる率を比較してみると、広域避難者が仕事について悩んでいる率は全国の1.25倍程度、DVとセクシュアルハラスメントについては1.5倍程度、そして、震災関連の悩みは約130倍となる。
- **家庭の問題の内訳**：家族の不和が大変大きいが広域避難者は別居や離別等に悩んでいる率が高いことがわかる。

※すべて複数チェックで集計したもの

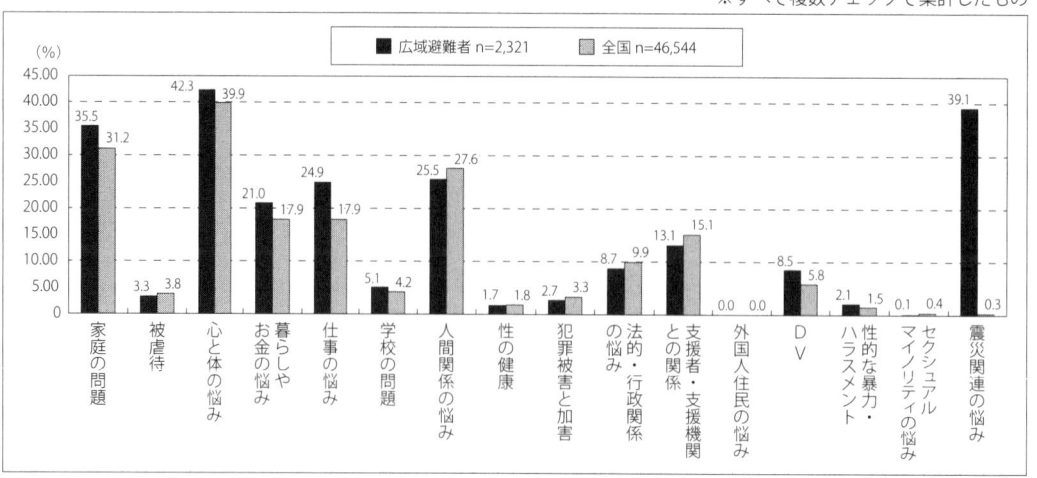

図1-1　相談の中ででてきたもの

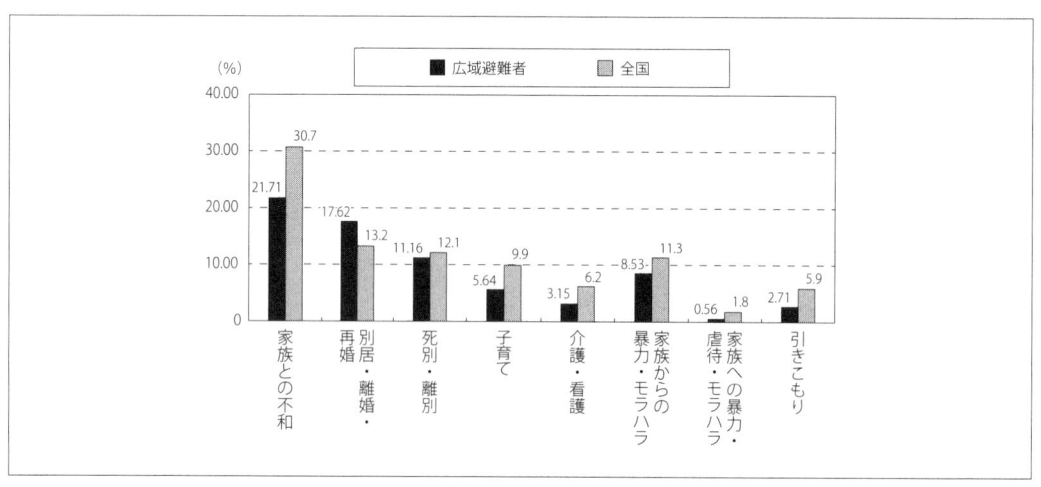

図1-2　家庭の問題

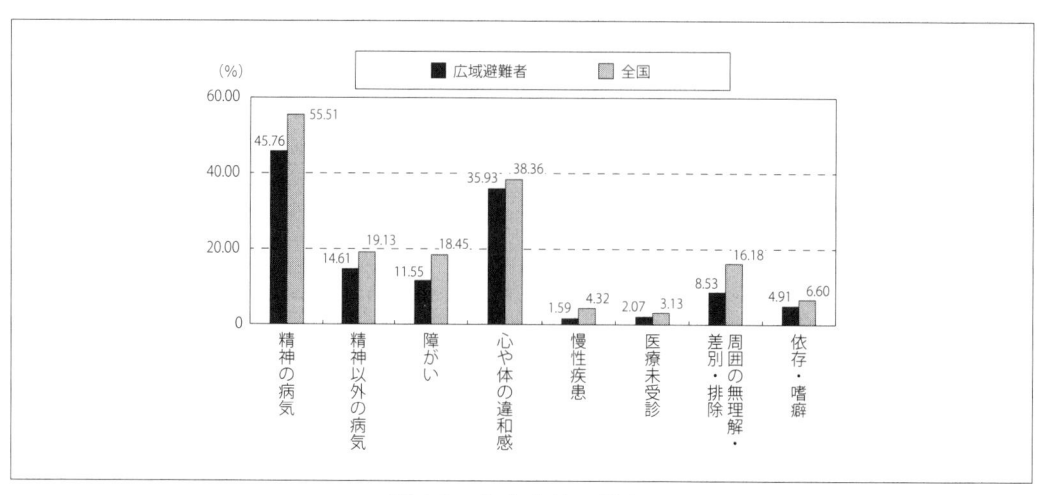

図1-3　心と身体の悩み

Ⅳ　テーマ別論考

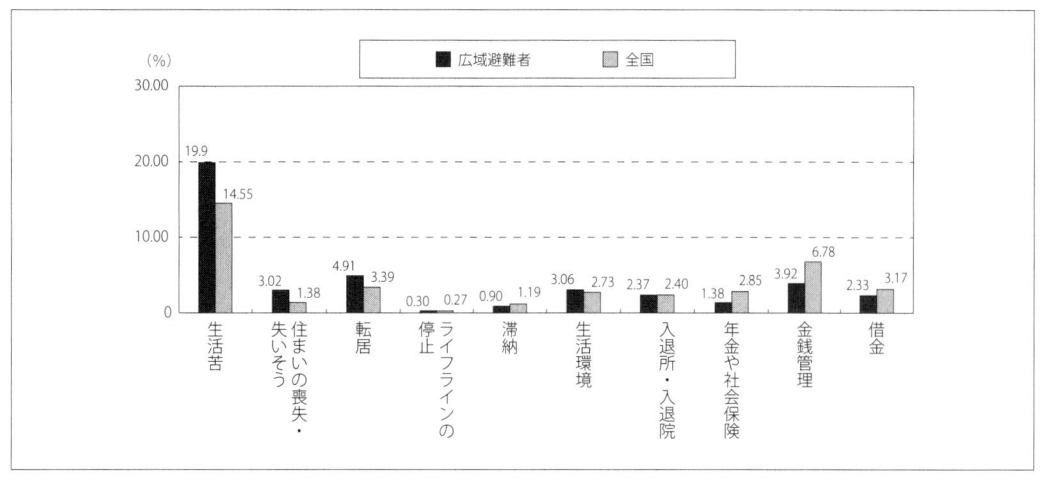

図1-4　暮らしやお金の悩み

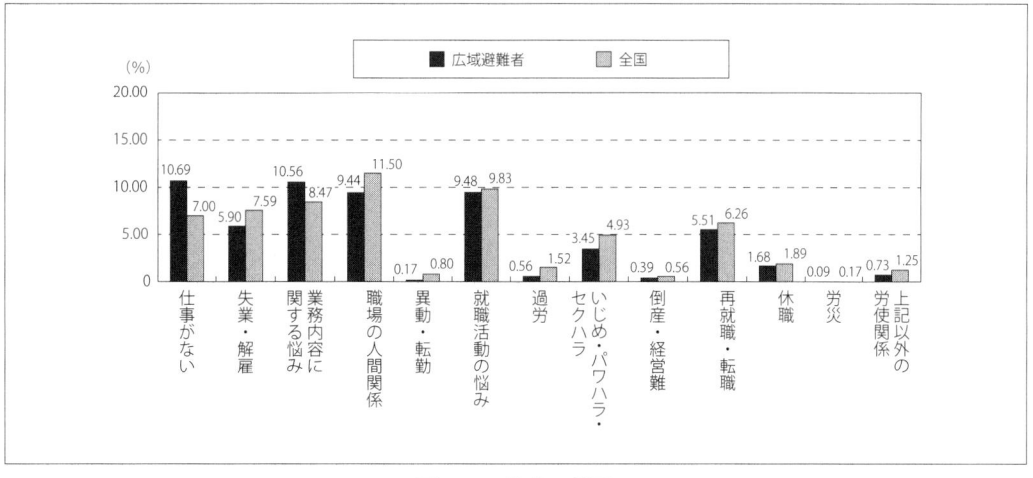

項目	広域避難者	全国
生活苦	19.9	14.55
住まいの喪失・失いそう	3.02	1.38
転居	4.91	3.39
ライフラインの停止	0.30	0.27
滞納	0.90	1.19
生活環境	3.06	2.73
入退所・入退院	2.37	2.40
年金や社会保険	1.38	2.85
金銭管理	3.92	6.78
借金	2.33	3.17

図1-5　仕事の悩み

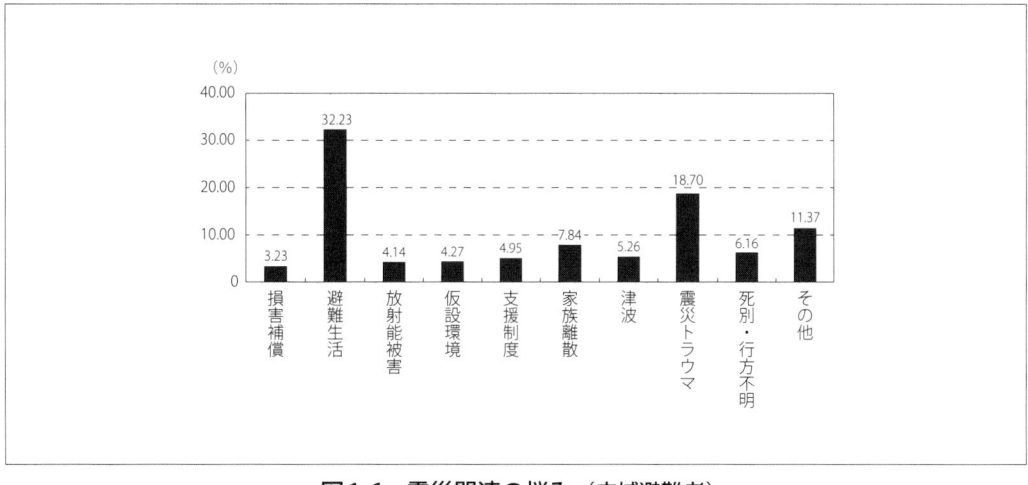

項目	広域避難者	全国
仕事がない	10.69	7.00
失業・解雇	5.90	7.59
業務内容に関する悩み	10.56	8.47
職場の人間関係	9.44	11.50
異動・転勤	0.17	0.80
就職活動の悩み	9.48	9.83
過労	0.56	1.52
いじめ・パワハラ・セクハラ	3.45	4.93
倒産・経営難	0.39	0.56
再就職・転職	5.51	6.26
休職	1.68	1.89
労災	0.09	0.17
上記以外の労使関係	0.73	1.25

図1-6　震災関連の悩み（広域避難者）

項目	%
損害補償	3.23
避難生活	32.23
放射能被害	4.14
仮設環境	4.27
支援制度	4.95
家族離散	7.84
津波	5.26
震災トラウマ	18.70
死別・行方不明	6.16
その他	11.37

1　電話相談から見える複合的な問題①

- **心と身体の悩み**：内容は全国と大きくは変わらないが、周囲の無理解は全国の倍以上の割合で悩みとしている。
- **暮らしやお金の悩み**：広域避難者が生活苦を感じている割合は全国よりも高い。住まいの喪失は倍以上が悩んでいる。厳しい状況であることが推察できる。
- **仕事の悩み**：仕事がないこと、業務内容の悩みがやや全国に比して多いと考えられる。

全体の集計で全国との差があったものの詳細を見ると、内訳において大きな差はなかった。広域避難者における震災関連の悩みの内訳は図1-6の通りである。

相談者の現在の居住先は東京、新潟、茨城、千葉、北海道、栃木、愛知、青森、兵庫、山形の順に多い。被災地および広域避難の多いところが多い傾向にある。

原発避難に関する相談内容

2321件のうち、相談内容に「原発」「放射」のキーワードが含まれている相談は85件あった。原発避難という認識の高い相談者からの相談であったと考えられる。

被災者ダイヤルへの相談では解離性障害・双極性障害、うつ病、強迫神経症、金属アレルギー、パニック障害、統合失調症、社会不安障害、不眠症、睡眠障害、強迫性神経症、PTSD（心的外傷後ストレス障害）、筋緊張性頭痛などの疾病や障がいの悩みがあった。放射能被害に悩み、避難することを決意した相談者が、何らかの心身の不調に悩んでいることは少なくない。相談事例を6つのカテゴリーに分けて、代表的な事例を記載した。いずれも、避難先での孤立が問題解決をさらに困難にしていること、転居や別居を余儀なくされたことによって引き起こされた家庭内の問題（不和・二重生活の経済的な問題など）で、明らかに震災と原子力発電所の事故に起因した悩みである。

（※事例はプライバシー保護のため統合するなど加工している。）

①経済的な問題
〈30代・女性〉　東北で被災。原発から30km圏内。関西に親戚がいたので東北を離れ出てきた。親戚も裕福ではないので相談できないが、仕事もなく、収入も少なく生活が苦しい。どうしたらよいかわからない。

〈20代・女性〉福島で被災した。夫は福島で働いている。自分は関東に来た。二重生活なので、経済的に大変。両親を津波で亡くし、それから気持ちが塞ぐので心療内科に行ったらPTSDの診断が出た。現在も治療を受けている。福島にもどったら子どもを作ることも考えたい。放射線の情報をしっかり収集して、考えていきたい。

②子どもたちに関する相談
〈30代・女性〉被災して、自主避難している。息子がもともと、友だちが少なかったが、ここに来ても同じで、友だちができないようだった。そんな中で子どもが学校をサボるようになり成

績も落ちてきた。学校に行かず、繁華街で遊んでいるようで、朝帰りしたりしている。夫は地元に残り、自分と子どもとだけで暮らしているので、相談する人もいない。故郷の友だちと話すこともできない。ここから逃げたいという気持ちが出てきて困っている。

〈10代・男性〉原発のことを事故前に学校の先生は、地震でも発電所は壊れないと言っていた。今も学校の先生たちは、原発のことを悪く言わない。学校の先生は、なぜ嘘をつくんだろう？そういう人に復興だ・絆だといわれても、信じられない。

③女性の相談

〈30代・女性〉被災し隣県に避難した。以前からDVに悩んでいたのでこの機会に別居することになった。話し合いで、夫から生活費・教育費等をもらう約束だったが、3年たったら払ってくれなくなった。子どもが病気になっても病院に行けないかもしれない。夫はADRの賠償金を自分のものだと言ったり、金銭的な約束を守ってくれない。両親は被災地に住んでいるが、食品の放射能汚染（子どもへの）影響も考えると実家には行けない。

〈40代・女性〉原発事故で、隣県に転居。その後、以前からあった夫の暴力・暴言がひどくなり、子どもを連れて実家に戻って来た。結婚後、さまざまなDVに我慢してきたが、原発事故後、子どもたちへの暴力も始まった。離婚したいと思い、相談機関に相談したところ、弁護士に相談するよう言われて行き詰まってしまった。弁護士報酬や裁判等で数十万円かかると言われ困っている。同居していたころも夫は生活費を十分にはくれなかった。車を手放せないので生活保護は無理だと思っている。どうしたらいいか。

④男性の相談

〈不明・男性〉震災、原発事故で県外に避難。食欲がなく落ち込みが激しい。家、仕事、妻、子どもを亡くした。この先、何を支えにしていけばいいのか、生きるのが面倒。家は放射線量が高く、この先いつ自宅に戻れるかわからない。先の予定が立たず生殺しの状態。定期的に自宅に帰っていたが、今は足が遠のいている。昨年からクリニックに通っている。見通しが立たず何も決められない。この先、戻るか新たな移住先を見付けるか、決めることができない。自分は跡取りなので何もかも捨ててよいのかとの思いだけがあるが。

〈40代・男性〉震災の原発事故により、漁業ができなくなった。補償は漁業をしていたときより多いぐらいなので、生活には困らないが、生活の変化により、うつ病を発症し、孤独感や焦りでつらい。以前の仕事に戻りたいと思うが、めどが立たず、将来に対する不安がある。

⑤避難先のいじめ

〈60代・女性〉孫が「被災地は嫌だ」というので今春から関東地方で働いている。転職した職場で放射能や原発の件で同僚からいじめにあい、ノイローゼになっている。それを心配した母親もおかしくなってしまった。自分が行って役に立つわけでもなく、この怒りをどこにぶつければいいのか。

〈20代・男性〉両親の離婚、震災、原発被害のストレスで病気になった。震災前は職を転々と

した。人間関係がうまく行かず、いじめもあった。医師はアルバイトから始めてみてはと言う。交際相手もいない。ハローワークは遠方なので、ガソリン代も馬鹿にならない。一度、知り合いのところで仕事をしたが、辞めて迷惑をかけたので人のつては頼りたくない。

⑥心身に起きた問題

〈不明・男性〉被災し隣県に避難した。放射能の影響からかパニック症状がある。周囲からは甘えや八つ当たりと言われ、つらさをわかってもらえない。家族のところに行きたいと思うが自殺もできない。「病気」を理由に妻に捨てられた。病院には通っているが何のために生きているのかわからない。

〈30代・女性〉被災地から関東にきている。気持ちがつらく、数年前に仕事を辞め、今は息子と住んでいる。被災者支援住宅で暮らしているが近所の関係があまり良くなくトラブルがありストレスを感じてしまう。病気のことも不安で、うつかと思って受診したら強迫性神経症と診断された。被災にともなう支援金は自主避難のため入っていない、夫の収入は減っている、赤字を補塡しているので先が不安。夫は帰って来てほしいようだが、放射能が心配で決心がつかない。

広域避難者の現状とは

相談内容の集計と相談事例を見てきたが、「被災三県以外に居住している被災者である」ということで相談を寄せる相談者には、全国の相談者に比して以下のような傾向があると言える。

①障がいの率が低い
②離別・死別の悩みが深い
③孤立は深い
④50代が少なく30代が多く、全体的に「若い」
⑤仕事には就いているが、パート・アルバイトが多い
⑥DV、性暴力被害も多い

これらは何を意味するのだろう。

ごく簡潔に広域避難者のプロフィールをまとめれば、「若い世代が被災地から避難し、避難先で十分な支援につながれず、心身の不調をきたした」ということになる。

原発避難は母子の問題でもあると言われてきた。放射能被害を恐れて、まず母子が避難するからだという。相談表から母子という傾向がはっきりしたとは言えないが、東日本大震災の影響で若い子育て世代が被災地から移動しているということは確かではないか。

もう一点の仮説は、はじめから障がい等の悩みがあり、それが「深刻化・顕在化した」のではなく、避難先へ移動後に心身に不調をきたしたのではないかということである。

障がいに悩む相談の率の低さ、就労率の高さ、福祉的就労率の低さがそれを示唆してはいないだろうか。避難前から障がいや疾病に悩んでいたとすれば、もっと手帳の取得・福祉的就労等が

多くなっているはずである。それを踏まえた上で、広域避難の相談者の疾病率は半数以上なのである。早急に対処が必要な状況だと言えないだろうか。

　よりそいホットラインを運営する社会的包摂サポートセンターでは、2014年12月22～23日に、「被災者専門ライン」の拡充に向けて「多様な声が生み出す新しい支援のありかた」と題して「広域避難当事者のニーズ調査」を実施した。全国から現在被災者の支援にかかわっている当事者団体・個人の皆さんに多数ご参加いただいた。そこで直接聞かせていただいた状況は、やはり、精神的な悩みはますます深くなっていること、避難先の自治体との連携の悩み、支援者のバーンアウト、支援団体の組織の継続の難しさ、などなどきわめて深刻なものであった。個々の被災者の支援のみならず、今後は支援団体の支援も切実に求められている状況なのだ。

広域避難者の「居場所と出番」の確保が求められる

　今回の集計対象の相談表2000枚余を一通り読ませていただいた。毎年、相談表をかなりの数読ませていただいているが、広域避難者の方の相談内容は、全国の相談表、被災三県の相談表と比しても抜きんでて厳しいと感じた。とくに自主避難の相談者の皆さんの孤立と経済的困窮の相談は課題が多岐にわたり、悩みは深い。

　相談窓口にやってくる「問題」は、氷山の一角である。私たちは被災した方々のほんの一部のお話を伺っているに過ぎないが、痛感させられるのは、現状で「解決できない」悩みがあまりに多いことである。相談者の悩みは解決されなければならない。しかし解決するための制度がないことも多々ある。震災・原発避難はその最たるものかもしれない。

　制度がない時は知恵を絞りつくすのが支援者の責務である。

　「できることからとにかく」、と考えると相談内容のまとめからみてまず第一に、孤立を防がねばならない。その次に暴力や虐待の発見と予防、そして就労である。考えてみればこの3点は、実は全国各地で「困りごとを抱えた人々」の悩みと同様だ。2015年4月から実施される「生活困窮者自立支援法」の枠組みの中には「地域づくり」という考え方が盛り込まれている。その制度も活用しながら、「被災者支援」という枠に限定せず、安心して生き働ける「地域づくり」に拡大して取り組むことの中に、今後の支援の一つの可能性があるのではないかと思う。

　地域における個々人の「居場所と出番」を確保することが孤立、つまり社会的排除をなくすことにつながるが、広域避難者は「居場所」が「不安定」である。この「不安定さ」を取り除く支援を地域で模索していくことが鍵となるのではないだろうか。

　どんな課題でも、具体的な支援のよりどころ、設計図となるのは相談者本人の希望である。相談者に「こうしたい」という気持ちがなければ、相談支援のゴールはない。広域避難者のゴールも当事者の希望とニーズなのだ。よりそいホットラインは皆さんの希望とニーズを24時間聴き取って、新しい支援を模索していくことに寄与していきたい。

2 電話相談から見える複合的な問題②

「チャイルドライン」の事例から

太田久美（特定非営利活動法人チャイルドライン支援センター）

チャイルドラインについて

　チャイルドラインは、18歳までの子ども専用の電話による相談事業だ。相談といっても、相談員（チャイルドラインは子どもの心・気持ちを受け止める人という意味で受け手という）が子どもの問題を解決することを目的としていない。

　チャイルドラインの活動は、子どもの権利条約に謳われる「子どもの最善の利益」を保障し、子ども自身が考え、エンパワーメントしていくことをサポートするものだ。

　チャイルドラインは現在、41都道府県で72の電話開設団体と、チャイルドライン支援センターが協働事業として電話の開設を行っている。電話は全国統一番号・フリーダイヤルで運営されている。

　チャイルドラインは、2011年3月11日の東日本大震災により、被災した東北のチャイルドラインはもとより、計画停電やガソリン不足、電車が動かないなどで、首都圏の開設団体の多くが、しばし電話を受けることができなくなった。それでも全国の開設団体が連携して活動している強みとして、開設可能な地域の団体がサポート体制を取るなどし、一日も途切れることなく子どもの声を受け止めることができた。

　岩手県と宮城県からの最初の震災関連電話は数日後に入電した。一方、震災時にチャイルドラインのなかった福島県は、3月末になってからだ。これは、ラジオ等で情報が届いてからはじめて電話が繋がったものと思われる。現在は福島市と郡山市で活動している。

　震災直後には、避難所からの電話はなかった。電気がないなど、インフラが途絶えては電話のかけようもなく、また子どもが電話をかけられるような状態にはなかったといえる。

　電気が復旧してからは、携帯を持っていた子どもたちが徐々に、被災地の様子や不安を伝えてくるようになった。

　そうして伝わってくる福島県からの電話には、全国の他県の電話とは明確な違いがあった。それは主訴あり（会話が成立した電話）の割合や、事柄・内容や気持ちにも端的に表れている。そのような状態を紹介していきたい。

主訴ありで会話が成立した電話の割合の比較

　福島県では、総着信数に対する会話成立の割合が、全国の平均に比べて大変高くなっている。

チャイルドラインは、どんなことでもかけていいと伝えている電話なので、遊びながらかけてくる電話や、お試しでかけてきたり、無言のまま切ってしまう電話も多い。福島県のデータからは、本気で話がしたい、誰かに気持ちを訴えたいという電話が多かったことがわかる。

図2-1のグラフは、2011年の総着信数に対する、主訴あり・会話が成立した割合だ。

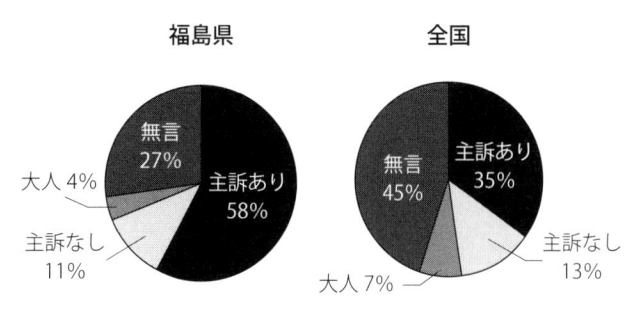

図2-1　着信状況

上記の傾向は2012年も継続し、全国では主訴ありが36％なのに対し、福島県は51％と高率になっている。子どもの誰かに伝えたい気持ちの表れではないだろうか。

2011年の子どもの声から

2011年に発せられた子どもの訴えの一部を紹介する。ここに掲載する子どもの声は、再構成し、事例化したものである（出典：『東日本大震災 子どもたちへの影響——チャイルドラインに寄せられた子どもの声の記録から』2012 チャイルドライン年次報告）。

> 福島第一原発のそばにいます。お父さんはまだ安否がわからない。お母さんとお姉ちゃんと一緒にいます。学校の体育館が遺体安置所になっているので学校にも通えません。余震が怖くて苦しくなる。過呼吸だって。避難所の生活は大変。お年寄りの人たちもだんだん話とかしなくなって、弱っていくのがわかるんだよ。具合が悪くなって遠くの病院に運ばれる人もいる。お父さんは原発で働いていたんだ。

震災後、「学校が遺体安置所になっていて……」との声は一人からではない。あちこちの市や町から、何人もの子どもが訴えてきた。なじみの場所が遺体安置所という、特別で特殊な環境になっていることへの戸惑いが伝わってくる。遺体安置所になっているという事態は、学校が再開されないということでもある。

心身の不調も深刻だ。過呼吸、じんましん、不眠、吃音・失語、死にたい、心身の不調により心療内科に通院などいろいろな症状を訴えていた。

津波は、単純に海の水が押し寄せてきたものではない。海の底のヘドロや陸上の何もかもを飲み込んで押し寄せてきた、真っ黒で臭い水だ。人々は、その水に浸りながらほうほうの体で避難所にたどり着いた。

当初、避難所の臭いは、それはそれは臭く、大変であったという。

また、子どもたちは避難所の様子を、たとえダンボールで区切ってもたかがダンボールであり、隣の人とは顔見知りでもなく、年齢や性別への配慮も何もされない環境でのプライバシーの無さ

を訴えている。着替えの場所もないと。

　トイレが男女一緒であったり、水洗トイレは使えないので仕方なく外でするしかないなど、メディアから伝わる映像では想像だにできない世界があったことを忘れてはならないと思う。そこでの経験そのものがトラウマになってしまった子どもたちもいた。お風呂に入れたのは1ヵ月後だと話してくれた子どもは、その時の感動を伝えてくれた。

　また、避難所に響き渡る緊急地震速報へのおびえを、数多くの子どもたちが話している。

> 　放射能が怖いけれど、友だちとも地震や放射能の話はできない。緊急地震速報もこわい。夜寝ていてもすぐに目が覚めるんだ。それからいろいろ考えていたら眠れなくなる。僕がいるところは家はそのままだし、お店も開いているから不自由はない。でもすぐ傍に住めない地域の境界線がある。学校へは車で送ってもらう。僕は野球部だけれど校庭には出られないので、新聞紙を丸めたボールと新聞紙のバットを振っているんだ。食欲もないよ。

　自分の居住地域から少しだけ行くと、もう人が住めない地域で夜は真っ暗。ここに自分はいてもいいのかと思う気持ち。その不安を仲間である友だち同士でも話せない。少し想像力をはたらかせたらわかるだろう、本当に怯えていることは口に出すことも恐ろしいのだと。帽子をかぶりマスクをしたら外に出てもいい。しかし、遊んではいけない。この矛盾に子どもたちは戸惑っていた。「何を信じたらいいんだ」と。

　県外に避難した子どもの声の事例を紹介する。

> 　埼玉の親戚の家に避難してきているの。いやなことがあるんだ。「どこから来たの」って毎日聞かれるの。言いたくないけど仕方がないから「福島だ」って言うと、放射能がうつるって言われた。危ないから一緒に遊ぶなってお母さんが言ってるって。福島に帰りたいな。でも、だめだよね……。

　この事例をどう感じるだろうか。許されざることがこの国で起きていたとしか言いようがない。なぜ、子どもがこのような発言をするのか考えなければならないのではないか。

　福島第一原子力発電所の事故以後、避難者の受け入れを断るかの如くの、対応をした自治体もあった（2011年4月19日付北海道新聞）。このような姿勢が子どもたちの弱者へのいじめを助長しているのだ。

　大変な思いをして避難してくる人に対し、学校で・家庭でいたわりの心を持って接するよう、大人から子どもに教えることはできたはずだ。弱者に思いを寄せる姿勢が、自分をも守ることにつながることを自覚したいものだ。

　避難は家族ぐるみであったり、母子だけであったりさまざまだ。また、福島県に残った子どもたちからも、周りから人がいなくなっていくことへの複雑な思いが伝わってくる。

> 放射能が不安で夜も寝られない。周りからどんどん人がいなくなっている。不安で電話したが、どうにもならないのが悲しいのです。

> 避難所にいるのでとっても不安です。福島第一原発に近い高校に通っていたんです。もう行けないけれど、政治家は何を考えているんだ。訳わからないし、行動に頭にくる。将来が不安でイライラしている。学校の友だちはバイトして寄付すると言っている。それを聞いて感動して涙が出ましたよ。自分の行動も変わったって、周りの大人がいうんですよ。友だちやサッカー選手の言葉で勇気をもらいましたよ。自分もサッカーで頑張ろうと思う。

政治家に対する不満も寄せられている。その反面、ボランティアの炊き出しやサッカー選手等の訪問に力をもらったと多くの子どもたちが話している。自衛隊に対する感謝も述べられていた。

福島県発の電話の特徴（事柄・内容）と子どもの発した気持ち

事柄・内容

図2-2のグラフは、2011年度（2011年4月から2012年3月まで）のデータから見る上位10位までの主訴内容の比較だ。全国で見ると、1位が人間関係で2位が雑談（話し相手）になっている。

福島でも1位は人間関係だが、25.5％というのは4本に1本なので、大変高率になっていることがわかる。

特筆すべきは2位のいじめだ。全国でのデータが7.1％であるのに対し、19.9％と大変な違いがある。なぜこの2つの内容が多くなってしまったのだろうか。

まず、子どもたちの心に、不安や怒りやいらだちが際立っている状況が考えられる。県内避難の子どもたちの声には、「学校が満杯の状況で、あちこちで暴力沙汰が起こっているが、それも仕方がない。なぜなら自分もイライラしているから」という内容がある。

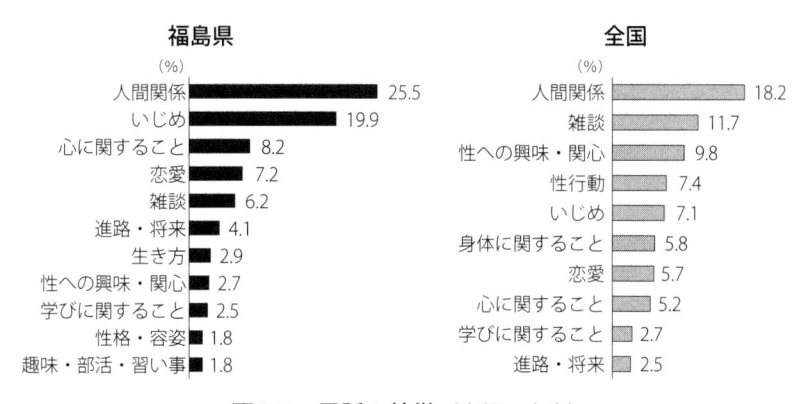

図2-2　電話の特徴（事柄・内容）

福島県（%）
- 人間関係　25.5
- いじめ　19.9
- 心に関すること　8.2
- 恋愛　7.2
- 雑談　6.2
- 進路・将来　4.1
- 生き方　2.9
- 性への興味・関心　2.7
- 学びに関すること　2.5
- 性格・容姿　1.8
- 趣味・部活・習い事　1.8

全国（%）
- 人間関係　18.2
- 雑談　11.7
- 性への興味・関心　9.8
- 性行動　7.4
- いじめ　7.1
- 身体に関すること　5.8
- 恋愛　5.7
- 心に関すること　5.2
- 学びに関すること　2.7
- 進路・将来　2.5

注：会話が成立した電話すべてを100％としたときの割合。

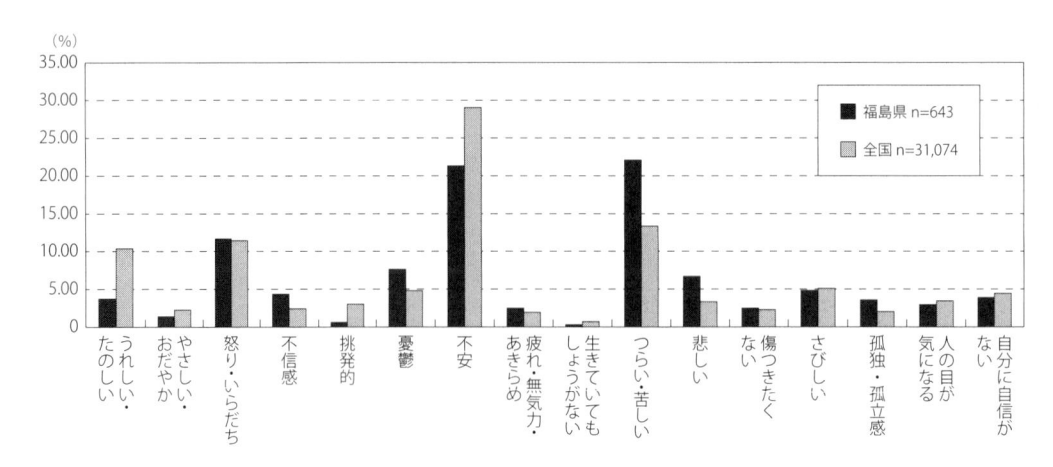

図2-3　子どもの発した気持ち

　放射能の汚染を防ぐために窓を開けられない校舎の中に、満杯に閉じ込められた子どもたち。校庭に出ることもできない。しかし、帽子をかぶりマスクをしたら外に出てもいいと言われる。
　この環境をつらいと感じ、いらだつ感情が出てくることは、ごくごく自然の成り行きであろう。不安や苦しい思いを抱えた人が多くなると、集団としても不安や苦しさがいっぱいになり、あふれる。その状況では人間関係が厳しくなり、いじめが増えるのは当然のことといえる。内なるストレスをどこかに発散しなければならないだろうが、発散できる場所も環境もないのである。社会的虐待を受けているともいえる状況ではないだろうか。
　いじめは大変高率だが、このデータは福島県からの発信に限ったデータだ。県外に逃れた子どもたちはその居場所とする環境でいじめに遭っていることは、先に紹介したとおりだ。

子どもが発した気持ち
　母数が違うが、傾向として図2-3を見てほしい。つらい・苦しい気持ちが多くなっていることがわかる。
　下記の事例からは、避難先での孤独感が伝わってくる。

> 県外に避難している。誰かと話がしたいです。将来のことも何も考えられません。

子ども支援の動きは後回し？

> 高校が震災後再開のめどが立っていなくて、将来が不安です。N町に家があり、家族で避難生活を続けています。親友は家が沿岸部で犠牲になりました。避難所生活のストレスで精神的にズタボロ状態です。アラーム音に緊張してどもりや失語が出ます。政府の救済について、政治家に高校生代表として抗議したい気持ちです。

この事例は 2011 年のものだ。高校再開の遅れは、子どもたちの不安を増幅させていたといえる。
　他にも、高校に行けないのでやることがなく、自分もボランティア活動をしていることなどが話されていた。福島第一原発の事故さえなければ、自分も高校に行き、将来の夢を描いている時期だ。置いて行かれた感の中で成す術なくいなければならない不安は、いかばかりかと想像する。さまざまな理由で家から離れ、寮に入って高校に通う子どもたちの声も届いている。家族の分断が起きている。
　下記は 2014 年の事例だ。

> 　困っているんです。家は旅館をやっているんです。福島に来ると鼻血が出ると漫画に描かれて、旅館のキャンセルが出ています。お父さんたち困っています。小学館の『美味しんぼ』ですよ。県知事が抗議しています。せっかくみんな頑張っているのに、足を引っ張る人がいます。食事の材料とか準備していたので、本当に損害が出ていますよ。

　いろいろな人がいろいろに福島の支援に入ったり、真実を伝えようとして活動をしてきた。しかし、福島には実際に人が住んでいる。もちろん子どもたちも。そこに暮らす人々にとっての最善を考え行動することが、私たちには求められるのではないだろうか。もちろん、真実を追求する姿勢を否定するものではないが。
　私は 2014 年 8 月、チャイルドラインのカードを子どもたちに届けるため、福島県の沿岸部の市町村を訪問した。福島県の沿岸部は真っ二つに分断されていた。当時、私が通った国道をそのまま進むことができなかったので、山道に入った。草ぼうぼうになり、荒れ果てたコンビニがあった。工事用のトラックが爆走していた。
　線量が急激に高くなっていった。ほんのちょっと手前には、ラーメン屋さん等の食堂もあり、人の営みがある。子どもたちも生活をしているのだ。
　「線量も、毎日発表している数値と、大学の先生が発表している数値が違っていますよ」との子どもの声。「除染で校庭を削った土を校庭に置いてある」との声。これでは、福島県に暮らす人々は安心できないであろう。
　子どもたちの声からは、福島の人たちは現在進行形で傷つけられていることがわかる。私たちは、この人たちに誠実にあらねばならないし、この経験に学び、子どもの最善の利益を守るためにそれを活かしていかなければならないと思う。さらに詳しい内容は、チャイルドライン支援センター発刊の『東日本大震災 子どもたちへの影響 ── チャイルドラインに寄せられた子どもの声の記録から』に記述した。

2　電話相談から見える複合的な問題②

3 自主避難者の社会的・心理的特性
放射線恐怖症という「誤解」

高橋征仁（山口大学）

逃げられない災害としての原発事故 ── 自主避難という決断の背景

　原発事故が他の災害と大きく異なるのは、それによってもたらされる放射能汚染が甚大で長期に及ぶというだけではない。色や臭いもほとんどせず、健康被害も晩発性であることが多いため、個々人のレベルで危険を察知して逃げることができないという点も重要な特徴である。したがって、公的機関や事業者の側が、リスク情報を積極的に提供し、避難誘導しなければ、地域住民は避難できない。ところが、原子力産業をめぐる情報の機密性は、いったん事故が起きると、関係者の責任回避のために被害を過小評価する装置として機能してしまう。実際、東京電力の原発事故においても、メルトダウンの否認やSPEEDI（緊急時迅速放射能影響予測ネットワークシステム）情報の非開示等にみられるように、公的機関や事業者の側から積極的に情報提供がなされることはなかった。

　原発事故後に自らの判断で避難や移住を行った「自主避難者」は、このような情報伝達回路のもつ構造的欠陥によって生まれている。したがって、自主避難者をめぐる問題はまず、①政府による避難区域の設定（およそ年間 20mSv〔ミリシーベルト〕を超える範囲）が適切であったかどうか、②公的機関や事業者の側からリスク情報が積極的に開示されたか否かという２つの点から検討しなければならない。

　ところが、日本政府や福島県は、自主避難者の問題を、③放射線についての正しい知識の不足からくる「放射線恐怖症」として位置づけ、心理的不安の過剰という個人レベルの問題に置き換えようとしてきた（保田他 2012 参照）。「リスクコミュニケーション」と呼ばれるこの対策技術は、もともと、1980 年代のチェルノブイリや美浜の原発事故を受けて、原子力発電所やプルサーマル計画に対する大衆不安を抑制するために準備されてきた（木下 2010、丸山 2013、参照）。そして、東京電力の原発事故が起きた後では、放射線の健康リスクに対する不安を抑制するために、全国各地でこうした会合が頻繁に開催されてきた。さらに、2014 年 8 月 17 日には、全国紙 5 紙と福島県紙 2 紙の全一面広告を用いて、放射線の健康リスクについて自主避難者が正しい知識を理解し、福島県内へ帰還するように促している（政府広報 2014）。

　このような日本政府の大規模キャンペーンによって、自主避難者は、補償や支援の対象から外されただけでなく、「非科学的」「知識不足」「過度に神経質」とみなされ、異端者扱いされてしまっている。しかし、本来の意味での「リスクコミュニケーション」は、誰の知識が「正しいのか」わからないことが出発点となるはずである。従来の社会心理学の知見に照らしてみても、知

識不足や過剰不安の問題を抱えた人々が、自主避難という重大な決断を行うとは考えにくい。なぜなら、緊急時に行動するためには、明確なエビデンスや強い自己責任が不可欠だからである（ラタネ＆ダーリー 1997）。このような問題関心から、ここでは、自主避難者の社会的・心理的特性を明らかにすることで、「放射線恐怖症」による自主避難という理解が基本的に誤りであることを示していく。

自主避難者の社会的特性 ── 地域と家族構成

日本各地あるいは世界各地に移動した自主避難者について、客観的なデータを得ることはきわめて困難である。そこでまず、福島県内に居住している母親を対象としたインターネット調査（高橋 2015）をもとに、自主避難経験者の社会的特性を検討してみよう。

居住していた市町村外への自主避難の経験は、福島県内の3地域ごとに大きく異なっている。浜通りでは約7割、中通りでは約3割の母親が避難経験を持つのに対して、会津で避難経験がある者は1割未満である（図3-1）。

また、1ヵ月以上の自主避難の経験に関しては、家族のあり方が大きく関連している（図3-2）。母親が専業主婦やパートの場合には、自主避難の経験率が高く、移動の決断をしやすかったと考えられる。子どもに関しては、3〜5歳の未就学児がいる場合に自主避難の経験率が高い。しかし、中学生（13〜15歳）以上の子どもがいる場合には、逆に自主避難の経験率が低くなっている。このほか、県外の親戚や友人が多い場合にも、自主避難の経験率が高くなる傾向がみられた。世帯収入や県内居住歴との関連は見られなかった。

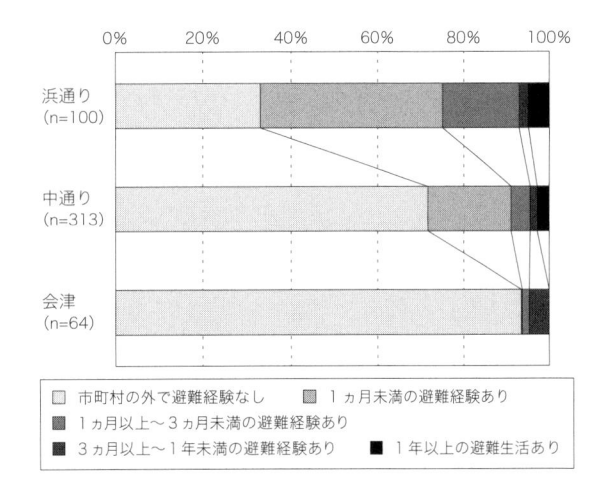

図3-1　福島県内に居住する母親の自主避難経験

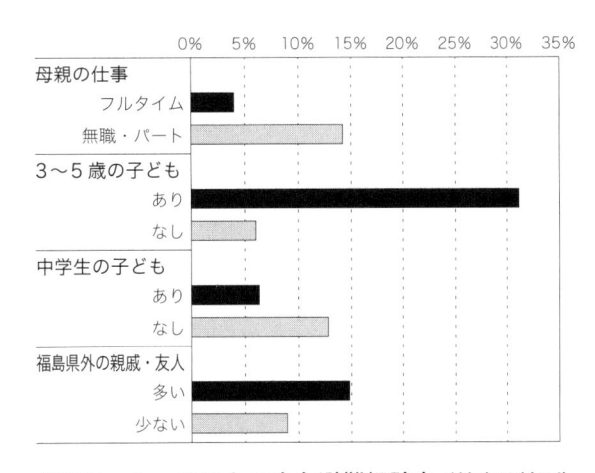

図3-2　1ヵ月以上の自主避難経験率（基本属性別）

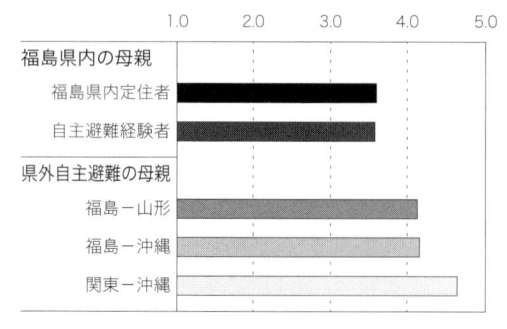

図3-3　メディアリテラシー得点の比較

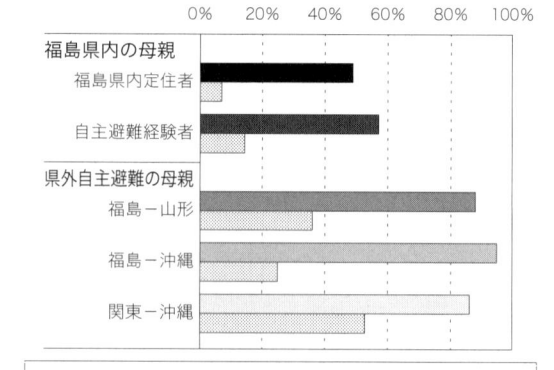

メディアリテラシー尺度（楠見・松田 2007）：テレビや新聞を見ていて、伝え方が公平でないと思うことが多い／新聞や報道番組の内容をいつも批判的に見ている／テレビや新聞の情報でもそのまま信じるのではなく、他のテレビ局の番組や新聞、インターネットで確かめている／記者の集めた情報の中で、報道されていない情報が何かを考える（5件法）。

図3-4　事故直後の報道への違和感とチェルノブイリ情報

■ 原発事故直後の政府の発表やマスコミ報道に不自然さを感じた
□ チェルノブイリの原発事故について、自分から勉強したことがある

メディアリテラシーとチェルノブイリ情報

　次に、情報や知識のあり方について、県外自主避難者（福島から山形 n=73、福島から沖縄 n=20、関東から沖縄 n=34 の3グループ）の調査結果（高橋 2015）を、福島県内の居住者（定住者 n=421 と1ヵ月以上の自主避難経験者 n=56 の2グループ）とを比較してみよう。「テレビや新聞の情報でもそのまま信じるのではなく、他のテレビ局の番組や新聞、インターネットで確かめている」など4つの質問から構成されるメディアリテラシーの得点は、福島県内の居住者よりも県外自主避難者のほうで高い（図3-3）。また、県外自主避難者では、ほとんどの者が、東日本大震災直後の政府の発表やマスコミ報道に不自然さを感じていた。さらに、県外自主避難者の場合、チェルノブイリ事故に関する自主的な学習を行っている割合が高い点も特徴的である（図3-4）。これらの点からすると、自主避難者は知識不足どころか、原発事故に関する情報を多面的にチェックし、より多くの知識を積極的に求める傾向が高いと考えられる。

自主避難者のパーソナリティと不安

　さらに、自主避難者の心理的特性を明らかにするために、BIS/BAS（行動抑制システム／行動接近システム）尺度（Carver & White 1994）を用いて、5つのグループの平均値を比較してみよう。BIS得点が高いほどリスク回避的なパーソナリティであり、BAS得点が高いほど積極的に行動し、リスク志向的であると考えられる（高橋ほか 2007、参照）。福島県内の居住者に比べると、県外自主避難者は図の上方に位置しており、BASの新規性探求の得点が高い（図3-5：縦軸）。このことは、県外自主避難者には、新しい情報や新しい環境に対して積極的に行動するリスク志向の強い人が多いことを意味している。

　他方、同じ県外自主避難者でも、沖縄県の自主避難者と山形県の自主避難者は、リスク回避傾

IV　テーマ別論考

向を示す BIS 得点に大きな開きがある。「福島から山形」の自主避難者のグループでは、行動を抑制・回避する傾向がかなり高いことが示されている。山形県の自主避難者は、県外避難を決断しつつも、避難先の選択やその後の避難生活において、いわゆる「後ろ髪を引かれた」状態にあったと推察できる。

図 3-5 に示した球の直径は、うつや不安障害のスクリーニングに用いられる K6 得点（Kessler et al. 2002）の大きさを示している。球のサイズが大きいグループほど、心理的不安を抱えている人が多いことを示している。この

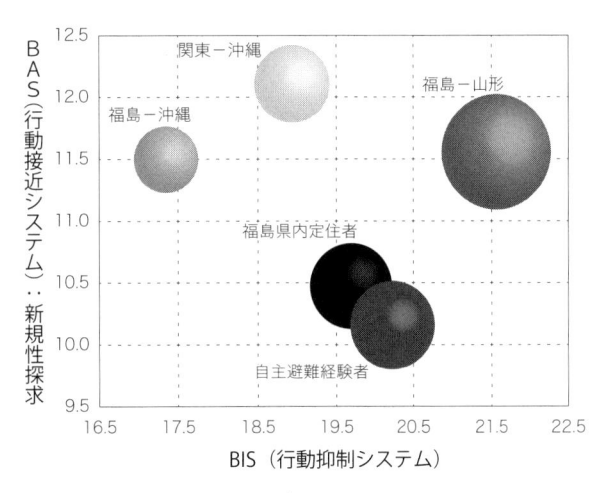

図 3-5　自主避難者のパーソナリティ（BIS/BAS）と不安（K6）

K6 得点は BIS 得点と強い相関関係にあり、山形県の自主避難者や福島県内の自主避難経験者においては比較的高いが、沖縄県の自主避難者においてはむしろ低い。これらの結果から考えると、過度の心理的不安を抱えた人が自主避難したという見方や、地元に残るより避難するほうがストレスが強いという見方は、一面的であることがわかる。山形県内の避難者の K6 が高いことを考えると、むしろ避難か帰還かをめぐるあつれきこそが、大きなストレス要因になっていると考えられる。

「放射線恐怖症」という誤解

ここでの考察をまとめると、未就学児を抱え、なおかつ比較的社会移動しやすい母親たちが、自主避難という選択を決断できたと考えられる。自主避難者の多くは、メディアリテラシーも高く、チェルノブイリ事故の情報にもアクセスしている。実際、県外自主避難者たちのなかには、放射線の「専門家」たちが説得のために行っている説明——医療用放射線による健康影響と比較して原発事故による放射能汚染の小ささを説明する——が、内部被ばくを無視していることを指摘している者も少なくない。また、パーソナリティの面からしても、自主避難者は基本的に積極的であり、未知の出来事に過剰に不安を抱くタイプではないからこそ、避難行動を決断できたと考えられる。県外自主避難者にみられる不安も、避難生活そのものではなく、むしろ避難か帰還かのあつれきから生じていると考えられる。

このような社会調査の知見からすると、知識不足や過剰な不安による「放射線恐怖症」という見方は、自主避難の実態を完全に誤解したものといえる。そうした誤解は、自主避難者に対する偏見を助長し、帰還に向けての社会的圧力を強める手段となっているとも考えられる。こうしたありきたりのストーリーによって、自主避難をめぐる問題が自己責任の問題であるかのようなすり替えを続けることは、決してフェアではない。自主避難をめぐる問題が、基本的には、①避難

指示区域の設定の問題であり、②リスク情報の開示の不適切さに由来することを忘れないように、今後も注意喚起していく必要があるだろう。

引用文献

Carver, C. S., & White, T. L., 1994, Behavioral Inhibition, Behavioral Activation, and Affective Responses to Impending Reward and Punishment: The BIS/BAS Scales, *Journal of Personality and Social Psychology* 67: 319-333.

Kessler, R.C., Andrews, G., Colpe,L.J., Hiripi, E., Mroczek, D. K., Normand, S.L., Walters, E.E., Zaslavsky, A.M., 2002, Short Screening Scales to Monitor Population Prevalences and Trends in Non-Specific Psychological Distress. *Psychological Medicine* 32（6）：959-976.

木下冨雄、2010「リスクコミュニケーションの思想と技術」柴田義貞編『リスクコミュニケーションの思想と技術』1-46、長崎大学グローバル COE 放射線健康リスク制御国際戦略拠点

楠見 孝・松田 憲、2007「批判的思考態度が支えるメディアリテラシーの構造」『日本心理学会第 71 回大会発表論文集』858

ラタネ、B. & ダーリー、J.M.、1997『冷淡な傍観者』（竹村研一・杉崎和子訳）ブレーン出版

政府広報、2014「放射線についての正しい知識を」（8 月 17 日 読売新聞、朝日新聞、毎日新聞、産経新聞、日本経済新聞、福島民報、福島民友、8 月 18 日 夕刊フジ掲載）http://www.gov-online.go.jp/pr/media/paper/kijishita/624.html

高橋征仁、2015「沖縄県における原発事故避難者と支援ネットワークの研究 2 —— 定住者・近地避難者との比較研究」『山口大学文学会志』65：1-16.

高橋雄介・山形伸二・木島伸彦・繁桝算男・大野裕・安藤寿康、2007「Gray の気質モデル」『パーソナリティ研究』15-3：276-289.

丸山徳次、2013「信頼への問いの方向性」『倫理学研究』43：24-33.

保田行雄他、2012「告発された医師山下俊一教授　その発言記録」『DAYS JAPAN』2012 年 10 月号：18-31.

4 避難区域外の親子の原発事故後4年間の生活変化

成 元哲（中京大学／福島子ども健康プロジェクト）

　本項では、福島原発事故が避難指示区域外である福島県中通り9市町村の子ども（2008年度出生児）とその母親（保護者）に及ぼす影響を調査した「福島子ども健康プロジェクト」による研究結果をもとに報告する。原発事故の影響を記録するに当たって「避難区域外」の「子どもとその母親（保護者）」に着目する理由は、原発事故の場合には、事故そのものの衝撃よりも、目に見えない放射能による持続的な被ばくの可能性に関する恐怖・不安が中心となるからである。[1]「見えない持続的な被ばく不安」の広範な広がりは、避難区域の地域的範囲を容易に越えてしまう。しかも、放射能の持続的な被ばく不安の影響をとりわけ受けやすい集団は子どもである。子どもは、周囲の空気や自分の身体が放射能にさらされる体験をすると、そのことが原因の長期にわたる健康不安、将来の結婚・出産などにおける差別への不安、心身への後遺症を気にしながら暮らさざるを得ない。

　福島県中通り9市町村は、避難区域に隣接した地域として、見えない持続的な放射能被ばくによる恐怖がもたらす不安、被害の裾野の広がりを体現する地域である。この地域の放射線量は避難区域に比べると低いが、特定避難勧奨地点指定の目安とされる年間20mSv以上の空間線量が局地的には観測されるホットスポットもある。そのため、原発事故後、放射能の危険に対する認知のずれが生じやすく、避難するかどうか、地元産食材を使うかどうかなど放射能リスクへの対処が最も厳しく問われる地域である。その結果、調査対象地域を選定した2012年下半期に、原発から30kmから90kmほど離れた福島県中通り9市町村が置かれている状況は複雑な様相を呈しており、図4-1「避難をめぐる地域社会の様子」のように類型化することができる。[2] 第1に、不安を強く感じながらも仕事、家族、経済的事情などから避難したくてもできない人、第2に、避難区域から福島県中通りに避難してきた人、第3に、避難しない人、第4に、就職・転勤などで新たに入ってきた人、第5に、一度は避難したが、さまざまな事情で戻ってきた人、第6に、避難先と元の場所とを行き来する人、第7に、避難していった人。

　これらの人々は、福島県中通り9市町

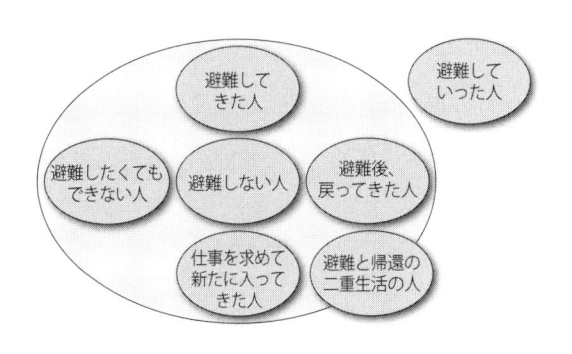

図4-1　避難をめぐる地域社会の様子

村に住んでいることのリスクの評価、個人が感じる不安の強さ、放射能被ばくを避けるために実際とった対処行動など、それぞれ異なる。自然災害の場合は、地域ごとにある程度、被災の状況が似通っていることが多いが、原発事故を伴った福島県中通り9市町村は、同じアパートに住んでいる人でも、それぞれ、リスク認知と対処行動が異なる。したがって、放射能不安を話題にすることが難しく、家族内および地域内で放射能への対処をめぐって葛藤やあつれきが生じやすい。しかし、どの人も、いつ元の生活に戻れるかについて明確な見通しを持てないことだけは共通している。

　私たち「福島子ども健康プロジェクト」の調査対象者は2012年10～12月の間に、福島県中通り9市町村の住民票に記載されている2008年度出生児（2008年4月2日～2009年4月1日生まれ）全員である。したがって、前述の第7「避難していった人」のうち住民票も移動し、避難していった人は私たちの調査対象にはならなかった。

　当初、福島県中通りは放射能汚染によって通常の生活ができない避難区域の外側、すなわち「避難区域外」とされた。それが、原発事故による賠償基準を定めた「中間指針第一次追補」では「自主的避難等対象区域」となり、さらに、2013年9月に発表された「子ども・被災者支援法」の「基本方針案」では「支援対象地域」となった。こうした経緯から、福島県中通り9市町村は、避難せず、あるいは避難できずに、元の場所に暮らしている人が多いが、放射能をめぐる認知の違い、リスク対処行動の違い、補償の有無などによって家族・地域社会に葛藤を抱え、社会的亀裂が生じやすい。そのために、原発事故による生活と健康への影響に関する実態解明と社会的支援が求められる地域である。

　子どものうち3歳児（2008年度出生児）を調査対象としたのは、次の二つの理由からである。第1に、2008年度出生児は原発事故当時、1～2歳で、本格的に外遊びをはじめる時期であり、子どもの成育過程において保護者がはじめてさまざまな選択を迫られる年齢である。したがって、目に見えない持続的な放射能被ばく不安がもたらすさまざまな影響を判別する上で最も適した年齢層であると判断した。第2に、3歳児健診によって健康・生育状況が判明する時期でもあり、その後の生育状況を追跡研究することにより、幼少期の生活環境がその後の成長・発達にどのような影響を及ぼすのかを明らかにすることができると考えたからである。これまでの長期追跡研究の知見では、幼少期の生活環境と人生で起こった出来事の積み重ねの結果として、心身の健康、認知機能、学業や就職など社会的達成度が大きく規定されることが示されている。以上の理由から、福島県中通り9市町村の3歳児（2008年度出生児）とその母親（保護者）を調査対象として選定した。

　「福島子ども健康プロジェクト」による第1回調査は、福島市、郡山市、二本松市、伊達市、桑折町、国見町、大玉村、三春町、本宮市の福島県中通り9市町村の2008年度出生の子どもを持つ母親（保護者）全員を対象に、原発事故から2年になろうとしている2013年の1月の時点で行った。2013年5月末時点で回答総数は2611通（つまり、子ども2611人分）、回収率は42.2％だった。なお、2014年10月末時点で第1回調査の回答総数は2628通となっている。この2628人の子どもを対象に、2014年1月から第2回調査を実施し、1604人の子どもの母親（保護者）から回答を得た。さらに、この1604人の子どもを対象に、2015年1月から第3回調査を行い、2015年3月4日の時点

で1184人の子どもの母親（保護者）から回答を得た。

以下では、これらを集計し、原発事故から4年間の生活変化を確認する。

まず、原発事故後の日常生活の変化について、2013年1月の第1回調査では12項目を「事故直後」「事故半年後」「この1ヵ月間（事故2年後）」の3つの時期に分けて聞いた。第1回調査では、2013年5月時点での回答総数（2611通）を対象に集計した。2014年の第2回調査では、2014年5月時点での回答総数（1584通）を対象に、第1回調査の自由回答欄に多くの意見が書き込まれている「情報不安」と「差別不安」の2つの項目を追加して、14項目を聞き、最終的に1604通の回

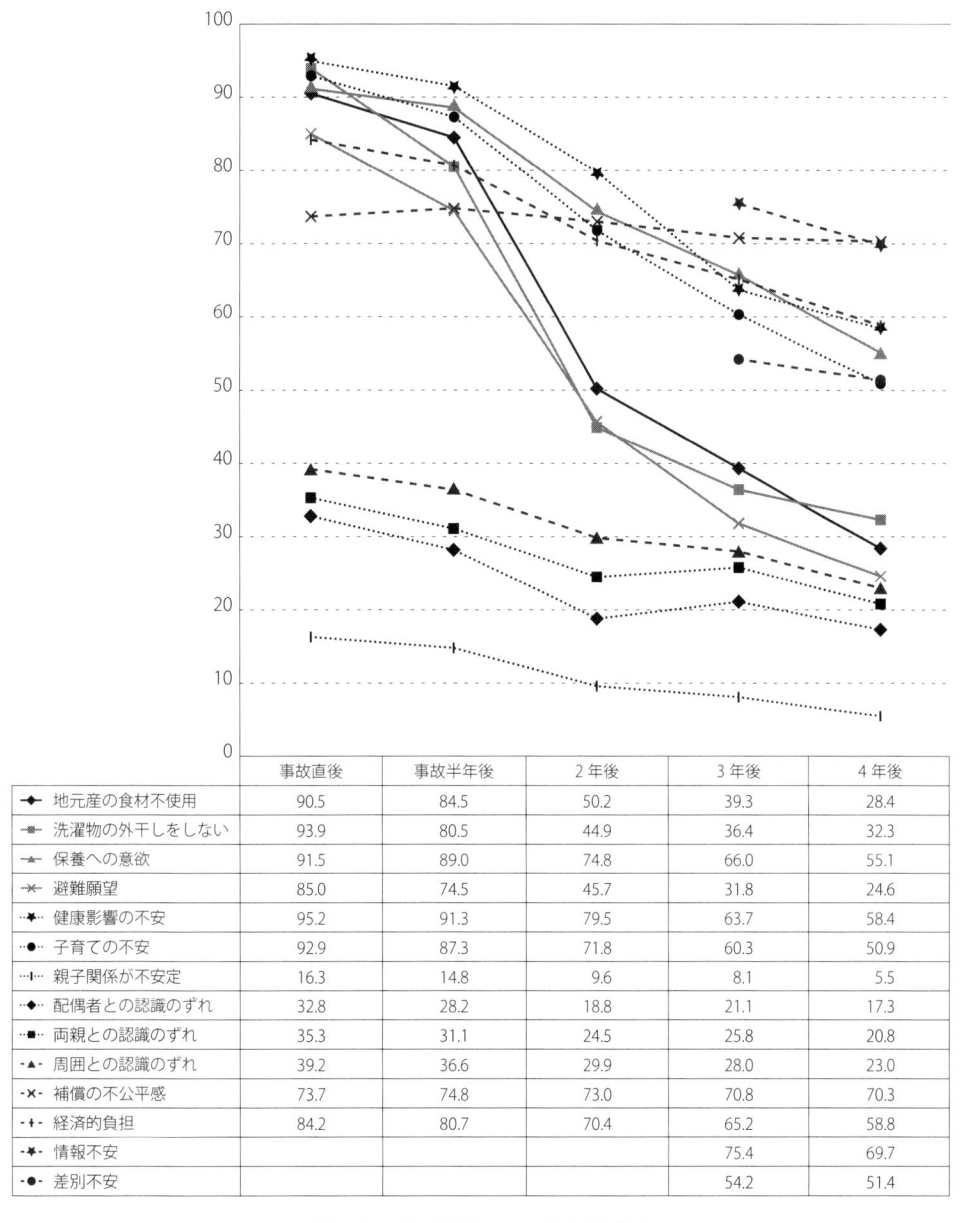

	事故直後	事故半年後	2年後	3年後	4年後
地元産の食材不使用	90.5	84.5	50.2	39.3	28.4
洗濯物の外干しをしない	93.9	80.5	44.9	36.4	32.3
保養への意欲	91.5	89.0	74.8	66.0	55.1
避難願望	85.0	74.5	45.7	31.8	24.6
健康影響の不安	95.2	91.3	79.5	63.7	58.4
子育ての不安	92.9	87.3	71.8	60.3	50.9
親子関係が不安定	16.3	14.8	9.6	8.1	5.5
配偶者との認識のずれ	32.8	28.2	18.8	21.1	17.3
両親との認識のずれ	35.3	31.1	24.5	25.8	20.8
周囲との認識のずれ	39.2	36.6	29.9	28.0	23.0
補償の不公平感	73.7	74.8	73.0	70.8	70.3
経済的負担	84.2	80.7	70.4	65.2	58.8
情報不安				75.4	69.7
差別不安				54.2	51.4

図4-2　原発事故による生活変化

答が得られた。2015年の第3回調査は上で述べたとおり、1184通を集計している。

原発事故後の生活変化は大きく次の3つの傾向がみられた。

第1に、「地元産の食材は使わない」「洗濯物の外干しはしない」「できることなら避難したいと思う」などの「あてはまる」と「どちらかといえばあてはまる」の回答割合は、時間の経過とともに大きく減少した。ただ、大きく減少したとはいえ、避難区域外で、原発事故から4年が経過した時点において約25%の人が「できることなら避難したい」と考えているということは、原発事故の影響が依然深刻であるといわざるを得ない。

第2に、「原発事故の補償をめぐって不公平感を覚える」「原発事故後、何かと出費が増え、経済的負担を感じる」「放射線量の低いところに保養に出かけたいと思う」「放射能の健康影響についての不安が大きい」「福島で子どもを育てることに不安を感じる」については、時間が経っても、それを感じている回答者の割合は50%以上で高いままである。これらの5項目のうち、一貫して70%以上を維持し続けているのが、補償をめぐる不公平感である。ただ、親子の日常生活において切実な問題は、健康影響の不安、経済的負担感、保養意欲、子育て不安である。これらの不安や負担感をどのように軽減し、また保養を支援できるか、その長期的な支援策が求められている。

第3に、「放射能への対処をめぐって夫（配偶者）との認識のずれを感じる」「放射能への対処をめぐって両親との認識のずれを感じる」「放射能への対処をめぐって近所や周囲の人と認識のずれを感じる」「原発事故によって親子関係が不安定になった」の「あてはまる」と「どちらかといえばあてはまる」の回答割合は、比較的低いが持続している。特に、約20%の人が、放射能への対処をめぐる認識のずれを感じている。認識のずれの大きさは、近所・周囲の人＞両親＞配偶者という傾向も一貫している。原発事故から4年が経っても、約20%が、放射能への対処をめぐって認識のずれを感じていることは、家族並びに地域社会において大きなストレスとなっている。こうした認識のずれが母親の精神的健康に影響をもたらし、それが子どもの行動・発達にも影響を及ぼしていることが、これまでの「福島子ども健康プロジェクト」の研究で明らかになった。

加えて、2014年1月の第2回調査で追加した「情報不安（放射能に関してどの情報が正しいのかわからない）」及び「差別不安（原発事故後、福島に住んでいることでいじめや差別を受けることに対して不安を感じる）」は、それぞれ約70%と約50%の人がそう感じている。

以上の調査結果から、避難区域に隣接する地域における原発事故の影響が依然深刻であり、すべての項目が減少しつつあるが、原発事故の影響が慢性化していることがわかる。しかも、事故2年後の第1回調査から基本的な傾向が変わっていない。また、これらの影響が急速になくなるような気配は見えない。こうした意味で、今なお、終わらない被災の時間が続いていることを示している。

注

1) 成元哲・牛島佳代・松谷満・阪口祐介、2015『終わらない被災の時間──原発事故が福島県中通りの親子に与える影響』石風社を参照。
2) 小西聖子、2011「見通しを持てずにさまよう被災者の心」『臨床精神医学』40(11)：1432を参照し、筆者作成。

5 分散避難・母子避難と家族

原口弥生（茨城大学／ふうあいねっと）

同居率が高かった福島で、家族の分散避難が発生

　福島第一原発事故による避難は、コミュニティの破壊にとどまらず、人々の生活基盤そのものである家族関係にも大きな影響を及ぼしている。避難を強いられた「家族」が別々の避難先に分かれることで、世帯の分離さえ生じている。ここでは、以下の2パターンについて取り上げる。①家族全員が避難したものの、さまざまな理由で、世代間（親子間）、あるいは夫婦間によって避難先が分かれてしまったケース、②稼ぎ手である夫が福島に残り、母子が遠方に避難するケースである。

　被災当時、同居していた家族が原発避難したなかで、避難後も1ヵ所にまとまって住んでいる割合は、避難指示区域・区域外合わせて全体で44.7%であり、家族が2ヵ所以上に分かれて住んでいる分離世帯の合計は48.9%である。図5-1では避難指示区域とそれ以外とに分けて示している。避難世帯のほぼ半分が、被災当時に一緒に住んでいた家族より小さな単位で生活している。家族が2ヵ所に分かれて住んでいる世帯は避難世帯全体で33.3%と3割を超え、合計3ヵ所に分散居住が12.1%、合計4ヵ所が2.9%、合計5ヵ所が0.6%となっている。[1]

　2013年度復興庁調査によると、避難指示区域の中で、最も世帯分離の割合が高いのが飯舘

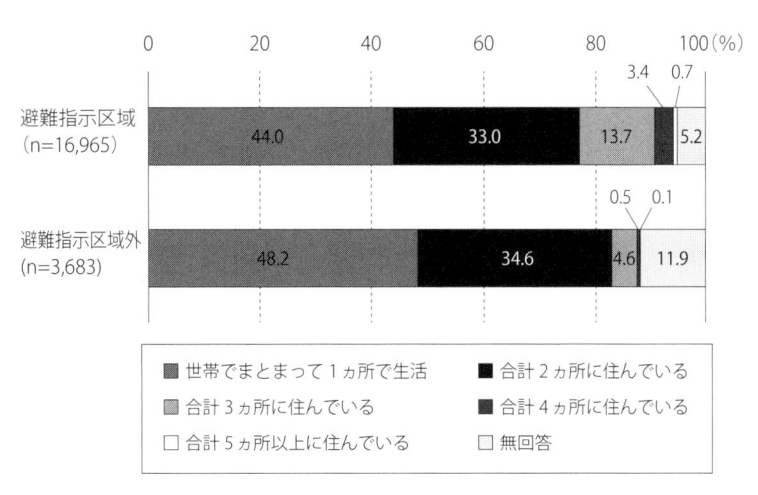

図5-1　被災当時同居していた世帯の分散状況
福島県（2014）

村（50.5%）で5割を超えており、川俣町（47.9%）、楢葉町（43.0%）、浪江町（42.4%）、双葉町（41.9%）、大熊町（40.6%）では4割以上となっている。最も低い葛尾村では、36.2%と3割台である[2]。

避難指示区域からの世帯分離で多いのが、高齢世代と子育て世代が別の場所に避難先を求める場合に発生する世代間分離である。福島県の同居率は、全国でも高い水準にある。総務省の国勢調査（2010年）によると、同居率（その他の親族世帯数／親族世帯数）の全国平均は15%であるが、福島県は28%と高水準である[3]。震災以前には3世代あるいは4世代同居の大家族を構成していた世帯が、原発避難をきっかけにしてバラバラになり、2地域、3地域、ときには4地域に分かれて生活していることがうかがえる。

分散避難が家族の形態を恒常的に変える

世代間分離が発生するのは、無償で提供されるみなし仮設の居住条件など物理的な条件からしても、避難先で大家族が一緒に生活できる環境を探すことは難しいことも関係している。また、福島に残りたい高齢世代が多い一方、子育て・就労世代は仕事関係での県外避難や、なるべく放射能汚染の低い土地を求める意識が働くことも一因である。避難を躊躇する中高生と祖父母が福島に残り、仕事の関係で転勤せざるを得ない就労世代が県外避難するというケースもある。

さて、子育て・就労世代にとって、原発避難にともなう大家族から夫婦関係を軸とする核家族への変化は、福島での伝統的な生活スタイルを離れ、夫婦関係を中心とする新しい家族関係や生活スタイルの導入を意味する。この変化のみをとらえれば、子育て・就労世代からは必ずしも否定的な受け止め方をされているわけではないかもしれない。

他方、子育て・就労世代と離れて生活する高齢世代にとっては、住み慣れた故郷から引き離され、さらに頼りとなる子育て・就労世代とも離れることで、孤立を招きかねない厳しい状況となる場合もある。避難先においても、否が応でも学校や職場とかかわりをもつことになる子育て・就労世代とは異なり、高齢世代はそもそも社会との接点が少ない。移動手段の問題も含めて新しい生活環境への適応に時間がかかる、見知らぬ場所で病院にかからなければならない不安など、高齢世代が抱える課題も多い。

世代間の分離は、避難生活のなかで高齢者の孤立を招くというだけでなく、避難生活から生活再建への段階に進む際にも影響を及ぼすこともある。生活再建時に、家族の形を被災時に戻すのか、世帯分離のままそれぞれに生活再建を進めるのかということも、世代間で意見の相違がみられるケースは少なくない。震災前には同居していた家族であっても、いったん世代間での世帯分離を経験すると、再度、2世代・3世代同居を選択することが子育て世代から受け入れられない事例も発生している。震災避難を機に、同居世帯から核家族への進展が進んでいく可能性もある。

震災から4年が経過し、新しい住居確保の動きも加速している。みなし仮設である借上住宅での生活に一区切りをつけ、避難から移住あるいは定住へと、生活再建が進んでいるケースもある。

「ようやく家族が集まる場所ができました。今度のお盆には、久しぶりに家族・親族全員が集まることができます」

これは新居に移り住んだ方の言葉である。
「普段の生活ならば、アパートでもどこでもできます。みんな、家族が集まる場所がほしいんですよ」
新居の確保は、自分の生活を取り戻すためのステップというだけではなく、離れ離れになった家族の関係性を取り戻す場の確保でもある。

自主避難者の「自己責任」感が増大する懸念

原発事故による避難が、家族関係にも大きな影響を及ぼしていることは、避難指示による避難も自主避難も同じである。

今回の原発避難において注目されるのは、働く父親を福島に残し、母子のみで避難する母子避難という形態である。2014年1月実施の福島県アンケート結果からみると、図5-2のとおり「世帯の一部のみが避難」の割合は、避難指示区域からの避難の場合、4.2%であるが、避難指示区域以外からの避難、いわゆる自主避難の場合は33.2%となり、自主避難の3割超が、福島に家族を残しての避難となる。

母子避難は、仕事や家族の事情で福島県内に夫を残し、原発事故による放射線への不安から母親と子どもだけが避難するという背景から発生しており、仕事＝男性、育児＝女性という日本社会における家族内のジェンダー役割が原発災害をとおして浮かび上がったとも言える。有職者であった女性が避難のために仕事をやめた例もあり、原発災害を通じて、ジェンダー役割が強化されてしまった側面も否めない。

自主避難の場合、政府等から避難指示が出ていないなかでの避難となるため、少額の賠償金が支払われた以外は、避難生活への支援策は災害救助法に基づく借上住宅の提供のみである。母子避難により二重生活を強いられている場合は、移動のための高速道路料金の無料措置が講じられている。家族に会うための移動費の補助は、家族関係を維持するうえでも重要であり、北関東地域への避難者アンケートでも、最も必要とされる支援策となっている[4]。

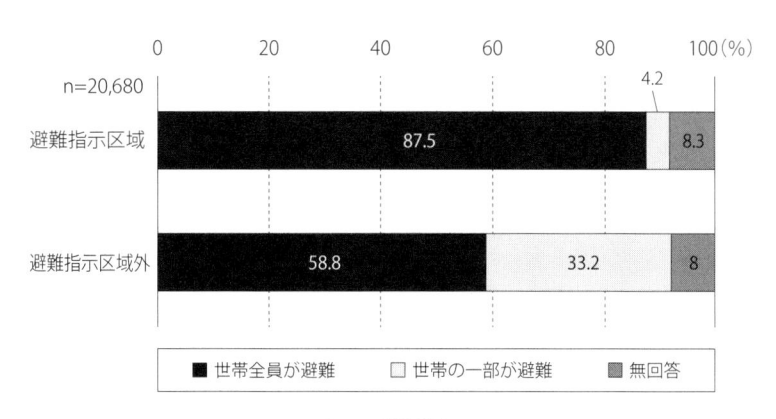

図5-2 現在の避難状況（避難元別）
福島県（2014）

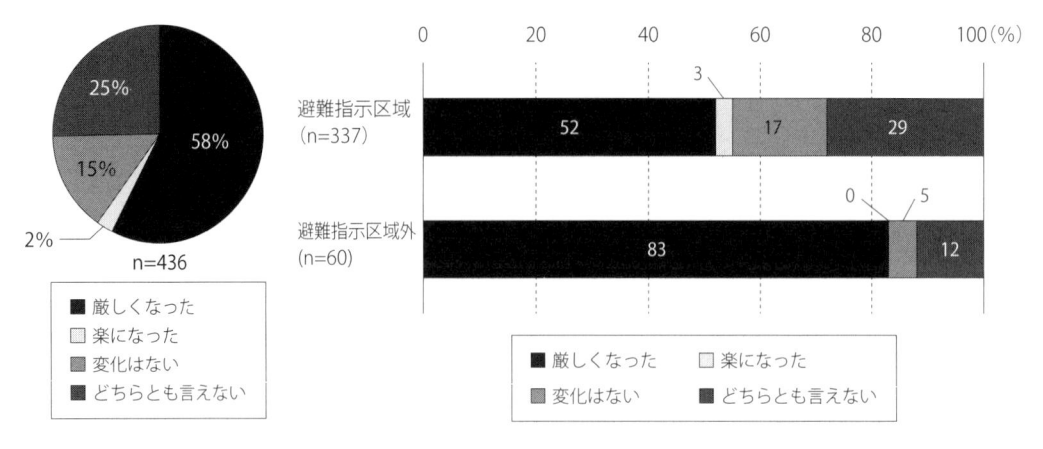

図5-3　被災後の世帯全体の経済状況の変化

茨城大学人文学部市民共創教育研究センター（2014）

図5-4　避難元別の世帯全体の経済状況

茨城大学人文学部市民共創教育研究センター（2014）

　避難にともなう被災者の経済的負担については、図5-3のとおり茨城県への避難者アンケート（2014年）でも避難者全体で58%が「厳しくなった」と回答しており、厳しい状況が推測される。[5] 図5-4のように、とくに避難指示区域外の自主避難者の場合は、経済状況が「厳しくなった」の回答が83%に上っている。二重生活に伴う経済負担も、図5-5で示されるように、半数以上の方が月7万円以上の追加的負担であり、約3割が月10万円以上の負担を強いられている。

　自主避難の場合、政府からの避難指示に基づく避難ではないために、避難を選択した本人にとっても周囲からみても「自己決定による避難」と意識される。「自己決定」であるがゆえに、その責任も自分で背負わなければならないという「自己責任」感も強くなり、「自分で決めた事だから、他人に頼ってはいけない。自分で責任をもたなければいけない」という声が、自主避難の方からも聞こえてくる。

　福島原発事故後、政府による避難指示の基準は、震災前に日本社会で採用されていた目標値1mSv/年の20倍となる20mSv/年へと変更された。原発事故による放射線被ばくと健康影響の因果関係が確定するのには、相当の期間が必要である。

　チェルノブイリ事故の場合は、因果関係が確定するまでに約20年を要した。世界最大級の原発事故が発生し、政府による避難指示基準が事故前の20倍とされ、放射線被ばくの影響が判明するのはずっと先という状況において、子どもを放射線被ばくから守るため、親としての責任を果たすために避難するという選択は、決して感情的で非合理的な行動とはいえない。

　政府が設定した避難指示の範囲は、放射線被ばくによる健康影響といった科学的根拠に基づくものの、避難指示によって発生する社会経済的影響も考慮に加えた、科学的かつ政治的判断によるものである。今回の政府による避難指示が、科学的かつ政治的判断であるという前提に立つならば、自主避難者は政府による支援対象者の枠から外れた、社会的にはより積極的にサポートすべき存在でもある。

　しかし、現実には周囲の人も本人さえも「自己責任」を強く意識する傾向にある。この「自己

n=160

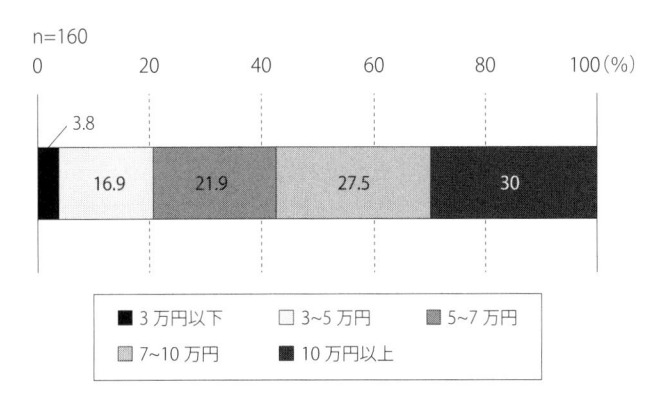

3万円以下	3～5万円	5～7万円	7～10万円	10万円以上
3.8	16.9	21.9	27.5	30

図5-5　二重生活による生活負担増（月額）
茨城大学人文学部市民共創教育研究センター（2014）

責任」という意識は、ときに孤立を強めることにもなる。母子避難の場合は、育児のパートナーである夫をあてにすることができないことで負担感が増し、そこに「自己責任」という意識を強く感じてしまえば、外部のサポートを受けることも躊躇してしまう。

　離れて暮らす配偶者から手段的なサポートを得られないだけではなく、情緒的サポートを得ることが難しいこともある。避難生活における不安や不満を配偶者や親族にぶつけてしまうと、「心配をかけてしまうから強がってしまう」という声も聞く。子育てを一人で背負い込み、さらに本心をパートナーに伝えることも難しく、弱音をはくこともできないなど、母親の孤立感を強めてしまう要素は多い。

絶望の社会から逃れる母子避難者たち

　母子避難による二重生活は、避難生活を送る母子のみだけではなく、福島に残る父親にとっても大きな負担となっている。そもそも、20代〜40代前半までの男性の死因として一番多いのは、自殺である[6]。男性は、弱音をはくことができない、他人に頼ることに慣れていない、SOSを社会に発信することができないなど、家庭内や社会における社会的責任を背負い孤立する傾向にある。

　母子避難をする家族を支えるために福島で働いていた父親がうつ病になった、という話も珍しくない。子どもと離れて暮らす淋しさや、見通しがたたない不安などが原因である。単身で暮らす父親の不調のために母子避難を切り上げて福島に戻った家族や、心身の不調を訴える父親を、会社が母子の避難先近くに転勤させたケースもある。

　母子避難は、母子そして父親にとっても大きな負担を強いているなか、長期の別居生活が、夫婦関係に深い溝をつくってしまうこともある。

　母子避難は、夫からの理解を得て避難している場合が多い。とは言うものの、避難が長期化し、経済的負担や精神的負担が大きくなるにつれ、夫婦間で放射能汚染や放射線被ばく影響についての認識のズレが生じてくることもある。

　大阪に拠点をおく支援団体「まるっと西日本」には離婚相談が増えており、実際に離婚したケースもあるという。「まるっと西日本」が実施した調査（2012年12月実施）では、約25%が

「離婚の可能性がある」「離婚した」と回答している。

　家族関係と子どもの健康は、本来天秤にかけるものではない。母子避難は、家族関係や生活を犠牲にしつつ、子どもの健康を守るための行為である。「心配するほうが体に悪い」、「そこまでして、避難するのか」という声が自主避難者や母子避難者に向けられることもある。

　家族関係をリスクにさらしてでも母子避難する母親たちは、単に放射線被ばくから逃れているわけではない。世界最大級の放射能汚染事故が発生しながら子どもを守ろうとしない社会に幻滅し、絶望の社会から逃れているのである。

　ある母親は言う。

　「希望があるとしたら、原発事故が起きた後に、子どもたちを政府が責任を持って長期保養に出すとか、健康調査も甲状腺エコー調査だけではなく、もっとしっかりやるとか、子どもを守ろうとしている姿勢が感じられる社会です。今は、それが一切感じられない」

　自主避難、そして母子避難は、決して個人や家族内の問題なのではなく、政府による対策の欠如が生み出した社会現象であることを改めて認識しておく必要があるだろう。

注
1) 福島県避難者支援課、2014『福島県避難者意向調査　調査結果』
2) 復興庁、2014『平成25年度　原子力被災自治体における住民意向調査結果』
3) 内閣府、2011『平成23年度　都市と地方における子育て環境に関する調査』http://www8.cao.go.jp/shoushi/shoushika/research/cyousa23/kankyo/index_pdf.html
4) 群馬大学社会情報学部・宇都宮大学国際学部附属多文化公共圏センター・茨城大学地域総合研究所、2012『北関東（茨城・栃木・群馬）への避難者の必要な支援に関するアンケートの結果概要』
5) 茨城大学人文学部市民共創教育研究センター「茨城県内への広域避難者アンケート結果」（公表予定）
6) 内閣府、2013『平成25年版　自殺対策白書』http://www8.cao.go.jp/jisatsutaisaku/whitepaper/w-2013/html/

6 原発避難者の住まいをめぐる法制度の欠落

津久井 進（弁護士）

住まいの社会的意義

　原発事故で避難を余儀なくされた人々は、いま、住まいについて深刻な悩みを抱え、多くの困難を背負っている。それは、我が国に、原発避難者に対して住まいを保障する基本的な法制度が欠落しているところに最大の原因がある。

　2015年6月15日、福島県は一部地域を除いて災害救助法に基づく応急仮設住宅の供与を2017年3月末で終了する方針を明らかにしたが、これに正面から抗する法制度がないため、現在、原発避難者は物心ともに窮地に追い込まれている。

　避難とは、本来の住居からやむを得ず離れなければならない一時的な状況をいう。つまり、人の「住まい」という拠点がしばらく失われることである。私たちは災害に遭うことによって住まいが人生の基盤になっていることを否応なく認識させられる。人生は、人々が過去・現在・未来の連関の中で織り上げる継続的な営みであって、被害とは、その継続性が切断されることをいう。この過去・現在・未来をつなぎ合わせる器が住居だ。

　我が国の災害時の住宅政策は、住まいの財産的価値ばかりを強調し、私有財産には公的な支援をしないというドグマに縛られてきた。そのため、被災者の住まいの保障は、避難所→仮設住宅→復興公営住宅というルートに偏り、自主性に冷淡な単線型の住宅支援政策が、住まいの持つさまざまな社会的意義を損なってきた。

　住まいの社会的意義には三つの側面がある。第一に、財産あるいは居住権としての私的権利、第二に、人が人間らしく暮らす生活の場、第三に、その地域の人々との絆を織り成す社会の単位・要素。日本国憲法で保障される「居住の自由」（憲法22条1項）も、住生活基本法に謳われている理念も、こうした複眼的な文脈で理解されなければならない。

　原発避難者らは、原発事故によって、過去から積み上げてきたものを失い、未来の先行きが見通せない不安の中で、現在目の前にある苦悩や葛藤から逃れられないでいる。その回復には単に財産的損害の回復だけでは足らず、人間らしい生活の場を取り戻し、地域社会の再構築が不可欠である。しかし、原発から飛散した放射性物質は、超長期にわたってそれらを阻む。自然災害とは根本的に異なっているのだ。

　ならば、原発避難者に住まいを保障する特別の法制度があってしかるべきだが、それがない。

原発避難者の置かれた状況

　福島県が避難者の現在の生活状況や支援ニーズを把握するため2015年2月に全国に避難した県民5万9746世帯（回答数1万8767世帯）に対して行った調査結果によれば、5年目を前にしていまだに仮設住宅（みなし仮設を含む）に居住している世帯が62.1％にのぼり、現在の住居についての要望として「応急仮設住宅の入居期限の延長」が48.7％と昨年より増えている。現在の生活で不安なこととして「住まいのこと」を挙げる方が、身体の健康に続き50.4％と高率であった。東京都が2014年2月に都内の避難者に実施したアンケートでも「住宅に関する支援」が69.7％と突出していた。大阪府下の調査でも同様の傾向が見られ、自由記載には「どこに住むか不安です。ストレスがたまります」「出て行けと言われても、心当たりなく困難です」「国に見放されている」といった回答が目立った。

　こうした避難者の明確な訴えがあるにもかかわらず、応急仮設住宅の入居制限の打ち切りだけが決まり、その後の住まいの選択肢や具体的な手当ては示されず、避難者はこの先どこでどのようにして住むことになるかを見通すことができない。安定した住まいがなければ、生計の維持もままならず、生活の予定も立てられず、仕事も進学先も決めることもできない。これでは、生活再建も、人生の再構築を実現することができないのも当然である。

　避難者の災害関連死が今も増え続け（2014年9月7日現在、福島県の災害関連死者数は1753人）、災害関連の自殺者も56人（2014年7月まで）という深刻な結果は、住まいの不安定さと無縁ではない。避難者の心情は、戦時中のアウシュビッツ収容者の「暫定的なありようがいつ終わるか見通しのつかない人間は、目的をもって生きることができない。ふつうのありようの人間のように、未来を見すえて存在することができないのだ。そのため、内面生活はその構造からガラリと様変わりしてしまう。精神の崩壊現象が始まるのだ」（ヴィクトール・E・フランクル『新版　夜と霧』池田香代子訳、みすず書房）という心情と重なって見える。

みなし仮設住宅と災害救助法

　仮設住宅は、災害救助法に基づいて供与される（4条1項1号）。供与期間は原則2年まで（災害救助法4条3項、同施行令3条1項、平成25年10月1日内閣府告示第228号2条2号トによる建築基準法85条4項）、延長は1年ごととされている（特定非常災害の被害者の権利利益の保全等を図るための特別措置に関する法律8条）。結局、「2年間」の期間の根拠となるのは建築基準法ということになり、プレハブ等の応急仮設建築物の安全性や耐用年数に由来しているということがわかる。

　こうしたプレハブ等の応急仮設建設物のほかに、民間住宅の借上住宅や、公営住宅の一時使用許可（地方自治法238条の4第7項）が多数活用されている。いわゆる「みなし仮設住宅」である。みなし仮設住宅そのものは建築基準法を満足する通常の建築物だ。ならば、供与期間を2年とする必要性はないはずである。ところが、みなし仮設住宅を定めた規定がないので、応急仮設型建築物に準じて扱われているに過ぎないのである。

　いずれも根拠法は災害救助法である。同法は、災害直後の応急対応を守備範囲とする制度で、

いわばとりあえず止血するための絆創膏(ばんそうこう)のような役割に過ぎず、安定を主眼とする住まいの手当てには本来不向きである。また、運用原則も問題である。旧厚生省が内部的に示した方針に過ぎないが、「平等」「必要即応」「現物支給」「現在地救助」「職権救助」の５原則があり、これを硬直的に運用することで多くの弊害を生んでいる。自然災害の場合にも共通するが、災害救助法を「人命最優先の原則」「柔軟性の原則」「生活再建継承の原則」「救助費国庫負担の原則」「自治体基本責務の原則」「被災者中心の原則」の６原則による運用に改めることが急務である。

災害救助法の枠外

災害救助法は、国が自治体に対して救助費を支給する基準を定めているに過ぎない。自治体は救助費を求めなければ、独自の予算で独自の対応をすることができる。原発事故の避難者の入居する公営住宅のうち、かなりの戸数が避難先の自治体が独自の判断で供与した住宅だ。言い換えると、公営住宅の一時使用許可（地方自治法238条の４第７項）の中には、災害救助法の下で提供されているものと、災害救助法の枠外のものがある、ということである。

枠外となると、自治体の判断で内容も変わってくる。兵庫県三木市は当初から入居期間を５年とし、京都府は独自の基準で期間を入居日から５年としている。鳥取県や滋賀県でも独自の受け入れ策を講じ、岡山市は移住を前提に要件を大幅に緩和するなど、避難者にやさしい対応をする自治体もある。しかし、厳しい内容の誓約書の提出を求めたり、有償の一般入居や生活保護への切り替えを促す動きも加速している。

原発事故は、自然災害のような自治体ごとの対応ではなく、国が責任を持って対応するのが本筋である。避難先の自治体の運用による格差は不合理と言わなければならない。

新たに期待する施策

原発避難者の抱える住まいの課題は、時間の経過により動的に変化している。小手先の運用改善でなんとかなるものではない。復興庁と国土交通省が打ち出した「「子ども・被災者支援法」に基づく支援対象避難者の公営住宅への入居」（2014年９月26日）などは、意図的に骨抜きにされ、避難者には有為な効果はまったく望めない内容だった。

これまでにない新しい仕組みによって解決するのが早道であり、むしろ現実的である。まずは、子ども・被災者支援法の定める住宅支援を本格的に具体化すべきである。

日本学術会議は、①帰還の支援の具体化、②強制避難者と自主避難者の同等な扱い、③「二重の住民登録」の導入、④「原子力災害対策基本法（仮称）」の制定、などを提言している。

日本弁護士連合会は、①住宅供与期間の相当な長期化、②１年ごとの延長制度を廃止し、意向や生活実態に応じた更新制度の導入、③機動的な転居の容認、④新たな避難・帰還・帰還後の再避難への住宅供与、⑤住宅供与の国の直轄事業化、⑥避難先の地域特性に合わせた自治体独自の上乗せ支援、⑦有償の住宅への切り替えの自粛、などを提唱している。

7 「仮の町」から復興公営住宅へ

町田徳丈（毎日新聞記者）

避難自治体の役場機能が各地に移転

　東京電力福島第一原発事故により避難指示区域になった福島県内の各町村は、行政機能を維持するため、事故直後の2011年春から役場機能の移転を余儀なくされた。2011年には、大熊町は会津若松市に▽楢葉町は会津美里町→いわき市に▽葛尾村は会津坂下町→三春町に▽浪江町は二本松市に▽富岡町と川内村は郡山市に▽広野町はいわき市に▽飯舘村は福島市に▽双葉町は埼玉県加須市と、一時的な移転も含めて福島県内外に役場機能を移した。福島県内で仮の役場が設置された地域には避難者が入居する建設型仮設住宅が整備され、大熊町のように閉校していた校舎を活用して小中学校を開校する自治体もあった。

　2011年8月27日には当時の菅直人首相が「長期間にわたって住民の居住が困難な地域が生じる可能性は否定できない」と述べるなど、避難生活の長期化が避けられなくなる中、役場や住宅、教育施設などを一体的に整備して避難生活を送る「仮の町」構想が浮上してきた。「仮の町」という言葉が公の場でメディアに取り上げられたのは2011年12月18日。政府が警戒区域などを「帰還困難区域」などに再編する方針を示した福島市での会合の後、井戸川克隆・双葉町長（当時）が「今後は町として一つにまとまりながら、仮の町を設けるということになる」と発言した。

役場・住宅・学校などが一体の「仮の町」

　仮の町とはどんな姿だったのか。被災自治体と復興庁、福島県が共同で行った住民意向調査の中では、双葉町民対象の2012年度版だけに、仮の町のイメージが説明されている。▽多くの町民が一ヵ所に集まって生活する▽さまざまなタイプの住宅や学校、病院、商店街、オフィス、工場・農場など町が本来持つべき機能を集約▽多くの町民が集まることで町の文化・伝統・コミュニティが維持される —— などと記載している。これは「ニュータウン型（集約型）」と言われる仮の町の構想だった。ニュータウン型の構想は大熊町と双葉町が特に持っていた。別の形態として、住宅がある程度まとまりを持ちながらも各地に散らばる「分散型」という構想もあった。どちらとも、放射線量が下がり、生活インフラが整って古里に帰還するまでの「仮」の町というのが避難自治体の考え方だった。ただ浪江町のように、「仮」という位置づけを強調しないよう「町外コミュニティ」という言葉を使う自治体もあった。

　仮の町に関する動きが活発化するのは、原発事故から1年後の2012年3月ごろ。3月16日に

は大熊町の復興計画検討委員会が、いわき市周辺で2014年から仮の町整備を開始する素案をまとめた。また同27日には、浪江町の復興検討委員会が2014年をめどに二本松、いわき、南相馬の3市で「町外コミュニティ」をつくる復興ビジョンを提言するなど、立て続けに避難自治体から発信された。

ニュータウン型に反発したいわき市

　仮の町構想を当初から掲げていたのは大熊町、双葉町、浪江町、富岡町の4町。浜通り南部の中心地のいわき市は、4町が計画する候補地にいずれも含まれていた。

　いわき市には東日本大震災の後、原発事故に伴い双葉郡8町村を中心に約2万4000人が避難していた。復旧作業にあたる原発作業員らを含めると、人口約33万人の1割に当たる3万人前後が流入しているとされた。いわき市に集中したのは、自宅や生活拠点があった場所から距離的に近いこと、気候が似ていることなどの理由があった。

　しかし、ここでいわき市の住民と避難者との間に「あつれき」が生じた。人口が突然増えたことにより、日常生活のあちこちで小さな変化が起こり始めたからだ。交通渋滞が増え、医療機関が混雑。いわき市民も、地震、津波、放射能、風評被害、農産物の出荷停止で「五重苦」を感じていたが、原発避難者とは賠償金で大きな差があった。そのため、スーパーで大量に買い物をしたり、飲食店で大声で騒いだりする原発避難者に眉をひそめた。ささいな中傷が増幅していく悪循環に陥った（2013年5月24日毎日新聞朝刊）。

　そうした中の2012年4月9日、いわき市の渡辺敬夫市長（当時）は平野達男復興相（同）に、仮の町の候補地がいわき市に集中する不満をぶつけた。渡辺市長は「飲食店やパチンコ店まで避難者であふれ「働いていないのにサービスばかり受けている」という市民の不満がさらに大きくなるのが心配」と不快感を示し、ニュータウン型の仮の町に反発した。その理由の一つとして、「仮」の町なので、避難指示が解除されて帰還ができた後には、住民がいなくなってその地区がゴーストタウンになるという懸念があった。

二重の住民票

　さらに受け入れ自治体の住民は「原発避難者は住民税を払っていない。ただ乗りだ」（2013年5月24日毎日新聞朝刊）という不満も持っていた。原発避難者は帰還や賠償手続きを意識して、受け入れ自治体に住民票を移さず、原発事故以前の避難元の住民票で避難生活を送っていたからだった。

　通常、居住する自治体の行政サービスを受ける場合は、住民票がその自治体にあることが前提だった。だが原発事故では、国から避難指示が出ているので自宅で生活できない状況が生じていた。そのため飯舘村の菅野典雄村長は、帰還に向けて2011年6月22日につくった「までいな希望プラン」の中で、「避難先でも充実した同じ行政サービスを受けられるよう "2つの住民票" 的なことを国に提案している」との考えを示している。

こうした中、8月12日に「原発避難者特例法」が施行された。これは、福島県内の13市町村は、住民票を避難先に移していなくても、避難先自治体で一定の行政サービスを継続して受けられる仕組みだ。住民票を持たない避難者への行政サービスの費用は、当初は受け入れ自治体が算定し、国が措置していた。その後、よりわかりやすくするため、避難者一人あたりの標準的な費用（4万2000円程度）に人数を乗じて特別交付税が配分されることになった。

　住民票は別の問題も投げかけていた。ニュータウン型の仮の町は、避難元自治体が受け入れ自治体の中に「飛び地」をつくるイメージで語られていた。そのため、「仮の町ができた場合に、住民票をどこに置くか」という課題もあった。

　自治体の全体避難や、自治体を分割することは法令では想定していないことだった。伊豆諸島の三宅島（東京都三宅村）の噴火で、2000年9月に全村（全島）避難したが、4年5ヵ月後の2005年2月に避難指示が解除されて帰島が始まるまで仮の町は整備されなかった。三宅島は火山ガスの放出が減少傾向になり避難指示を解除できたが、今回の原発事故では放射性物質が大量に降り注ぎ、徹底した除染が困難で、先行きが不透明だという難点がある。

　避難中には「二重の住民票」が必要だと考える避難自治体もあった。住民が避難して住民票を受け入れ自治体に移すと、住民はいずれゼロになり、自治体を維持できなくなってしまう。そうした危機感を持つ首長や議員がいた。そのためにも一定数の住民がまとまって避難を継続する仮の町が必要で、避難元と避難先の二つの住民票を手にすることはできないのかという考え方が出てきた。

　福島大学の今井照教授（自治体政策）は「避難先で育まれる生活においても、また別のシティズンシップが行使され、保障されなければならない。理不尽な生活を強いられている人々にとって、生きている間にこの権利を行使できるように、二重の住民登録を制度化すべきではないか」（『ガバナンス』2012年1月号）、「性急に「戻る・戻らない」の選択を強制するのではなく、避難先でも避難元でも、それぞれの住民としてのまちづくり参加権など、多重的な市民権を保障するのが、二重の住民登録のポイントである」（2013年9月5日毎日新聞朝刊）などと指摘している。

　だが、2011年10月、当時の総務省行政課長が雑誌『地方自治』に「住民と住所に関する一考察」とする論文を発表していた。その論文では「住民基本台帳法は住所は一つに決まるという考え方をとっている」「現在のところ、判例や行政実例等は住所を「客観的な居住の事実」をその中核的な要素として解釈しており」「「客観的居住の事実」は客観的に認定できるのであるから、ある人がどこの地方公共団体の「住民」であるかは一義的に明白になる」と述べ、二重の住民票には否定的な見解を示した。

　さらに総務省は2012年8月30日、「原子力災害に伴い住民が区域外に長期にわたり避難することとなる地方公共団体における住民及び団体のあり方について」とする文書で、「選挙権、被選挙権を二重に有するようなことは、適当ではない（憲法上の疑義も生じる）。また、納税の義務についても、二重課税の問題を生じることとなる」とし、1948年12月の参政権に関する「選挙に関しては住所は一ヵ所に限定されるものと解すべきである」とする最高裁判例などを引用して説明している。そして、「住所の認定は、地方自治制度の根幹である地方公共団体の構成員としての住民の地位に関わる問題であり、「二重の住民票」については制度化することはできない」と

結論付けた。ただし、「避難が長期化することが明確になるような場合には、その時点において別途住民票の取扱いについて検討する必要」とも述べて、含みを持たせてはいる。

いずれにしても、原発事故では特例的な措置が行われている面もあるが、この時点で国は二重の住民票は採用せずに従来の法令の枠組みを踏襲し、ニュータウン型の仮の町を除外していたことになる。

復興公営住宅の整備へ

自治体間の調整に話を戻すと、最大の受け入れ自治体のいわき市の反発を受けて、ニュータウン型の仮の町の実現は遠のいた。2012年9月22日に国、福島県、避難自治体、受け入れ自治体が集まって「長期避難者等の生活拠点の検討のための協議会」の第1回全体会を開催した。

ここでいわき市は、ニュータウン型ではなく分散型を提案。その前段として、この会合に至るまでの自治体間の各種会合で、いわき市は繰り返し分散型を提示していた。受け入れ自治体の了解がなければ、ニュータウン型での仮の町整備は難しいため、避難自治体も次第に分散型を了承せざるを得ない状況になり、ニュータウン型の議論は消えた。

だが、関係省庁では当初から「ニュータウン型は現実的ではない」（総務省の当時の担当者）という意見が大勢を占めており、ニュータウン型を具体化しないことは既定路線だった。

残る「分散型」の仮の町整備は、原発避難者向けの災害公営住宅「復興公営住宅」の整備に位置付けられていく。そしてニュータウン型への反発が顕在化する前に、復興公営住宅の整備に向けた地ならしは始まっていたのだった。

2012年3月31日に政府は福島復興再生特別措置法（福島特措法）を施行。避難指示区域からの原発避難者は住宅を滅失していなくても、失った人たちと同様に、復興公営住宅に入居できるようにした。

また2012年7月13日に策定された福島復興再生基本方針では、「帰還までの間の地域のコミュニティを維持するために検討されている町外コミュニティの形成について、（中略）受入先となる地方公共団体における行政の機能の低下や、避難者と受入先の住民との間の摩擦が生ずることのないよう、十分に配慮する」と記載された。「仮の町」という言葉は国などによって「町外コミュニティ」と置き換えられ、従来のニュータウン型の仮の町の姿は、ここでも反映されなかった。

もっともニュータウン型を中心とした仮の町については、当初は避難者の関心も一定程度あったが、2012年度の住民意向調査ですでに、仮の町や復興拠点への居住希望者は大熊町22.8％、浪江町19.5％、富岡町16.8％、双葉町6.7％にとどまり、機運は薄れていた。

2012年9月の協議会を機に、復興公営住宅に関しては避難自治体と受け入れ自治体がそれぞれ個別協議をして整備場所や戸数など詳細を詰め、県内各地に「分散」して整備されていくことになった。福島県は2012年10月に復興公営住宅の先行モデルとして、いわき、郡山、会津若松の3市で計500戸を建設する計画を明らかにした。

2013年6月14日には、福島県が復興公営住宅を2015年度までに、いわき市など少なくとも

10市町村に3700戸整備する第1次整備計画を発表した。整備戸数は、住民意向調査の回答に加え、未回答からも一定程度の需要があると予測して算出した。その後、同年12月20日に、福島県は整備戸数を1190戸上乗せし、4890戸とする第2次整備計画を発表。整備時期も、上乗せ分は2015年度以降とした。その後、2015年1月末時点では、宅地造成に時間を要することなどの理由で整備完了時期は2017年度にまでずれ込んでいる。

復興公営住宅のニーズのゆくえ

ところで復興公営住宅は、避難先の自治体に整備するため、広域自治体として県が整備するのが大半だが、市町村整備も一部ある。すべて福島県内で整備される計画で、住宅の形態は、集合住宅、低層の木造住宅、木造仮設住宅を再利用した2戸がつながった木造住宅がある。

復興公営住宅の整備費用は国の交付金が充てられている。復興交付金が2012、2013年度で109億円、コミュニティ復活交付金（長期避難者生活拠点形成交付金）が2013、2014年度で615億円だった。2014年度からは福島再生加速化交付金となったが交付率はいずれも8分の7で、残り8分の1は入居者の家賃でまかなう。家賃は発生するが、家賃は東電への賠償請求の対象になると説明されている。

しかし2014年度の住民意向調査では、復興公営住宅の希望戸数が1000戸の規模で減っていることがわかる。このことについては、2013年11月11日の与党第3次提言を受けて、同年12月26日の原子力損害賠償紛争審査会の中間指針第4次追補で避難先で住宅を購入する分を上乗せする「住宅確保損害」の補償が打ち出されたことが影響しているという見方もできる。賠償金を元にして住宅を得やすくなり、復興公営住宅を利用しなくてもいいと考え、復興公営住宅のニーズが減り始めたのではという指摘もされている。

福島県は「復興公営住宅の整備戸数を見直して減らす段階ではない」との考えを示しているが、避難者のニーズを的確にすくい上げて、避難施策に反映させていくことが求められている。

8 県外避難者支援の現状と課題

埼玉県の事例から

原田 峻（立教大学）・西城戸 誠（法政大学）

福島県外における原発避難者支援を取り巻く困難

　福島第一原発事故によって、福島県から全国に8万人を超える避難者が発生したことは、避難者を受け入れた地域社会にとっても未曾有の出来事であった。こうした事態に対して全国各地で行政や民間による支援活動が喚起され、幅広い取り組みがなされてきた。本稿の目的は、筆者らが関わってきた埼玉県の事例をもとに、福島県外における避難者支援の現状と課題を描き出すことにある。

　埼玉県の事例に入る前に、福島県外における原発避難者支援には、そもそも2つの困難が存在していることを指摘しておきたい。

　1つには、長期・広域の避難がもたらす困難がある。これまでの災害では、行政を中心とする復旧・復興のプロセスに沿いながら、レスキュー段階における生命の安全確保、避難所の生活環境の向上、復興まちづくりへの支援や、地域の復旧・復興から取り残されていく社会的弱者への支援が、民間によって展開されてきた（似田貝編 2008; 山下・菅 2002 など）。だが、原発事故後の広域避難においては、「帰還」でも「移住」でもない「待避」の状態が続いており（今井 2014）、避難者の生活再建の見通しが立ちにくいだけでなく、生活再建と避難元のコミュニティの復興が必ずしも連動していない。そのため、受け入れ先の行政にとっても民間にとっても、求められる「支援」の内実や到達点が見えにくいという困難がある。

　もう1つには、原発避難者を取り巻く制度の問題がある。通常の災害における民間の支援活動は、行政によって実施される最大公約数への制度的支援を前提にしつつ、そこからこぼれ落ちる個別ニーズをすくい上げることに力を発揮してきた。だが、原発避難者に対しては、国による最低限の生活保障として応急仮設住宅の提供や高速道路無料化などがあるものの、東京電力からの賠償が生活再建の手段として掲げられるという奇妙な事態が進行している（山下・市村・佐藤 2013）。そして、住宅支援は容易に適用外に転じやすく、賠償の有無や額をめぐって分断も生じている。これに対し、いくつかの都道府県や市町村によって、「住民」ではない避難者に独自の生活支援も実施されてきたが、その度合いは自治体ごとに開きがある。こうして、どの地域からどの地域に避難したかによって、受けられる公的支援や賠償に大きな格差が生じているという現状があり、民間で対応するにも避難者のニーズはきわめて複雑化・多様化している。

　これらが相まって、従来の復興支援のあり方が通用しないなかで、支援者たちは「誰に対して、どのような支援を、どのような根拠（正統性）をもって、いつまで続けるべきか」という葛藤を抱えることになる。これらの葛藤を抱えながら、埼玉県でどのような支援が展開してきたのかを、

以下で論じていきたい。

埼玉県における避難者支援の経緯と内容

　埼玉県は、全国的にも避難者数が多いだけでなく、警戒区域からの避難者と警戒区域外からの避難者（さらに、本稿では扱えないが、津波被災地からの避難者）が混在している点に特徴がある。加えて、官民協働で避難者支援が展開している栃木県や新潟県などの事例とは対照的に、埼玉県庁は初動を除いて避難者支援に消極的で、市町村や民間によって支援のあり方が模索されてきたという特徴がある。

　埼玉県で展開してきた避難者支援を大別すると、以下の4つの種類があり、おおむね1番目から4番目へという流れで支援が重層的に加わってきた。

　第1に、住宅・物資・法律相談などを通した避難者の生活保障である。2011年3月に埼玉県と市町村が各地で避難所を開設するとともに、その後は独自の住宅提供や借上げ住宅制度の導入によって、居住空間の保障がなされてきた。また、一部の市町村は、上下水道料金の減免や義援金・家電製品の配布などの生活支援も実施してきた（西城戸・原田 2013; 西城戸・原田 2014）。一方、民間の支援活動としては、さいたまスーパーアリーナで各種団体が炊き出し・法律相談・保育・介護など支援活動を展開したことを端緒に（原田 2012）、旧騎西高校で炊き出しなどの活動が継続されたほか、現在に至るまで、いくつかの団体が物資提供や法律相談などを継続し、避難者の生活を支えている。

　第2に、交流会の開催である。埼玉県内では、2011年4月から、各地で避難者の当事者団体や支援者による交流会が徐々に形成されるようになり、現在では約30の交流会が開催されている。その背景として、集合住宅などで避難者同士が空間的に近い場合には自発的な交流会が形成されてきたが、分散してしまった避難者が繋がるためには、避難先の市町村もしくはボランティアによる働きかけが不可欠であった（原田・西城戸 2013）。そして、こうした交流会は、孤立化を防ぐ交流の場として機能するとともに、避難先の自治体や外部の支援団体と避難者を結ぶ窓口になっている。

　第3に、情報提供である。避難者に対しては、避難元・避難先の自治体から広報の発送やタブレットの配布などが実施されてきたが、埼玉県では避難者向け情報誌『福玉便り』が発行されている点に特徴がある。『福玉便り』は、さいたまスーパーアリーナの支援に関わっていた3団体によって2012年4月に創刊され、現在に至るまで毎月4000部を発行している。その誌面では、行政などの情報が届きにくくなっている避難者に向けて、各地の交流会やイベントを紹介するとともに、子育て・教育・健康などの情報を掲載している。また、各地の交流会・当事者団体を地図・カレンダーで可視化することで、当事者団体間の連携や他地域での交流会・当事者団体の形成を促すという効果ももたらしている。さらに2012年から毎年3月に、県内の避難者数の最新情報やさまざまな避難者の声をまとめた『福玉便り・春の号外』を、当事者や一般の県民、行政関係者などに向けて刊行している。

　第4に、官民協働による訪問活動である。先駆的な例としては越谷市が、当事者・支援者からの要望を受けて、2011年10月から市内の避難者を臨時職員として雇用し、訪問活動を実施した

（西城戸・原田 2013）。そして、2013年7月に浪江町の復興支援員が埼玉県に配置されたことを皮切りに、双葉町・大熊町・富岡町および福島県も復興支援員を設置し、戸別訪問などを実施している。こうした戸別訪問によって、交流会に参加できない避難者のニーズを把握し、専門機関に繋いでいる。

そして、これらの支援活動を繋ぐものとして、連絡会議の存在がある。2011年5月から2013年3月にかけては、埼玉弁護士会の呼びかけによる「震災連絡協議会」が断続的に開催され、市町村の職員と士業団体、民間の支援団体による情報交換が行われていた。また、2012年7月からは埼玉県労働者福祉協議会の呼びかけによる「福玉会議」が隔月で開催されており、埼玉県内の当事者団体や支援団体の関係者が出席している。この会議には、福島県職員や双葉4町の役場職員も出席するようになり、現在も活発な議論を続けている。さらに、「福玉会議」から派生して、当事者の代表が小規模に議論をする「福玉リーダー会議」も、2014年6月から隔月で開催されている。

埼玉県では、以上のような支援活動が、比重を変えながら現在まで継続的に展開しており、国や東電の賠償では解決できない避難生活を多面的に支えている。こうした活動に共通しているのは、埼玉県に存在している多様な立場の避難者に対し、いかなる避難者の選択も肯定できるように間口の広い支援を展開していることである。そして、交流会で代表が支援者から避難者に交代したり、避難者自身による訪問活動が展開したりしながら、支援者は徐々に後方に下がって、避難者たちの生活再建・復興をともに考える方向へと移行しているのが、埼玉の避難者支援の現状である。

支援の課題と今後の方向性

それでは、埼玉県における避難者支援はどのような課題を抱えており、今後の避難者支援はどのような方向を目指すべきだろうか。

1点目として挙げられるのが、「まだ、避難直後から変わっていない」人もいれば、すでに新たな生活をスタートさせ、「もう避難者とは呼ばれたくない」という人がいるように、「立場の分散」が大きくなっていることである。その要因はさまざまであり、強制避難区域からの避難者と避難指示区域外からの避難者の違い、もともとの生活状況の差、年齢や家族構成の違いが関連しているといえる（西城戸・原田 2014）。もちろんニーズがなくなった支援は続ける必要はないが、個別の事情を考慮したうえで、支援を継続していく必要がある。

この点に関して、生活に密接したニーズであるほど、どこまで「避難者支援」として支援していいのか、避難者ではない地元の同様の境遇の人々に支援をしていないことが逆の差別を生んでいるのではないかという問題点も、同時に立ち上がってくる。さらに、避難者支援団体では対応できないケースが増加することも予想される。これについては、受け入れ先の地域社会で就労支援・子育て支援・介護支援や困窮者支援などに取り組んでいる既存の団体にバトンタッチできるような体制を作ることが重要になるだろう。

他方で、原発避難に伴う固有の問題も未解決のまま温存されていく可能性がある。避難者の実態を一番確実に捉える方法は、復興支援員が戸別訪問をして避難者から話を聞くことである。戸別訪問は時間がかかるが、復興支援員と避難者、さらには避難者同士の新たな人々のつながりが

できる可能性がある。それは避難者の孤立を回避する有力な手段であると同時に、避難者の状況やニーズなどの情報が集約され、支援活動に即座に対応できる体制にも繋がる。今後は復興支援員の数を増やすことも検討する必要があるだろう。

2点目に、埼玉県では、基本的に避難先の地域を基盤として交流会・当事者団体が立ち上がり、「埼玉県」という枠内で支援活動の連携がなされてきた。だが、避難元の地域ごとに復興のあり方は大きく異なるだけではなく、避難先では異なる避難元の人々が異なった生活状況で暮らしている。それゆえ、帰還するか移住するかを問わず、県外で生活している避難者たちが避難元のコミュニティに関わっていく回路を確保していくことが、今後の課題となるだろう。福島県と双葉4町によって復興支援員事業が行われ、「福玉会議」に福島県職員や双葉4町の役場職員が出席して議論を重ねていることは、その端緒である。

ただし、「〇〇町出身」というアイデンティティは、出身者同士がコミュニケーションを取る上で重要なつながりであるが、これからの「コミュニティ」や「町」を考えていく際には、本来は「字」レベルでの小さいコミュニティの集合からスタートし、コミュニティや町を考えていく必要がある。だが、広範囲に拡散した人々が「字」単位で集まることは困難である。県内と県外で避難者が心情的に分断されている状況の中で、新たな「コミュニティ」「町」を作る主体をどこに求めるのか。支援者はこの先のコミュニティ、町を想起する主体への側面支援も求められているといえるだろう。

原発事故から5年目に入り、多様な立場の避難者が多様な支援を必要としているという事実を前に、支援者たちはその対象・範囲・正統性・期限をめぐって葛藤を続けている。その葛藤のなかで、少なくとも受け入れ先の支援者たちにできることは、政府において「帰ること」と「復興」、「コミュニティの再生」と「避難指示を一刻も早く解くこと」が同義にされている現状に対し（山下・市村・佐藤 2013）、県外避難者たちのいかなる立場も承認しつつ、県外避難者の切り捨て政策に抗っていくことではないだろうか。そして、「誰に対して、どのような支援を、どのような根拠（正統性）をもって、いつまで続けるべきか」を自己再帰的に考え続けていくことが、5年目以降の避難者支援活動の前提であり、そのような支援の具体化が求められている。

引用文献

今井照、2014『自治体再建——原発避難と「移動する村」』筑摩書房
西城戸誠・原田峻、2013「東日本大震災による県外避難者に対する自治体対応と支援——埼玉県の自治体を事例として」『人間環境論集』14（1）：1-26
西城戸誠・原田峻、2014「埼玉県における県外避難者とその支援の現状と課題」『人間環境論集』15（1）：69-103
似田貝香門編、2008『自立支援の実践知——阪神・淡路大震災と共同・市民社会』東信堂
原田峻、2012「首都圏への遠方集団避難とその後——さいたまスーパーアリーナにおける避難者／支援者」山下祐介・開沼博編『「原発避難」論——避難の実像からセカンドタウン、故郷再生まで』明石書店
原田峻・西城戸誠、2013「原発・県外避難者のネットワークの形成条件——埼玉県下の8市町を事例として」『地域社会学会年報』25：143-156
山下祐介・市村高志・佐藤彰彦、2013『人間なき復興——原発避難と国民の「不理解」をめぐって』明石書店
山下祐介・菅磨志保、2002『震災ボランティアの社会学——〈ボランティア＝NPO〉社会の可能性』ミネルヴァ書房

9 子ども・被災者支援法の成立と現状

福田健治・河﨑健一郎（弁護士）

立法運動の高まりと子ども・被災者支援法の成立

　政府の避難指示に基づく避難者だけではなく、いわゆる自主避難者をも含めて公的な支援施策を行うための法律が必要である、ということは、2011年の暮れごろから指摘されていた。全国の自治体に先駆ける形で2011年暮れには福島県のいわき市議会が決議を行い、これに呼応する形で、日本弁護士連合会も原発事故被害者の援護のための特別立法制定を求める意見書を公表した。

　市民団体の中からも、特に20mSv問題にかかわっていた環境団体、当事者団体などを中心に「避難の権利」の確立を求める声が高まり、立法を求める広範な市民運動へと発展していった。

　当時与党であった民主党の中では、原発事故収束プロジェクトチーム（荒井聰座長、谷岡郁子事務局長）を中心に検討が進められ、多くの市民団体との情報交換がなされた。当時野党であった自民党、公明党、みんなの党、共産党、社民党、新党改革といった各党も、子どもや妊婦の健康調査と医療に重点を置いた法案の形で検討を進めた。当初両案の隔たりは大きく、また、政府も成立に難色を示していたが、超党派の有志議員が主導する形で与野党案の統合が進められ、一本化が果たされた。

　そうして正式名称を「東京電力原子力事故により被災した子どもをはじめとする住民等の生活を守り支えるための被災者の生活支援等に関する施策の推進に関する法律」と題する法律、いわゆる「子ども・被災者支援法」が、ねじれ国会下の参議院に超党派の議員立法として提出され、2012年6月21日、衆議院本会議において可決され、成立したのである。

　この法律は、震災以降多く作られた震災対策立法の中でも唯一、原発事故被災者の生活支援のために作られた法律であるといえる。

　法案起草の初期の段階から、多くの市民団体や当事者が声を上げ、ヒアリング等に加わってきた。与党と野党の枠組みを乗り越えた超党派の議員が主体となって共同提案し、全会一致で可決された。衆参両院での委員会採決には多数の市民が傍聴に訪れ、採決がなされると歓声と拍手が沸き起こり、発議者の議員と肩を叩き合う姿も見られた。国会議員が市民とともに作り上げたという意味で、まさに「市民立法」と呼ぶにふさわしい法律であった。

> 「被災者生活支援等施策」は、被災者一人ひとりが、「支援対象地域」における居住、他の地域への移動および移動前の地域への帰還についての選択を自らの意思によって行うことができるよう、被災者がそのいずれを選択した場合であっても適切に支援するものでなければならない。（第2条第2項）

居住する権利　　避難する権利　　帰還する権利

図9-1　子ども・被災者支援法の基本理念

子ども・被災者支援法の概要

　法律の定める支援内容について見ていこう。

　支援法は「放射性物質による放射線が人の健康に及ぼす危険について科学的に十分に解明されていない」という認識を前提とし、「被災者の生活を守り支えるための被災者生活支援等施策」を実施することを定めている（第1条）。

　「科学的に十分に解明されていない」という前提に立つと表明している点が重要である。科学的に謙虚な立場に立つことは、予防原則を踏まえた支援策を講ずることに整合的といえる。

　具体的には、「被災者一人一人が支援対象地域における居住、他の地域への移動及び移動前の地域への帰還についての選択を自らの意思によって行うことができるよう、被災者がそのいずれを選択した場合であっても適切に支援する（第2条）」ことを基本理念として掲げている。これは、被ばくを可能な限り避けながら住み続けることも、被ばくを回避するために避難をすることも、また、避難先から元の居住地に帰還することも、そのいずれの選択をも肯定し、支援すると宣言したものであり、後述する「被ばくを避ける権利」を認めるものであるとして評価できる。

　この法律に基づく支援が受けられる対象は、「支援対象地域（第8条第1項）」に居住、または居住していた者およびそれに準ずる者（被災者）となっている。支援対象地域に指定された場合、どのような支援が受けられるのだろうか。この法律によれば、医療の確保、子どもの就学等の援助、学校給食の放射性物質検査機器設置、除染、自然体験活動（保養）等を通じた心身の健康の保持に関する施策等が国の責任において講じられることとなっている（第8条）。

　支援対象地域から避難を選択した者に対する支援はどうなっているだろうか。この法律によれば、支援対象地域からの移動の支援、避難先における住宅の確保、避難した子どもの学習等の支援、避難先における就業支援、移動先の行政サービスを円滑に受けられるための支援、家族と離れて暮らすこととなった子どもに対する支援等の施策が国の責任において講じられることとなっている（第9条）。

　なお、支援対象地域からの避難者に対して講じられるこれらの支援は、避難先から元いた地域への帰還を選択した被災者にもほぼ同様に適用されることが定められている（第10条）。

　これらの支援施策が具体的に講じられることにより、支援対象地域内での放射線被ばくのリス

クを低減しながらの継続居住、放射線被ばくのリスクを避けるための避難、避難先からの帰還のいずれの選択をも、実質的に保障されることが求められている。

この法律のいま一方の柱が、子ども・妊婦に対する医療費の減免規定であった。

第13条第3項に、被災者である子ども・妊婦が医療（原発事故による放射線による被ばくに起因しない負傷または疾病に係る医療をのぞいたものをいう）を受けたときに負担すべき費用の減額または免除することが定められている。これは、当初案では「放射線による被ばくに起因する健康被害が将来発生した場合に」と、医療費の減免を主張する側に立証責任が課せられていたものを、与野党協議での激論の末、原則として医療費の減免を認め、被ばくに起因しない負傷または疾病であることの証明責任は被告側たる国が負う旨の「ネガティブリスト方式」にすることで決着したものであった。

国連人権理事会の特別報告者であるアナンド・グローバー氏は、この法律を、「（原発事故）被災者の避難を選択する権利を認めたものである」として国連に報告している。

支援法は国会議員の全会一致という後押しのもと、希望とともに生み出され、自主避難者を含めた原発避難者の支援に向けて国が本格的に取り組む大きな政策転換のきっかけとなるはずであった。

放置された基本方針と骨抜きになる支援法

しかし、基本方針の素案は一向に示されなかった。

子ども・被災者支援法は、法律事項を含まず理念法に留まる。どの地域が支援対象地域に指定され、誰がこの法律による支援施策の対象になるのか、そして、この法律に基づき実施される支援施策の具体的な内容についても、復興庁が立案し最終的には閣議決定される「基本方針（法第5条）」に委ねられている。

子ども・被災者支援法に先立って同じく全会一致で成立した、福島復興特措法（福島復興再生特別措置法）の基本方針は、法律成立後およそ3ヵ月程度で成立していることと比較しても、子ども・被災者支援法の基本方針策定の遅れは顕著であった。

たまりかねた被災当事者が国を相手取って、2013年8月22日、子ども・被災者支援法が放置されていることが違法であることの確認と、一人当たり1円の国家賠償を求める裁判を提起するに至ってはじめて、復興庁は基本方針案を公表した。公表された基本方針案には多くの問題があり、被災自治体の首長や議会を含めた多数のパブリックコメントや意見が寄せられたが、それらの意見は殆ど反映されることなく、10月11日にほぼ原案通りに閣議決定された。

この閣議決定は、とりもなおさず支援法の精神を骨抜きにすることが決定された瞬間でもあった。決定された基本方針の問題点を見ていこう。

まず、基本方針の策定プロセスの問題である。被災者支援法は、基本方針の策定にあたって、原発事故の影響住民や避難者の意見を反映させるための措置を採ることを、明文で定めている。しかし、基本方針の案を発表した復興庁が意見反映のための措置として発表したのは、パブリックコメント（パブコメ）を2週間にわたって実施することと、福島県で説明会を実施することの2

点だけだったため、パブコメの期間が短すぎる、避難先である全国の自治体で公聴会を行うべきとの批判が相次いだ。最終的に、復興庁はパブコメの期間を10日間延長したが、それでも行政手続法上のパブコメ期間である30日に満たない短い期間に限られた。また、東京での説明会は開催されるに至ったが、その他の避難先自治体では結局開催されず、また意見を反映させるための「公聴会」ではなく説明会に留まった理由も明らかにされなかった。復興庁は、これらのほかにも、基本方針案の発表以前から、復興庁職員が各種会合に出席して意見を聞いてきたと釈明しているが、その復興庁職員とは、被災者や被災自治体を罵倒する内容をツイッターに書き込んだことが明らかになり更迭された水野靖久元参事官であって、表明された意見が真摯に検討されたと信頼することは困難であろう。

　このように、基本方針策定に向けたプロセスは、影響住民・避難者の意見反映を明文で定めた子ども・被災者支援法の趣旨に沿ったものと評価することはできない。

　一方で、短いパブコメ期間でありながら、復興庁の集計で4963件もの意見が寄せられ、千葉、茨城、栃木3県の14市からも基本方針案を批判する意見書が提出されたことは、基本方針案に対する市民や自治体の関心の高さを示したものの、寄せられた多くの意見はほとんど反映されることなかった。

　次に内容面の問題である。もっとも問題なのは、支援対象地域の指定範囲が狭すぎる点である。法律は、放射線量が年間20mSvを下回るが一定の基準を上回る地域を支援対象地域と定義している。被災者や支援団体からの意見は、年間1mSvを超える地域を支援対象とするよう求めており、また自治体から表明された意見でも、除染対象となっている汚染状況重点調査地域（年間1mSvを基準に指定）について、全て支援対象とするよう求める意見が多かった。しかし、基本方針は、線量に関する一定の基準について、「事故後『相当な』線量が広がっていた地域」とあいまいにした上で、福島県中通り・浜通りの避難指示区域を除く33市町村のみを支援対象地域に指定した。原発事故による放射能汚染は福島県外にも広く広がっており、この支援対象地域は狭きに失している。また、この地域設定は、福島県外も支援対象地域となる旨の国会での答弁＝立法者意思にも反する。

　被災者支援法は、被災者が避難の選択を「自らの意思によって行うことができるよう」適切に支援することを定めている。ここには、居住・避難に関する自己決定を尊重し、その決定が可能な環境を政府が整えるとの決意が表明されていた。ところが、基本方針は、施策の基本的方向として、被災者が「自らの意思によって」避難した場合であっても適切に支援するとだけ記載されている。ここで想定されているのは、すでに避難を選択した被災者に対する支援であって、そもそも避難の選択を可能にするための支援という法の理念がすっぽりと抜け落ちている。

改めて問われる原発事故被害者の権利

　被災者支援法は、一定以上の放射線量の地域について、住み続けること、避難すること、避難先から帰還することのいずれをも、自らの意思によって行うことができることを宣言している。この基本理念の背後にあるのが、「被ばくを避ける権利」の考え方だ。

憲法は、前文において、恐怖から免れ平和に生存する権利を定め、25条において健康で文化的な最低限度の生活を営む権利を保障している。また、13条は、生命に対する権利について、国政の上で最大限の尊重を求め、経済的、社会的及び文化的権利に関する国際規約（社会権規約）12条1項は、到達可能な最高水準の健康を享受する権利を認めている。これらの人権規範は、低線量被ばくの影響下にある現在の被災地の現状において、人々に、被ばくを避ける権利を保障しているものと言える。そして、一方において、被ばくを回避するための端的な方法としての避難を保障するための「避難する権利」が確保されなければならず、他方において、放射性物質による汚染下での居住を選択した人々には、「日常生活において可能な限り被ばくを避けて生活をする権利」が認められる必要があろう。かくして、「避難する権利」と「日常生活における被ばくを避ける権利」からなる「被ばくを避ける権利」が構想されることになる。

　被災者支援法が、居住継続と避難について、選択を可能にするための支援を理念として掲げ、双方への支援内容をメニューとして定めているのは、まさに「被ばくを避ける権利」を法定化したものと評価できよう。

　避難や被ばく回避を「権利」と称することの意義は、次の2点にある。

　第一に、避難や被ばく回避の問題を、各個人の権利の問題として捉えることにより、国家やコミュニティによる介入を防止することができる。これまで避難区域外から避難したいわゆる自主避難者たちは、出身地域コミュニティの側からのいわれのない非難・批判にさらされてきた。福島県の「2020年避難者ゼロ」計画は、まさに自主避難＝コミュニティ崩壊者との前提に立った施策に他ならない。しかし、被ばくを回避し健康を確保するための個人の選択は、憲法上の根拠を有する人権であって、国家やコミュニティの集団維持のための犠牲となってはならない。

　第二に、避難や被ばく回避のための措置を、個々人の「義務」ではなく「権利」＝「選択」として構成することである。原発事故に伴う避難区域の設定により、9万人以上の人が住み慣れた地域を強制的に追い出され、全面的な生活とコミュニティの破壊をもたらした。国家の指示による避難は、人々の居住権や財産権に対して著しい打撃を与える。これを正当化するためには、その権利制約の重大さにふさわしい必要性と許容性が論証されなければならない。

　子ども・被災者支援法の現状は厳しい。官僚主導で作られる閣法に比べて、議員立法の場合には継続的にできた法律を育て上げる政治的リーダーシップが問われるが、政権交代などの余波も受け、そうした環境整備を十分にすることができなかったことが、子ども・被災者支援法の骨抜きを許してしまった主因といわざるを得ない。

　しかし一方で、子ども・被災者支援法が目指した被ばくを避ける権利の確立へ向けた考え方そのものには、なお参照されるべき意義がある。子ども・被災者支援法の理念を参照しながら、しかし子ども・被災者支援法の枠組みにとらわれすぎることもなく、原発避難者を支援するための法制度について、いま改めて立法府において議論することが求められている。

10 チェルノブイリ原発事故「避難者」の定義と避難者数の把握

ロシア・チェルノブイリ法の例を参考に

尾松 亮（ロシア研究者）

はじめに ── 参考例としてのチェルノブイリ法

　日本ではいまだ、そもそも誰を「原発事故避難者」と認めるのか、統一的な見解・共通認識がない。自治体ごとに「原発事故避難者」数の算出方法や基準も異なる。その結果、原発事故をきっかけに転居した人々の数、避難者の方々が直面している問題の把握がきわめて困難となっている。それはここまで見てきたとおりだ。

　「誰を『原発事故避難者』と認めて、国の責任で保護するのか」という原則が曖昧なままになっている。ここに最も根本的な問題があると、本稿の筆者は考えている。

　1991年に制定されたチェルノブイリ被災者保護法（チェルノブイリ法）は、法律によって「原発事故被災地の範囲」を定めた。そしてその「被災地」から転居した人々を、「原発事故避難者」と認め、国家補償・支援の対象にしている。

　チェルノブイリ法の「避難者保護」の原則はどのようなものか。この法律に基づいて、チェルノブイリ被災国ではどのように、原発事故避難の実態を把握しているのか。チェルノブイリ被災地の例を検討することで、日本における「原発事故避難者支援制度」の問題点を浮き彫りにしたい。

チェルノブイリ法における「避難者」の定義と類型

　チェルノブイリ法とは、1991年に旧ソ連で成立したチェルノブイリ原発事故被災者保護法である。1991年2月にウクライナ共和国法が定められ、同年ベラルーシ共和国、ロシア共和国でも同様の内容のチェルノブイリ法が成立した。ソビエト連邦自体は91年末に解体されるが、これら3ヵ国では独立以後もチェルノブイリ法の運用を続けてきた[1]。チェルノブイリ法は、事故収束労働者やその遺族、避難者や汚染地域住民等、幅広い被災者を対象とする。また、チェルノブイリ法に定められた支援策は、健康保護や財物補償、住宅・公共サービス上の優遇など、多岐に及ぶ。本稿ではロシア連邦のチェルノブイリ法[2]を例に、原発事故避難者保護の制度に注目する。

　注目したいのは、チェルノブイリ法で「原発事故避難者」の要件が明確に定義されていることだ。

　チェルノブイリ法は、収束作業者や被災地住民、避難者等幅広い層の市民を、社会的保護・補償の対象としている。

　被災地住民及び避難者は、法律上「汚染地域の滞在者（および滞在していたもの）」というカ

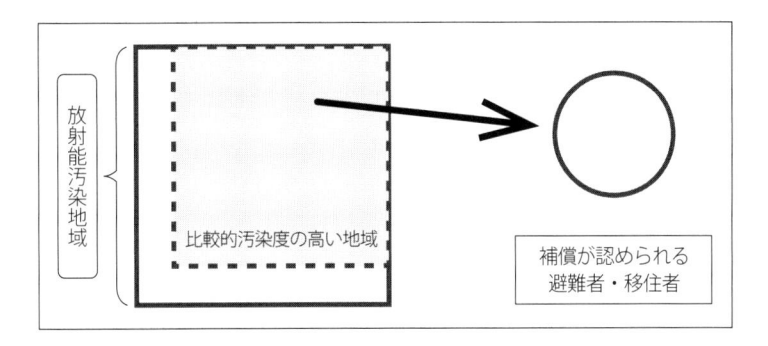

図10-1　チェルノブイリ法における「避難者・移住者」の概念図

テゴリーでまとめられる。原発事故により滞在している（いた）地域が放射能汚染を受けた者、「環境犯罪（基準違反）」の被害者という位置づけだ。

そのうち「避難者・移住者」とは、「放射能汚染地域に滞在（居住）していた者」（つまりすでに別の地域に出ていった者）である。一定期間汚染地域に滞在するリスクを強いられたことに鑑み、保養・健康診断などの支援が認められる。また移住に際しての引っ越し費用の補助や、移住に伴い喪失した財産（不動産や家財など）の補償がなされる。

チェルノブイリ法が定める「被災者」カテゴリー(13条)のなかで、「避難者・移住者」に相当するのは以下である。

- 1986年に疎外ゾーン[3]から避難させられた者（自主避難者も含む）または1986年およびその後の年に退去対象地域から移住した（移住する）者（自主的移住者も含む）。これには児童及び避難時に胎児であった（である）子どもも含まれる。
- 1986年及びその後の年に移住権付居住地域から新たな場所に自主的に移住した市民。

上記引用のなかで下線を引いた「疎外ゾーン」「退去対象地域」「移住権付居住地域」というのは、チェルノブイリ法による被災地区分の名称である。放射能汚染地域からの避難者を概念図（図10-1）に示す。

まず「放射能汚染地域」が法律で定められる。その「放射能汚染地域」の一部から他の地域に避難・移住した人々が「原発事故避難者」である。これがチェルノブイリ法の「原発事故避難」に関する基本的考え方である。

チェルノブイリ法では、一定の汚染度（3万7000Bq/㎡）を超える地域を「放射能汚染地域」と定める。「放射能汚染地域」は、強制避難対象地域や「移住の権利」のある地域など、いくつかのゾーンに分類される。

これらゾーンのうち、比較的汚染度の高いゾーンから国の指示で移住した人々（強制避難及び義務的移住）、および自主的に避難した人々（保証された自主的移住）、が法的補償・支援の対象となる。

参考までに表10-1にゾーン分類の表（ロシアの場合）を示した。第1ゾーン～第3ゾーンでは、移住に対する補償がある。

表10-1 チェルノブイリ法のゾーン区分（ロシア）

地域区分	土壌汚染度	追加被ばく量	居住・移住・就労の規定
1. 疎外ゾーン	チェルノブイリ原発周辺地域、及び1986年及び1987年に放射性安全基準に従って住民の避難が行われた地域		住民の定住は禁止される。企業活動や自然利用が制限される。
2. 退去対象地域	土壌汚染度セシウム137が15ci/km²以上またはストロンチウム90で3ci/km²以上、またはプルトニウム239、240で0.1ci/km²以上	40ci/km²以上または、追加被ばく量5mSv/年超	義務的移住（定住は認められない）。
		40ci/km²未満かつ追加被ばく量5mSv/年以下	・移住を希望する住民には移住に関わる補償を受ける権利が認められる。 ・居住リスク補償
3. 移住権付居住地域	土壌のセシウム137濃度5ci/km²以上15ci/km²まで	追加被ばく量1mSv/年超	・移住を希望する住民は移住に関わる補償を受ける権利が認められる。 ・居住リスク補償
		追加被ばく量1mSv/年以下	・移住権なし ・居住リスク補償
4. 特恵的社会経済ステータス付居住地域	セシウム137の土壌汚染度1ci/km²以上5ci/km²まで 追加被ばく量1mSv/年以下		住民に対する放射線被害対策医療措置、住民の生活レベル向上のための環境保全・精神ケアサポートが実施される。

この地域からの「避難者・移住者」は支援・補償の対象となる

＊「移住権付居住地域」及び「特恵的社会経済ステータス付居住地域」について、セシウム137以外の半減期の長い放射性核種による放射能汚染濃度に応じて当該地域の境界を画定する追加的基準は、ロシア連邦政府によって定められる。1Ci（キュリー）は370億Bq。

「放射能汚染地域」のなかでも、第4ゾーン「特恵的社会経済ステータス付居住地域」からの移住者に対しては移住の支援は認められない。また第3ゾーン「移住権付居住地域」でも1mSv/年を下回る地域からは、移住の支援・補償は認められない。

「避難・移住」の類型

チェルノブイリ法で保護の対象となる「原発事故避難」には三つのタイプがある。「強制避難」「義務的移住」および「保証された自主的移住」である。

「強制避難」は不測の事態から住民の生命を保護するために、緊急に半ば無理やりにでも住民を連れ出す行為である。チェルノブイリ原発周辺30km圏からは、原発の「再爆発」可能性も考慮して、全住民の避難が行われた。

②の「義務的移住」とは何か。「チェルノブイリの「強制移住」の基準は5mSv」と紹介されることがあるが、これは誤りだ。チェルノブイリ法に「強制移住」という言葉はない。①の「強制避難」と②の「義務的移住」を混同し、不正確なイメージを作り上げている。

「義務的移住」は、「（1991年以降）5mSv/年」の平均実効線量を超える地域に適用される。もともとソ連の放射線安全基準で、「5mSv/年」は、核施設周辺住民など住民の一部に対する年間被ばく限度として定められていた。チェルノブイリ法では、この被ばくレベルを超える地域には、

表10-2 チェルノブイリ法における避難と移住の類型

概念分類	原語	内容	対象ゾーン
①強制避難	Эвакуация (Evacuation)	事故時の放射性安全基準に基づいて30kmゾーンおよび他の一連の地域で行われた強制避難。	疎外ゾーン (30km圏他)
②義務的移住	Обязательное отселение/Безусловное отселение (Absolute〔Compulsory〕Resettlement)	チェルノブイリ法に基づき、平均実効線量5mSv／年超の地域で求められる。汚染度の高い地域から段階的に移住をさせる。(いまなお未完了)	退去対象地域 (無条件退去ゾーン)
③保証された自主的移住	Гарантированное добровольное отселение (Guaranteed Voluntary Resettlement)	チェルノブイリ法に基づき平均実効線量1mSv／年超の地域に認められる「移住権」を行使しての移住。	移住権付居住地域 (保証された自主的退去ゾーン)

原則として居住を認めない。「原則認めない」と言っても、「義務的移住」の場合、緊急強制避難を求めるわけではない。移住の準備を整え、対象地域のなかでも優先順位を決めて、段階的に移住が行われる。数年に及ぶ段階的な「計画的避難」といった方が現実に近い。

また、厳密にいえばチェルノブイリ法には、純粋な「自主避難」という概念がない。一方で、上述のとおり、「移住の権利」が認められるゾーンが設定されている（表10-1参照）。この権利に基づいて移住する人々には雇用や住宅など必要な支援を国が行う。その意味で、自己責任の自主避難ではない。厳密には「保証された自主的移住」と呼ばれる。

しかし当該「移住権付」ゾーンからであっても、ただ出ていくだけでは、単なる引っ越しである。移住の意思表明をし、移住元地域の不動産証明や移住先地域での居住証明等の書類を提出し、一連の手続きを経ることによって「自主的移住」が支援・補償の対象となる。

なお、移住権は家族単位で認められる。「移住権」を行使するためには世帯内の成人メンバー全員の同意が必要になる。母子避難など、世帯を分断する「移住」の選択肢は認められていない。

もともとチェルノブイリ被災地でも「保証なき自主避難」の問題があった。放置されていた「自主避難」の現実に、法的位置づけを与える工夫が、「移住権」「保証された自主的移住」という考え方を生んだのだった。

チェルノブイリ法ができたのは事故から5年後だ。それまでにすでに多くの人々が、国の指示のないまま自主避難をしていた。では、これら初期に自主的に避難・移住した人々は保護の対象になるのだろうか。

結論から言えば、対象になる。チェルノブイリ法13条の条文から対象箇所を以下に示す。

- 1986年に疎外ゾーンから避難させられた者（自主避難者も含む）または1986年及びその後の年に退去対象地域から移住した（移住する）者（自主的移住者も含む）。これには児童及び避難時に胎児であった（である）子どもも含まれる。

- 1986年及びその後の年に移住権付居住地域から新たな場所に自主的に移住した市民。

下線部に示したように、1991年のチェルノブイリ法制定以前であっても、1986年以降に対象地域から「自主的に移住した者」は支援と補償の対象になる。

「事故当時対象地域に住んでいた」という事実は、住民登録から割り出すことができる。しかし、補償を受けるためには、当該地域に有していた不動産・家財などの価値、移住先での住環境や雇用の状況などを証明しなければならない。認定のために、多くの書類と手続きが必要になることが予想される。

避難者数の把握

このようにチェルノブイリ法では対象となる「被災地」を定義し、そこからの「避難者・移住者」を法的保護の対象とする。これにより、制度上は「原発事故避難者」数を、比較的明確に把握できる。

表10-3に示すのは、ロシア連邦統計局による「放射能汚染地域」の人口動態である。そのなかから、ロシアで特に汚染度の高い、ブリャンスク州の人口増減データを紹介する。

注目すべきは、単なる「移出」と「「退去」による移出」が区別されていることである。「「退去」による移出」とは上述の「義務的移住」または「移住権」に基づく移住のことである。

「義務的移住」の場合は、どこの地域から何人「移住」させられたのかが登録される。「移住権」に基づく移出の場合も、申請や手続きが必要なため、通常の引っ越しとは区別して登録される。移住元、移住先の自治体それぞれは、国が定めた基準に従って「保証された自主的移住」「義務的移住」の数を記録する。この基準に従っている限り、自治体側のミスさえなければ、避難者数把握に自治体ごとのばらつきはありえない。

このようにして「避難・移住」の形態を法的に定めることにより、「原発事故避難」の定義が明確になる。そして自治体の側でも、統一の基準に基づいた避難者数の把握が可能になっている。

表10-3 チェルノブイリ原発事故の結果放射能汚染をうけた地域における定住者数の変動
(地方自治体のデータによる※)

州名	年	定住者数(年始)	出生	死亡	移入	移出	内「退去」による移出	定住者数(年末)
ブリャンスク州	2011	188,407	2,321	3,177	8,003	9,490	608	186,064
	2012	186,064	2,452	2,945	9,389	12,069	714	182,891
内「退去対象地域」	2011	72,780	925	1,216	3,443	3,498	419	72,434
	2012	72,434	1,002	1,201	4,000	4,801	425	71,434

※1997年12月18日ロシア連邦政府決定No1582により定められた居住地点リストに基づく。
資料：連邦統計局

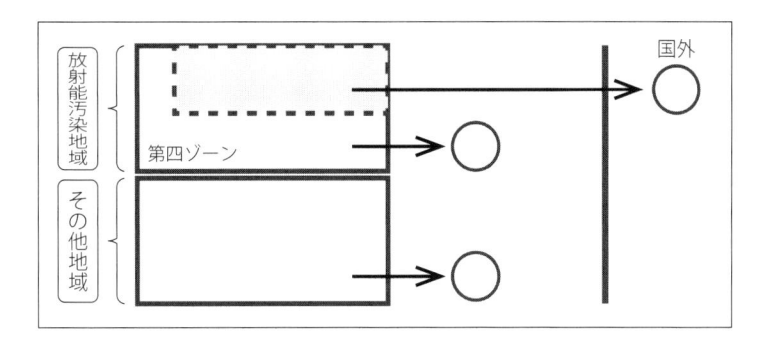

図10-2　チェルノブイリ法の社会的保護・補償の対象とならない避難・移住

汚染地域以外の地域からの避難、国外への避難

　しかし、「原発事故避難を法的に定義する」ことは、定義から漏れる「避難」を生み出すことと表裏一体である。上述のとおり、「強制避難」「義務的移住」「保証された自主的移住」の三つが、チェルノブイリ法において社会的支援・補償の対象になる「原発事故避難」だ。
　逆を言えば、これ以外の「避難・移住」はチェルノブイリ法の定める社会的支援・補償の対象にならない。
　例として次のタイプの移住・避難は対象外となる。

- チェルノブイリ法で「放射能汚染地域」と認められない地域（セシウム137の土壌汚染度が3万7000Bq/㎡未満）から「避難・移住」した場合。
- 第四ゾーン「特恵的社会経済ステータス付居住地域」（強化された放射線管理ゾーン）から避難・移住した場合[4]。

　また、国外への避難・移住もチェルノブイリ法の保護対象にはならない。前述したようにチェルノブイリ法はロシア連邦法、ウクライナ共和国法などとして定められており、例えばロシア版チェルノブイリ法で社会的支援・補償の対象となるのは「ロシア連邦国民およびロシア連邦に定住のために移住した外国人」のみとなる。ロシア国外に避難・移住した場合に、ロシアのチェルノブイリ法に基づく支援や補償は受けられない。なおロシアの被災地からベラルーシまたはウクライナに移住した場合には、当該国のチェルノブイリ法に基づく一定の支援を受けうる。

なぜ「原発事故避難者」の実態を把握する必要があるのか

　「コンセプトの基本原理は、住民のCritical group（1986年生まれの子ども）にとってそれぞれの地域での自然条件で事故前に住民が受けていた被ばく量を超えるチェルノブイリ原発事故と関連した追加被ばく量の実効線量当量が1mSv/年、そして70mSv/生涯を超えないことである」
　これはチェルノブイリ法の基本原則を定めた、1991年2月27日の政府決議「ウクライナ・ソ

ビエト社会主義共和国のチェルノブイリ原発事故の結果として放射能汚染レベルの高まった地域における住民の居住に関するコンセプト」(ウクライナ・ソビエト社会主義共和国最高議会決定1991年2月27日付N791-XIIにより導入) に書かれた一文だ。

わかりやすい言葉でいえば、「事故の年に生まれた子どもに、1年間で1mSvを超える被ばくをさせない。生涯70mSvを超える被ばくはさせない」という約束である。

チェルノブイリ法では「1mSv/年」を超える追加被ばくを余儀なくされる地域を「被災地」と認めた。できる限り、一般住民の追加被ばくを「1mSv/年」以下に抑えることがチェルノブイリ法の原則である。だからこそ、このレベルを超える被ばくを余儀なくされる地域から避難する権利が認められ、避難者は法的保護の対象になるのだ。

このようにチェルノブイリ法は「原発事故被災地」の範囲と基準を定めている。そして、この「被災地」からの避難者・移住者に対して、国家が支援・補償する。

「原発事故被災地」の範囲と基準について社会的な合意がないまま、「原発事故避難者」の数を網羅的に把握することは困難だ。「原発事故避難者」に対する、社会的な支援制度を確立することも難しい。「どこからの転居者」の「誰」が対象になるかがわからないからだ。

そもそも、なぜ「原発事故避難者」を社会的に支援する必要があるのか。そしてなぜ「原発事故避難者」の数を把握しなければならないのか。

チェルノブイリ法の立法者からの回答は明快だ。

できる限り、国民に一定レベル以上の被ばくをさせないためである。そしてそのレベルを超えて被ばくを余儀なくされた住民を把握し、重点的に保護するためである。

「子ども・被災者支援法」に引き継がれるチェルノブイリ法の思想

「子ども・被災者支援法」は、「避難指示区域」外でも一定の地域で「国の支援を受けて避難する」権利を認めるものだ。国が支援すべき「原発事故避難者」の範囲を問い直し、「保証なき自主的避難」の現実を放置し続けることに疑問を提示した。

福田・河﨑論文にも述べられているとおり、同法の基本方針策定に際して、対象地域があまりに狭く設定され、設定基準も曖昧にされた[5]。そのため、同法は「原発事故避難」の問題に実質的解決を与えたとはいいがたい。

しかし、同法はいくつかの重要な点でチェルノブイリ法の考え方を引き継いでいる。「原発事故避難」の問題についても、同法は根本的な見直しを迫る起爆剤を内包している。

筆者は、当時の政府与党に対し「チェルノブイリ法」の考え方を基に、被災地域住民支援と避難者保護を両立する法律の策定を提案した。また「子ども・被災者支援法」の策定に際して、当時の政府のワーキングチームにも参加していた[6]。そこで筆者がチェルノブイリ法を参考に提案し、「子ども・被災者支援法」に取り入れられた考え方は、以下のようにまとめられる。

①「絶対危険」か「絶対安全」かではなく、低線量被ばくの影響は「確実にはわからない」という状況に置かれていることを考慮し、支援制度を作る[7]。

②「避難指示区域」（強制避難対象）の外でも、被ばく量が一定の基準（チェルノブイリ法では1mSv/年）を超える地域には、国の支援を受けながら避難・移住する権利を認める（チェルノブイリ法の「移住権」[8]）。

③当該地域には「避難指示」が出ているわけではない以上、当然住み続ける権利もある。住み続ける人々にも、健康被害の有無を問わず、リスクを強いられたことに対する補償、リスクを低減するための支援があってしかるべき（チェルノブイリ法の「居住リスク補償」）。

④避難者は将来的に（早期帰還だけではなく）元の地域に戻って来る選択肢を保証される。帰還に際しては、住宅や雇用などの支援を受けられるようにすべき（「帰還権」）。

①〜③については、チェルノブイリ法の条文にも近い文面が「子ども・被災者支援法」に反映されている。④「帰還権」については、チェルノブイリ法にはない考え方である。「移住権による避難」が「元の地域との絶交」ではなく、「一時的に転居するが、いつか戻って来る」という選択肢を保証できるよう、願いをこめた提案であった。

「子ども・被災者支援法」の社会的意義を考えるなら、以下の点を特に挙げたい。

- 「低線量被ばくの影響が未解明である」ことを法律に明記したこと。
- 避難指示区域外にも避難や居住に係る国の支援（東電の賠償ではなく）の必要性を定めたこと。
- 国の責任による健康保護施策を福島県外に拡大する余地を残したこと（福島県という一つの県の事故でなく、日本全体の問題であるということ[9]）。

「子ども・被災者支援法」の法律上の問題点としては、対象地域設定のための「基準」策定が、政府に委ねられ曖昧なままにされたことだ。

運用上の問題は、「居住・移動・帰還」どの選択も適切に支援することが定められながらも、政府の政策が「帰還（それも将来帰還でなく早期帰還）」一辺倒となっていることだ。

しかし「子ども・被災者支援法」は、今なお「原発事故避難」に関して、一つの問題提起となっている。政府が定めた「支援対象地域」の設定に、多くの避難者や支援者たちが違和感を表明している。だとすれば、国家補償・支援（民間の賠償ではなく）の対象となる「保証された自主的避難」の対象地域はどうあるべきか。しぶとく議論を続けることが、「子ども・被災者支援法」を活かす道であろう。

チェルノブイリ被災地では、原発事故により被害を受けた国土で、住民の長期的な安全を確保するための「被ばく量」の基準について、全国民的な議論が行われた。その議論の中で、「子どもたちに1mSv/年を超える追加被ばくは（できるかぎり）させない」という基本原則を確立した。「移住権」の制度も、「保養」や「健康診断」の制度も、すべてこの原則を実現するための具体策である。

日本では、この基本的スタンスをどこに定めるのか。今なお模索が続いているといえる。

このスタンス（基準）によって、社会的保護の対象となる「原発事故避難者」の数（そして

「勝手に引越ししただけ」とされてしまう人々の数）が変わる。これは、統計の問題ではない。一人ひとりの運命を左右する問題であり、国民を守る国の姿勢が問われている。さらには、それを求め続ける国民の意志が問われている。

注
1) 詳しくは『3.11 とチェルノブイリ法』（東洋書店）を参照されたい。
2) 1991年5月15日付（N1244-1）ロシア連邦法「チェルノブイリ原発事故の結果放射能被害を受けた市民の社会的保護について」（2011年7月11日 N206 -FZ版）。
3) 以降、引用文中の下線は本稿の筆者による。
4) なおウクライナ版チェルノブイリ法の場合には、妊婦と子どもに限り、医師の診断で必要が認められる場合第四ゾーンからの移住に対しても支援がなされる。
5) 2013年10月11日に閣議決定された同法の基本方針では「原発事故発生後、年間積算線量が20mSvに達するおそれのある地域と連続しながら、20mSvを下回るが相当な線量が広がっていた地域においては、居住者等に特に強い健康不安が生じたと言え、地域の社会的・経済的一体性等も踏まえ、当該地域では、支援施策を網羅的に行うべきものと考えられる。このため、法第8条に規定する「支援対象地域」は、福島県中通り及び浜通りの市町村（避難指示区域等を除く。）とする」と、福島県外の被災地域が支援対象から外されている。
6) 当時筆者が所属していた株式会社現代経営技術研究所の調査提言プロジェクトの一環で行ったものである。
7) 同法第1条には「当該放射性物質による放射線が人の健康に及ぼす危険について科学的に十分に解明されていないこと等のため、一定の基準以上の放射線量が計測される地域に居住し、又は居住していた者及び政府による避難に係る指示により避難を余儀なくされている者並びにこれらの者に準ずる者（以下「被災者」という）が、健康上の不安を抱え、生活上の負担を強いられており、その支援の必要性が生じていること及び当該支援に関し特に子どもへの配慮が求められていることに鑑み」と示されている。
8) 同法第2条2項には「被災者生活支援等施策は、被災者一人一人が第八条第一項の支援対象地域における居住、他の地域への移動及び移動前の地域への帰還についての選択を自らの意思によって行うことができるよう、被災者がそのいずれを選択した場合であっても適切に支援するものでなければならない」と規定されている。
9) 同法13条2項には「国は、被災者の定期的な健康診断の実施その他東京電力原子力事故に係る放射線による健康への影響に関する調査について、必要な施策を講ずるものとする。この場合において、少なくとも、子どもである間に一定の基準以上の放射線量が計測される地域に居住したことがある者（胎児である間にその母が当該地域に居住していた者を含む。）及びこれに準ずる者に係る健康診断については、それらの者の生涯にわたって実施されることとなるよう必要な措置が講ぜられるものとする」と規定されている。健康診断の対象として「福島県内」等の地域限定はなされていない。

Appendix 1
原発避難をめぐる学術研究

社会科学を中心として

原田 峻（立教大学）・西城戸 誠（法政大学）

原発避難に関する学術研究の概要捜索

福島第一原発事故の発生は、科学者・専門家たちの拠って立つ「知」のあり方を根底から問い直す出来事であった。3月11日直後から文理を問わずさまざまな研究者が福島県内外で調査を開始するとともに、多くの学協会が成果発信や提言などを行ってきた[1]。

その中で、原発避難に関する実証的な調査研究に取り組んできたのが、政治学・行政学・社会学・人類学などの社会科学系の研究者たちである。その内容は、①避難者を対象に、避難経緯や生活状況を明らかにする研究、②原発周辺自治体のコミュニティに関する研究、③受け入れ地域の自治体や民間の支援に関する研究、に大別することができる[2]。本稿ではこれらの区別に沿って、原発避難をめぐる社会科学系の議論を整理したい[3]。

なお①の避難者については、山下・市村・佐藤（2013: 125-126）に倣って、警戒区域・計画的避難区域・緊急時避難準備区域・特定避難勧奨地点に指定された「強制避難者」、避難指示がないものの避難を行っている「自主避難者」、避難はしていないものの放射線被ばくに常に留意しながら生活している「生活内避難者」という3つのカテゴリーを含めて議論する。

避難者を対象にした研究

第一に、避難者を対象として、避難の経緯や現時点での生活状況などを明らかにする研究がある。

原発事故直後から、主にマスコミや自治体・政府機関関係者によって避難者を対象とする質問紙調査が実施されてきたが、択一式の回答結果をもとに実態と離れた見解を披瀝していたり、調査対象が世帯主に偏っていたりするなどの問題を抱えていた（今井 2014b）。これに対し、個人を対象とする大規模な聞き取り調査によって避難者の心情の揺らぎを把握しようとする研究として、今井照と朝日新聞による一連の調査（今井 2011a; 2011b; 2013; 2014b）が挙げられる。今井らは、2011年6月から同一対象者へのパネル調査を行っており、避難生活の状況や帰還意志、住まいの再建の方向性などを時系列的に把握している。これらを踏まえて、今井（2014a）では、避難者が元の地域に戻る「帰還」でもなく、他の地域に定住するという「移住」でもない自己決定のあり方として、「待避」という状況を認めるべく、二地域の市民権を保障するなどの提言を行って

いる。ただし、今井らの調査においても母集団の定義は曖昧であり、その結果が「公表されることによって、本来、重要な変数として検討すべきはずの対象者の間の差異ではなく、むしろ一つの社会集団としての「避難者」の行動、意識として捉えられ、理解される恐れがある」（佐藤・高木・山本・山下 2013: 36）との批判がある。

しかしながら、このような母集団の定義は、今井だけでなく、避難者を対象とする調査研究すべてが直面する問題である。対象者へのアクセスの難しさはもちろんのこと、そもそも「避難者」とは誰なのかという定義が曖昧なために、何らかの偏りを持たざるをえないからである。

そのため、多くの研究は、自治体や支援団体の協力を得ることで、調査範囲を避難元自治体もしくは受け入れ自治体に限定した調査を実施してきた。これはどちらも限界を抱えており、避難者へのアクセスを避難元自治体に求めた場合、避難元自治体が「避難者」と定義した避難者のみが対象となり、それ以外の多様な「避難者」がこぼれ落ちることになる。一方、受け入れ自治体や支援団体のデータは、多様な避難者を取り上げることができるが、統一した基準でデータを収拾しないと母集団の確定が難しく、かつ避難者の申告によって避難者のデータが成り立っている。したがって、その地域の避難者の中で「目立った」存在（例えば、自主避難者に特化した研究）に着目した研究になるか、母集団を曖昧にしたままの「全体像の把握」という研究になる。こうした限界を踏まえた上で、各地の調査の概要を紹介したい。

避難元自治体から出発した調査としては、避難指示区域の自治体に基盤を置いて「強制避難者」の状況を調べるものと、区域外の自治体に基盤を置いて「自主避難者」「生活内避難者」の状況を調べるものがある。前者としては、福島大学復興制度研究所が福島県双葉郡8町村の全世帯を対象に実施した質問紙調査があり、そこでは避難過程における家族や地域の離散を指摘している（丹波 2012; 丹波・増市 2013）。また、同調査の自由回答データのテキストマイニング分析を行った大浦（2014）は、「家」への言及が帰還意図へと結びつき、「子供」への言及が非帰還意図と結びついていることを明らかにしている。

後者としては、「福島子ども健康プロジェクト」が、中通り9市町村の2008年度出生児とその母親を対象とした質問紙調査を継続的に実施し、放射能への被ばくそのものが直ちに被害の程度を決めるわけではなく、心理社会的要因・社会経済的要因が相互に関連し、複雑に絡み合って、具体的な被害を規定することなどを指摘している（成・牛島・松谷 2013; 成編 2015 など）。また、池田（2013）は郡山市と福島市での住民への聞き取り調査から、個人が危険と安全、受け入れられるリスクと受け入れられないリスクに折り合いをつけている様子を分析している。

受け入れ自治体から出発した調査は、福島県内や、避難者数の多い関東各県や山形県・新潟県などで、それぞれ実施されてきた。

福島県内では、吉原（2013a）が福島市や会津美里町の避難所での聞き取り調査をもとに、初期の避難行動において相双地区の地域コミュニティが「存在していたものの機能しなかった」と指摘している。埼玉県では、辻内（2012）と辻内ほか（2012）が埼玉県内に避難した福島県民2011世帯に対する質問紙調査から、回答者の「心的外傷後ストレス症状の度合い」が高いことなどを指摘している。また、西城戸・原田（2012）では、埼玉県内に避難した富岡町住民への聞き取りから、多様な避難プロセスやその後の生活状況、避難者の苦悩とそれらから推察される社会的な

課題を考察している。北関東 3 県では、「福島乳幼児妊産婦支援プロジェクト（FSP）」および「福島県乳幼児・妊産婦ニーズ対応プロジェクト（FnnnP）」所属の研究者たちが、自治体の協力を得ながら全避難者を対象とする共同調査を実施し、避難者が置かれた実情や子育て世代特有のニーズを把握するとともに、原発事故子ども・被災者支援法の実効化に向けた要望書を復興庁に提出している（原口 2013; 西村 2013; 坂本・匂坂 2014; など）。福岡県では、田代（2013）が田川市と福岡市での質問紙調査と聞き取り調査を踏まえて、遠方への避難を促した要因を明らかにしている。

また、受け入れ地域ごとの避難者の特性に対応して、「自主避難者」に特化した研究も見られる。山根（2013）は、山形県での聞き取り調査と質問紙調査をもとに、母子避難者が抱える問題として「住宅の確保、経済的負担」「生活の不安、孤立」「子育ての精神的、身体的負担」「父親との別居」「福島のコミュニティとの接続（進学、進級問題）」を指摘している。紺野・佐藤（2014）は秋田県での自主避難者への聞き取り調査から、避難の企図と過程、その中での家族の葛藤を明らかにしている。FnnnP の新潟チームは、新潟県内の自主避難者への聞き取り・質問紙調査をもとに、社会的・経済的・精神的に追い詰められた母子たちの孤独な状況を指摘している（高橋・渡邉・田口 2012）。関・廣本編（2014）は、佐賀県鳥栖市に避難した家族と協働で「作品集」を編むことで、「揺れ」からみえてくる自主避難の「痛み」と曖昧な「納得」という了解を拾い上げる。その他、加藤朋江（2013）は、首都圏から福岡市内に避難・移住した家族への聞き取りから、避難行為がもたらした世帯・職業・経済上の変化および親密圏の変化を指摘している。

周辺自治体のコミュニティに関する研究

第二に、原発周辺自治体のコミュニティに関する研究がある。震災・原発事故前には浜通り地域への学術的な関心は必ずしも高いとはいえなかったが、事故直後、福島第一原発の立地過程を通して「日本の戦後成長における地方の服従の様相」を分析した開沼（2011）が刊行されて話題を集めた。それ以降、とりわけ避難指示区域のいくつかの地域をフィールドとして、原発事故がもたらした影響に関する継続的な研究が実施されている。

中でも富岡町では、社会学広域避難研究会・富岡班が町民への聞き取り調査から出発し、「とみおか子ども未来ネットワーク」のタウンミーティング事業への参与観察、パネル調査を行っている。このうち、山下・山本・吉田・松薗・菅（2012）や山下（2013）では、家族内の分断や、事故前の産業構造による階層構造の格差、賠償格差の問題、避難先の住居の違いによる支援や待遇格差などを指摘し、佐藤（2013）は、地域復興に向けた政治的決定が急速に進行することによって問題が深刻化していることを指摘している。山下・市村・佐藤（2013）でも、原発避難をめぐるさまざまな言説が複雑に錯綜し、それが避難者を心理的に追い詰めていることを指摘し、原発避難の本質的な問題を理解するために、学習／理解／予測の繰り返しによって、悩みや問題を共有し、自らの生活や地域社会をより主体的に考えることの重要性を指摘している。その主体的な活動の帰結が、富岡町民によるタウンミーティングを通した「空間なきコミュニティ」の構築（山本ほか 2014）である。

楢葉町では、いわき明星大学の研究グループが町役場の協力のもと、行政関係者への聞き取り

調査や町民への質問紙調査を実施し、震災後の役場の災害対応や教育体制、住民の避難生活の実態や帰町意思、さらには高校生世代の進路選択並びに復興に対する意識などを明らかにしている（菅野・高木 2012; 高木・石丸 2014; 高木・大橋 2013 など）。また、関（2013）は楢葉町民への聞き取り調査の結果を踏まえて、「生活（life）の復興」の選択肢を増やしながら元の町とのつながり続ける仕組みを提起している。大熊町では、吉原（2013b）が聞き取り調査から、原発被災地域のコミュニティの問題を指摘し、「創発的コミュニティ」による地域再生の可能性を論じている。飯舘村については、佐藤（2012a; 2013a など）が震災前からの継続的なフィールドワークをもとに、全村避難の過程や、その後の仮置き場整備をめぐる動き、村民たちの暮らしぶりなどを詳細に記録している。

避難指示区域外としては、いわき市に関して、川副・浦野（2012）が地震・津波・放射能・風評被害の四重苦を抱える複雑な状況を整理するとともに、川副（2013; 2014）が避難者と受け入れ住民とのあつれきを災害過程で生じた社会構造的問題としてとらえ、線引きによって生まれた差が人々の間の対立を引き起こしてきたことを分析している。また、相馬市では齊藤（2012）が、放射線測定・除染などの市民活動に取り組む住民たちへの聞き取りをもとに、〈逗留者〉の「住むこと」をめぐる自己決定のプロセスと、〈受動的能動〉と呼べるようなボランティア化・ネットワーク化のプロセスを分析している。

その他、福島県外の「ホットスポット」問題として、柏市をフィールドに宝田（2012）が幼稚園における測定・除染の取り組みを、五十嵐泰正・「安全・安心の柏産柏消」円卓会議編（2012）が住民・生産者・流通業者・飲食店主の取り組みを、それぞれ記録している。

受け入れ地域の支援に関する研究

第三に、受け入れ地域の支援については、主に福島県外で行政・民間に関する研究が蓄積されてきた。受け入れ自治体の支援施策については、田並らが被災3県を除く全国の都道府県並びに市区町村に質問紙調査を実施し、「全国避難者情報システム」の効果と課題、自治体の避難者に対する支援の現状と課題を報告している。また、西城戸・原田（2013）では、埼玉県内において比較的多くの避難者を受け入れた9市町を対象に、危機管理に対する自治体対応の現状と課題を分析している。高橋（2014）では、新潟県が実施した「創発的」施策として、民間借上仮設住宅の早期導入と高速道路無料化措置を取り上げている。

民間の支援については、初期の避難所における支援体制について、須永（2012）がビックパレット、原田（2012）がさいたまスーパーアリーナ、松井（2011）が新潟県内の避難所への調査を踏まえた分析を行っている。その後の長期にわたる支援・受け入れ活動については、原田・西城戸（2013）が、埼玉県下の8市町で展開している避難者ネットワークの形成過程を明らかにし、行政が交流の拠点を作ることの重要性と、それを補完する支援者の存在、およびネットワークの維持を可能にする支援団体の存在を明らかにしている。松井（2013）では、新潟県内において強制避難者（柏崎市）・自主避難者（新潟市）という「棲み分け」がみられ、避難者の属性の違いに対応した支援がなされていることなどを明らかにしている。原口（2012）は茨城県内の茶話会の立ち上げ過程を記録し、山根（2013）は山形県で当事者がスタッフとなり自主運営で託児や居場

所づくりを行う「ケアの共助」の実践を記録している。宝田（2012）、後藤・宝田（2015）は岡山県と沖縄県で調査を行い、「時間・費用上の距離」に反して避難者を受け入れている要因として、自主避難者に照準を定めた民間の支援団体が早い段階で立ち上がったこと、インターネットを活用して情報発信を行ったこと、などを挙げている。それ以外にも、田代（2014）は宮崎県における避難・移住者のネットワークへの調査をもとに"新しい生活像"の模索と捉え、高橋（2013）は沖縄県の避難者支援活動を知事のリーダーシップ、各地の民間支援団体、個人ボランティアの3層構造として分析している。

福島県外と比べると県内における支援活動の調査は多くないが、西阪・早野・須永（2013）は県内の避難所や仮設住宅で、足湯活動における利用者とボランティアの相互行為を会話分析から明らかにしている。また、県内の「生活内避難者」への支援に関する研究として、西崎・照沼（2012）が福島市内の保養プロジェクトの役割と課題を明らかにしている。

今後の方向性

以上の成果を踏まえ、今後は以下の3つの方向性に議論を深めていく必要があるように思われる。

1つ目は、今後も母集団に留意しながら避難者（強制避難者、自主避難者、生活内避難者）の現状を把握し、ニーズを拾い上げていくとともに、原発事故がもたらした「被害」の総体を記録し、その経験的な一般化を行うことで、原発事故の被害が個別特殊ではないことを示すことにある。

この点については、舩橋（2014）が、原発災害を、個人の生活システムを支える自然環境・インフラ環境・経済環境・社会環境・文化環境という「5層の生活環境」の破壊と捉えており、除本（2012a; 2013a など）は「ふるさとの喪失」という被害に関する考察を進めている。また、藤川（2012）は、「選択の強要を受けること自体が被害であることを社会全体が認識して、加害側の構造を見直し、それを是正するための社会的責任を明確にする必要」を提起している。

本稿で取り上げたような個々の調査の成果を結集することが重要であり、避難の強要もしくは避難する／しないという選択の強要によって人々の生活がどのように破壊され傷つけられたのか、一般的なパターンが見出されるだろう。この知見は避難者支援や原発災害への対応にも応用できる。

2つ目は、被災地域の「コミュニティ」の今後を捉えていくことである。加藤眞義（2013）が指摘しているように、原発事故後、「子ども」や「コミュニティ」という本来は世代的再生産を促進し、住民のつながりを生み出すはずのシンボルが、住民間の分断と対立を招く契機となっている。そこに、避難生活の長期化や、賠償、中間貯蔵施設の建設などが絡まって、事態は一層複雑化している。

日本学術会議では、本稿で取り上げたいくつかの研究も参照しながら、社会学委員会が二重の住民登録、被災者手帳、セカンドタウンなどを盛り込んだ「第三の道」の政策パッケージを（日本学術会議社会学委員会東日本大震災の被害構造と日本社会の再建の道を探る分科会 2013; 2014）、東日本大震災復興支援委員会が個人の多様な選択を保証する「複線型復興」の政策を（日本学術会議社会学委員会東日本大震災の被害構造と日本社会の再建の道を探る分科会 2014）、それぞれ提言しているが、実現に至っていない。

各地の調査研究を踏まえながら、研究者たちが「避難者の選択の集積によって避難元／避難先

の地域社会／コミュニティがどのように再編されるのか」（高木 2014: 39）をともに考え、今後も提言を出していく必要があるだろう。

3つ目は、避難者「支援」をどう考えるかである。これまで支援をめぐる研究は、各地での取り組みに関与・追随するようなかたちで展開してきた。だが、公的支援が縮小していく中で、必要とされる支援の改変に伴う困難が生じたり、県内避難／県外避難、あるいは強制避難者／自主避難者／生活内避難者といった差異が、支援活動にも対立や分断をもたらしたりする場面が増える恐れがある。

今一度公的支援を根拠づけていくための権利論を提起することや、避難者のタイプごとに必要な支援の実践をまとめ、現場の取り組みや葛藤から浮かび上がる支援活動の論理を記録し、その一般的なかたちを示すことで、支援政策に還元していくことが求められているだろう。

注
1 『日本原子力学会誌 ATOMO Σ』2015 年 3 月号には、福島原発事故に対する日本学術会議および 39 の学会の取り組みがまとめられている。
2 社会科学では関連するテーマとして、原発事故を引き起こしたメカニズムに関する研究（松本 2012）、原発事故報道に関する研究（伊藤 2012）、原子力損害賠償制度に関する研究（遠藤 2012）、脱原発運動に関する研究（小熊編 2013）といった蓄積もある。また、法学者・弁護士によって賠償・補償や「避難する権利」に関する論考も多く出されているが（河﨑ほか 2012; など）、本稿では直接扱わない。
3 以下の記述は、西城戸・原田（2014）の第 2 節を元に改稿したものである。なお、同様の視点から先行研究を整理したものとして佐藤（2013）、山下・吉野（2013）、山本ほか（2014）があり、本稿の執筆にあたって参考にした。

引用文献（233-239 ページの原発避難関連文献一覧に含まれていないものに限る）
五十嵐泰正・「安全・安心の柏産柏消」円卓会議、2012『みんなで決めた「安心」のかたち ── ポスト 3.11 の「地産地消」をさがした柏の一年』亜紀書房
伊藤守、2012『テレビは原発事故をどう伝えたのか』平凡社
遠藤典子、2013『原子力損害賠償制度の研究 ── 東京電力福島原発事故からの考察』岩波書店
小熊英二編、2013『原発を止める人びと ── 3・11 から官邸前まで』文藝春秋
開沼博、2011『「フクシマ」論 ── 原子力ムラはなぜ生まれたのか』青土社
日本学術会議社会学委員会東日本大震災の被害構造と日本社会の再建の道を探る分科会、2013「原発災害からの回復と復興のために必要な課題と取り組み態勢についての提言」（2015 年 4 月 19 日取得、http://www.scj.go.jp/ja/info/kohyo/pdf/kohyo-22-t174-1.pdf）
日本学術会議社会学委員会東日本大震災の被害構造と日本社会の再建の道を探る分科会、2014「東日本大震災からの復興政策の改善についての提言」（2015 年 4 月 19 日取得、http://www.scj.go.jp/ja/info/kohyo/pdf/kohyo-22-t200-1.pdf）
日本学術会議東日本大震災復興支援委員会福島復興支援分科会、2014「東京電力福島第一原子力発電所事故による長期避難者の暮らしと住まいの再建に関する提言」（2015 年 4 月 19 日取得、http://www.scj.go.jp/ja/info/kohyo/pdf/kohyo-22-t140930-1.pdf）
松本三和夫、2012『構造災 ── 科学技術社会に潜む危機』岩波書店

Appendix 2
原発避難関連文献一覧

原田　峻（立教大学）

※ 2011 年 3 月〜 2015 年 5 月に刊行された、社会科学系の研究者およびジャーナリストによる原発避難関連の日本語文献（著書・論文）を中心に、著者名の五十音順に掲載した。

1　相川祐里奈、2013『避難弱者 —— あの日、福島原発間近の老人ホームで何が起きたのか?』東洋経済新報社
2　青田良介・津賀高幸、2014「福島第一原子力発電事故に伴う広域避難者を支援する中間支援組織について ——「東日本大震災支援全国ネットワーク（JCN）」「全国災後民間重建聯盟（全盟）」の事例から中間支援組織が抱える課題と持続可能な仕組みを考察する」『災害復興研究』6: 133-145
3　朝日新聞特別取材班、2012『生きる —— 原発避難民の見つめる未来』朝日新聞出版
4　朝日新聞特別報道部、2012『プロメテウスの罠 —— 明かされなかった福島原発事故の真実』学研
5　朝日新聞特別報道部、2012『プロメテウスの罠 2 —— 検証！ 福島原発事故の真実』学研
6　朝日新聞特別報道部、2013『プロメテウスの罠 3 —— 福島原発事故、新たなる真実』学研
7　朝日新聞特別報道部、2013『プロメテウスの罠 4 —— 徹底究明！ 福島原発事故の裏側』学研
8　朝日新聞特別報道部、2013『プロメテウスの罠 5 —— 福島原発事故、渾身の調査報道』学研
9　朝日新聞特別報道部、2014『プロメテウスの罠 6 —— ふるさとを追われた人々の、魂の叫び！』学研
10　朝日新聞特別報道部、2014『プロメテウスの罠 7 —— 100 年先まで伝える！ 原発事故の真実』学研
11　朝日新聞特別報道部、2014『プロメテウスの罠 8 —— 決して忘れない！ 原発事故の悲劇』学研
12　朝日新聞特別報道部、2015『プロメテウスの罠 9 —— この国に本当に原発は必要なのか!?』学研
13　池田陽子、2013「「汚染」と「安全」—— 原発事故後のリスク概念の構築と福島復興の力」トム・ギル／ブリギッテ・シテーガ／デビッド・スレイター編『東日本大震災の人類学 —— 津波、原発事故と被災者たちの「その後」』人文書院、165-200
14　今井照、2011a「原発災害避難者の実態調査（1 次）」『自治総研』393: 1-37
15　今井照、2011b「原発災害避難者の実態調査（2 次）」『自治総研』398: 17-41
16　今井照、2013「原発災害避難者の実態調査（3 次）」『自治総研』402: 24-56
17　今井照、2014a『自治体再建 —— 原発避難と「移動する村」』筑摩書房
18　今井照、2014b「原発災害避難者の実態調査（4 次）」『自治総研』424: 70-103
19　牛島佳代・成元哲・松谷満、2014「福島県中通りの子育て中の母親のディストレス持続関連要因 —— 原発事故後の親子の生活・健康調査から」『ストレス科学研究』29: 84-92
20　大島堅一、2011「福島第一原発事故の被害と今後の課題 —— 未曽有の環境災害を前にして」『環境と公害』41(1): 15-20
21　大島堅一・除本理史、2012『原発事故の被害と補償 —— フクシマと「人間の復興」』大月書店
22　大浦宏邦、2014「テキストマイニングによる原発事故避難者の帰還意図要因分析」『帝京社会学』27: 1-19
23　大橋保明・高木竜輔、2012「東日本大震災における楢葉町の災害対応（3）教育機能の維持・再編」『いわき明星大学大学院人文学研究科紀要』10: 63-74

24 開沼博、2012a「「難民」として原発避難を考える」山下祐介・開沼博編『「原発避難」論——避難の実像からセカンドタウン、故郷再生まで』明石書店、332-360

25 開沼博、2012b『フクシマの正義——「日本の変わらなさ」との闘い』幻冬舎

26 加藤朋江、2013「首都圏からの原発避難」庄司洋子編『シリーズ福祉社会学4 親密性の福祉社会学——ケアが織りなす関係』東京大学出版会、95-121

27 加藤眞義、2013「不透明な未来への不確実な対応の持続と増幅——「東日本大震災」後の福島の事例」田中重好・舩橋晴敏・正村俊之編『東日本大震災と社会学——大震災を生み出した社会』ミネルヴァ書房、259-274

28 金井利之、2012『原発と自治体——「核害」とどう向き合うか』岩波書店

29 金菱清編、2012『3.11 慟哭の記録——71人が体感した大津波・原発・巨大地震』新曜社

30 川副早央里、2013「原発避難者の受け入れをめぐる状況——いわき市の事例から」『環境と公害』42 (4): 37-41

31 川副早央里、2014「原子力災害後の政策的線引きによるあつれきの生成——原発避難者を受け入れる福島県いわき市の事例から」『早稲田大学総合人文科学研究センター研究誌』2: 19-30

32 川副早央里・浦野正樹、2011「原発災害の影響と復興への課題——いわき市にみる地域特性と被害状況の多様性への対応」『日本都市学会年報』45: 150-159

33 河﨑健一郎・菅波香織・竹田昌弘・福田健治、2012『避難する権利、それぞれの選択——被曝の時代を生きる』岩波書店

34 菅野昌史・石丸純一、2014「原発事故に伴う楢葉町民の避難生活 (2)——トラブル経験の実態」『いわき明星大学大学院人文学研究科紀要』12: 67-78

35 菅野昌史・高木竜輔、2012「東日本大震災における楢葉町の災害対応 (1) コミュニティの再生に向けて」『いわき明星大学大学院人文学研究科紀要』10: 36-51

36 菊池真弓、2013a「東日本大震災におけるいわき市の被災状況と生活——地域社会の復興に向けて」『社会学論叢』176: 13-30

37 菊池真弓、2013b「原発事故に伴う楢葉町民の避難生活——世帯分離に注目して」『社会学論叢』178: 15-31

38 木野龍逸、2013『検証 福島原発事故・記者会見2——「収束」の虚妄』岩波書店

39 木野龍逸、2014『検証 福島原発事故・記者会見3——欺瞞の連鎖』岩波書店

40 トム・ギル、2013「場所と人の関係が絶たれるとき——福島第一原発事故と「故郷（ふるさと）」の意味」トム・ギル／ブリギッテ・シテーガ／デビッド・スレイター編『東日本大震災の人類学——津波、原発事故と被災者たちの「その後」』人文書院、201-238

41 窪田文子・森丈弓・高木竜輔、2014「高校生のストレス反応に及ぼす原発避難の影響 (2)——避難生活におけるストレス反応」『いわき明星大学大学院人文学研究科紀要』12: 89-99

42 後藤範章・宝田惇史、2015「原発事故契機の広域避難・移住・支援活動の展開と地域社会の変容——石垣と岡山を主たる事例として」『災後の社会学』3: 41-61

43 紺野祐・佐藤修司、2014「東日本大震災および原発事故による福島県外への避難の実態 (1)——母子避難者へのインタビュー調査を中心に」『秋田大学教育文化学部研究紀要』69: 145-157

44 齊藤康則、2012「原発被災地における〈逗留者〉の「活動の論理」——原発45km圏＝相馬市におけるボランティアとネットワーク」『震災学』1: 156-185

45 阪本公美子、2012「原発震災を転換期として見直す開発のあり方——公共圏と国際学への示唆」『多文化公共圏センター年報』4: 41-53

46 阪本公美子・匂坂宏枝、2014「3.11 震災から2年半経過した避難者の状況——2013年8月栃木県内避難者アンケート調査より」『宇都宮大学国際学部研究論集』38: 13-34

47 匂坂宏枝・阪本公美子、2015「栃木県における避難者の損害賠償の現状——区域・家族構成に焦点を当てて」

『多文化公共圏センター年報』7: 30-42

48　佐藤彰彦、2012a「全村避難をめぐって──飯舘村の苦悩と選択」山下祐介・開沼博編『「原発避難」論──避難の実像からセカンドタウン、故郷再生まで』明石書店、91-137

49　佐藤彰彦、2012b「全村避難を余儀なくされた村に〈生きる〉時間と風景の盛衰」赤坂憲雄・小熊英二編『「辺境」からはじまる──東京/東北論』明石書店、44-88

50　佐藤彰彦、2013a「計画的避難・帰村・復興をめぐる行政・住民の葛藤」『社会政策』4（3）: 38-50

51　佐藤彰彦、2013b「原発避難者を取り巻く問題」『社会学評論』64（3）: 439-459

52　佐藤彰彦、2013c「地域と暮らしの復興をめぐって──福島県飯舘村における震災前後の政策過程からの示唆」『コミュニティ政策』11: 67-85

53　佐藤彰彦、2015「長期化する原発避難の実態と復興政策の現実」『サステナビリティ研究』5: 5-18

54　重田康博、2015「原発震災後の被災者支援を巡る国家と市民社会のあり方に関する考察──市民社会の役割と課題」『多文化公共圏センター年報』7: 43-54

55　清水奈名子、2014「原発事故子ども・被災者支援法の課題──被災者の健康を享受する権利の保障をめぐって」『社会福祉研究』119: 10-18

56　清水奈名子、2015a「危機に瀕する人間の安全保障とグローバルな問題構造──東京電力福島原発事故後における健康を享受する権利の侵害」（前編）『宇都宮大学国際学部研究論集』39: 37-50

57　清水奈名子、2015b「危機に瀕する人間の安全保障とグローバルな問題構造──東京電力福島原発事故後における健康を享受する権利の侵害」（後編）『宇都宮大学国際学部研究論集』39: 51-66

58　鈴木浩、2013「福島の「居住権」とは──「被災者・被災地に寄り添う」ことの意味」平山洋介・斎藤浩編『住まいを再生する──東北復興の政策・制度論』岩波書店、165-180

59　須永将史、2012「大規模避難所の役割──ビッグパレットふくしまにおける支援体制の構築」山下祐介・開沼博編『「原発避難」論──避難の実像からセカンドタウン、故郷再生まで』明石書店、198-230

60　関礼子、2013「強制された避難と「生活（life）の復興」」『環境社会学研究』19: 45-60

61　関礼子編、2015『"生きる"時間のパラダイム──被災現地から描く原発事故後の世界』日本評論社

62　関礼子・廣本由香編、2014『鳥栖のつむぎ──もうひとつの震災ユートピア』新泉社

63　成元哲、2014「放射能災害下の子どものウェルビーイング──福島原発事故後の中通りの親子の生活と健康調査から」『東海社会学会年報』6: 7-24

64　成元哲編、2015『終わらない被災の時間──原発事故が福島県中通りの親子に与える影響（ストレス）』石風社

65　成元哲・牛島佳代・阪口祐介ほか、2014「放射能災害下の子どものウェルビーイングの規定要因──原発事故後の福島県中通り9市町村の親子の生活・健康調査から」『環境と公害』44（1）: 41-47

66　成元哲・牛島佳代・松谷満、2013「終わらない被災の時間──原発事故後の福島県中通り9市町村の親子の不安、リスク対処行動、健康度」『中京大学現代社会学部紀要』7（1）: 109-167

67　成元哲・牛島佳代・松谷満、2014「1,200 Fukushima Mothers Speak──アンケート調査の自由回答にみる福島県中通りの親子の生活と健康」『中京大学現代社会学部紀要』8（1）: 91-194

68　成元哲・牛島佳代・松谷満、2015「700 Fukushima Mothers Speak──2014年アンケート調査の自由回答にみる福島県中通りの親子の生活と健康」『中京大学現代社会学部紀要』8（2）: 1-74

69　高木竜輔、2012「いわき市における避難と受け入れの交錯──「オール浜通り」を目指して」山下祐介・開沼博編『「原発避難」論──避難の実像からセカンドタウン、故郷再生まで』明石書店、303-331

70　高木竜輔、2013「長期避難における原発避難者の生活構造──原発事故から1年後の楢葉町民への調査から」『環境と公害』42（4）: 25-30

71　高木竜輔、2014「福島第一原発事故・原発避難における地域社会学の課題」『地域社会学会年報』26: 29-44

72　高木竜輔・石丸純一、2014「原発事故に伴う楢葉町民の避難生活（1）──1年後の生活再建の実相」『いわき

明星大学人文学部研究紀要』27: 22-39

73　高木竜輔・大橋保明、2013「原発事故後における高校生の避難生活と意識──楢葉町を事例として」『いわき明星大学大学院人文学研究科紀要』11: 31-44

74　高木竜輔・森丈弓・窪田文子、2014「高校生のストレス反応に及ぼす原発避難の影響（1）──調査結果の概要」『いわき明星大学大学院人文学研究科紀要』12: 79-88

75　高田昌幸、2011『@Fukushima──私たちの望むものは』産学社

76　高橋征仁、2013a「沖縄県における原発事故避難者と支援ネットワークの研究（1）──弱い絆の強さ」『山口大学文学会志』63: 79-97

77　高橋征仁、2013b「弱い絆の強さ──沖縄県における原発事故避難者レポート」『建築雑誌』128（1646）: 6-7

78　高橋征仁、2014「社会学におけるコンコルドの誤謬──フクシマ問題に寄せて」『西日本社会学会年報』12: 95-104

79　高橋征仁、2015a「沖縄県における原発事故避難者と支援ネットワークの研究（2）──定住者・近地避難者との比較調査」『山口大学文学会志』65: 1-16

80　高橋征仁、2015b「低線量被ばく問題をめぐる母親たちのリスク認知とリスク低減戦略──千葉県・茨城県の汚染状況重点調査地域を中心にして」『災害復興学研究』7: 55-78

81　髙橋若菜、2012「新潟における福島乳幼児・妊産婦家族と地域社会の受容──福島原発事故後の市民社会を考える」『アジア・アフリカ研究』52（3）: 16-47

82　髙橋若菜、2014「福島県外における原発避難者の実情と受入れ自治体による支援──新潟県による広域避難者アンケートを題材として」『宇都宮大学国際学部研究論集』38: 35-51

83　髙橋若菜・田口卓臣編、2014『お母さんを支えつづけたい──原発避難と新潟の地域社会』本の泉社

84　髙橋若菜・渡邉麻衣・田口卓臣、2012「新潟県における福島からの原発事故避難者の現状の分析と問題提起」『多文化公共圏センター年報』4: 54-69

85　宝田惇史、2012「「ホットスポット」問題が生んだ地域再生運動──首都圏・柏から岡山まで」山下祐介・開沼博編『「原発避難」論──避難の実像からセカンドタウン、故郷再生まで』明石書店、267-302

86　たくきよしみつ、2011『裸のフクシマ──原発30km圏内で暮らす』講談社

87　田口卓臣・阪本公美子・髙橋若菜、2011「放射線の人体への影響に関する先行研究に基づく福島原発事故への対応策の批判的検証──なぜ乳幼児・若年層・妊産婦に注目する必要があるのか？」『宇都宮大学国際学部研究論集』32: 27-48

88　田代英美、2013「東日本大震災による遠方への避難の諸要因と生活再建期における課題」『西日本社会学会年報』11: 63-75

89　田代英美、2014「原発避難・移住者への新たな支援活動の可能性」『福岡県立大学人間社会学部紀要』23（1）: 13-21

90　田並尚恵、2012「東日本大震災における県外避難者への支援──受入れ自治体調査結果から」『災害復興研究』4: 15-24

91　田並尚恵、2013「災害が家族にもたらす影響──広域避難を中心に」『家族研究年報』38: 15-27

92　丹波史紀、2012「福島第一原子力発電所事故と避難者の実態──双葉8町村調査を通して」『環境と公害』41（4）: 39-45

93　丹波史紀・増市徹、2013「広域避難──避難側・受け入れ側双方の視点から」平山洋介・斎藤浩編『住まいを再生する──東北復興の政策・制度論』岩波書店、181-204

94　辻内琢也、2012「原発事故避難者の深い精神的苦痛──緊急に求められる社会的ケア」『世界』835: 51-60

95　辻内琢也ほか、2012「原発避難者への官民協同支援体制の構築──埼玉県を事例に」『日本心療内科学会誌』16: 261-268

96 土井妙子、2012「福島原発事故をめぐる避難情報と避難行動 —— 双葉郡各町村に着目して」『環境と公害』42（1）: 34-40

97 直野章子、2011『被ばくと補償 —— 広島、長崎、そして福島』平凡社

98 中手聖一・河﨑健一郎、2012「日本版チェルノブイリ法の可能性と「避難する権利」」『現代思想』40（9）: 154-166

99 中手聖一・河﨑健一郎、2013「原発事故による自主避難者の権利保障 —— その現状と課題」『現代思想』41（3）: 186-194

100 西城戸誠・原田峻、2012「原発・県外避難者の困難と「支援」のゆくえ —— 埼玉県における避難者と自治体調査の知見から」舩橋晴俊・長谷部俊治編『持続可能性の危機 —— 地震・津波・原発事故災害に向き合って』御茶の水書房、191-220

101 西城戸誠・原田峻、2013「東日本大震災による県外避難者に対する自治体対応と支援 —— 埼玉県の自治体を事例として」『人間環境論集』14（1）: 1-26

102 西阪仰・早野薫・須永将史ほか、2013『共感の技法 —— 福島県における足湯ボランティアの会話分析』勁草書房

103 西崎伸子・照沼かほる、2012「「放射性物質・被ばくリスク問題」における「保養」の役割と課題 —— 保養プロジェクトの立ち上げ経緯と 2011 年度の活動より」『行政社会論集』25（1）: 31-67

104 西村淑子、2013「福島原発事故の被害と国の責任」『群馬大学社会情報学部研究論集』20: 61-75

105 根本志保子、2012「金銭換算できない精神的苦痛の考察 —— 浪江町避難住民からの聞き取り調査より」『環境と公害』42（1）: 47-50

106 長谷部俊治、2015「原発事故被災地再生政策の転換 —— 地域政策からのアプローチ」『サステナビリティ研究』5: 51-64

107 原口弥生、2012「福島原発避難者の支援活動と課題 —— 福島乳幼児妊産婦ニーズ対応プロジェクト茨城拠点の活動記録」『茨城大学地域総合研究所年報』45: 39-48

108 原口弥生、2013「東日本大震災にともなう茨城県への広域避難者アンケート調査結果」『茨城大学地域総合研究所年報』46: 61-80

109 原田峻、2012「首都圏への遠方集団避難とその後 —— さいたまスーパーアリーナにおける避難者／支援者」山下祐介・開沼博編『『原発避難』論 —— 避難の実像からセカンドタウン、故郷再生まで』明石書店、231-266

110 原田峻・西城戸誠、2013「原発・県外避難者のネットワークの形成条件 —— 埼玉県下の 8 市町を事例として」『地域社会学会年報』25: 143-156

111 日隅一雄・木野龍逸、2012『検証 福島原発事故・記者会見 —— 東電・政府は何を隠したのか』岩波書店

112 日野行介、2013『福島原発事故 県民健康管理調査の闇』岩波書店

113 日野行介、2014『福島原発事故 被災者支援政策の欺瞞』岩波書店

114 広河隆一、2011『福島 原発と人びと』岩波書店

115 福島民報社編集局、2013『福島と原発 —— 誘致から大震災への 50 年』早稲田大学出版部

116 福島民報社編集局、2014『福島と原発 2 —— 放射線との闘い + 1000 日の記憶』早稲田大学出版部

117 福島民報社編集局、2015『福島と原発 3 —— 原発事故関連死』早稲田大学出版部

118 福田健治・河﨑健一郎、2013a「「被曝を避ける権利」の確立を —— 「原発事故子ども・被災者支援法」の可能性と課題」『世界』838: 234-241

119 福田健治・河﨑健一郎、2013b「「被曝を避ける権利」はなぜ具体化しないのか —— たなざらしにされる「原発事故子ども・被災者支援法」」『世界』847: 179-188

120 藤川賢、2012「福島原発事故における被害構造とその特徴」『環境社会学研究』18: 45-59

121 藤川賢、2014「福島原発事故における被害の拡大過程と地域社会」『環境と公害』44（1）: 35-40

122 藤川賢、2015「福島原発事故による避難住民の生活と地域再生への方向性 —— 浪江町による住民アンケート

（2012年6月実施）二次分析報告」『明治学院大学社会学部付属研究所　研究所年報』45: 43-60

123　舩橋淳、2012『フタバから遠く離れて —— 避難所からみた原発と日本社会』岩波書店

124　舩橋淳、2014『フタバから遠く離れてⅡ —— 原発事故の町からみた日本社会』岩波書店

125　舩橋晴俊、2013「震災問題対処のために必要な政策議題設定と日本社会における制御能力の欠陥」『社会学評論』64（3）: 342-363

126　舩橋晴俊、2014「「生活環境の破壊」としての原発震災と地域再生のための「第三の道」」『環境と公害』43（3）: 62-67

127　堀畑まなみ、2012「飯舘村にみる地域づくりの破壊 —— 原子力災害が奪ったもの」『環境と公害』42（1）: 41-46

128　増田和高・辻内琢也・山口摩弥ほか、2013「原子力発電所事故による県外避難に伴う近隣関係の希薄化 —— 埼玉県における原発避難者大規模アンケート調査をもとに」『厚生の指標』60（8）: 9-16

129　松井克浩、2011『震災・復興の社会学 —— 2つの「中越」から「東日本」へ』リベルタ出版

130　松井克浩、2013「新潟県における広域避難者の現状と支援」『社会学年報』42: 61-71

131　松田曜子・津賀高幸、2014「福島第一原発事故による広域避難者支援活動を行う民間団体に向けた公的資金の交付状況に関する考察」『災害復興研究』6: 147-156

132　松谷満・牛島佳代・成元哲、2013「福島原発事故後の健康不安・リスク対処行動の社会的規定因」『中京大学現代社会学部紀要』7（1）: 89-107

133　松谷満・牛島佳代・成元哲、2014「自治体別にみる福島原発事故後の意識と行動 ——「福島子ども健康プロジェクト」（2013年）調査報告」『中京大学現代社会学部紀要』7（2）: 151-174

134　松谷満・成元哲・牛島佳代ほか、2014「福島原発事故後における「自主避難」の社会的規定因 —— 福島県中通り地域の母子調査から」『アジア太平洋レビュー』12: 68-77

135　松薗祐子、2013「警戒区域からの避難をめぐる状況と課題 —— 帰還困難と向き合う富岡町の事例から」『環境と公害』42（4）: 31-36

136　丸山徳次、2013「「信頼」への問いの方向」『倫理学研究』43: 24-33

137　丸山徳次、2015「「母子避難」の悲劇性と持続可能社会への希求」『龍谷哲学論集』29: 1-15

138　向井忍、2014a「広域避難者支援の到達点と支援拠点及び体制の課題 —— 愛知での経験から」『災害復興研究』6: 65-107

139　向井忍、2014b「原子力災害における広域避難とその支援のための基本法の必要性について」『災害復興研究』6: 109-131

140　村上道夫・小野恭子・保高徹生、2013「除染後の被曝量と帰還意志」『環境と公害』42（4）: 42-48

141　森岡梨香、2013「立ち上がる母 —— 受身の大衆とマヒした政府の間で戦う女性たち」トム・ギル／ブリギッテ・シテーガ／デビッド・スレイター編『東日本大震災の人類学 —— 津波、原発事故と被災者たちの「その後」』人文書院、239-268

142　柳澤孝主・菊池真弓、2012「東日本大震災における楢葉町の災害対応（2）　避難先における福祉機能の維持と家族機能の再編に向けて」『いわき明星大学大学院人文学研究科紀要』10: 52-62

143　山下祐介、2012「東日本大震災と原発避難 —— 避難からセカンドタウン、そして地域再生へ」山下祐介・開沼博編『「原発避難」論 —— 避難の実像からセカンドタウン、故郷再生まで』明石書店、19-56

144　山下祐介、2013『東北発の震災論 —— 周辺から広域システムを考える』筑摩書房

145　山下祐介・市村高志・佐藤彰彦、2013『人間なき復興 —— 原発避難と国民の「不理解」をめぐって』明石書店

146　山下祐介・吉田耕平・原田峻、2012「ある聞き書きから —— 原発から追われた町、富岡の記録」山下祐介・開沼博編『「原発避難」論 —— 避難の実像からセカンドタウン、故郷再生まで』明石書店、57-90

147　山下祐介・開沼博編、2012『「原発避難」論 —— 避難の実像からセカンドタウン、故郷再生まで』明石書店

148　山下祐介・山本薫子・吉田耕平ほか、2012「原発避難をめぐる諸相と社会的分断 —— 広域避難者調査に基づ

く分析」『人間と環境』38（2）: 10-21

149　山中茂樹、2011『震災漂流者――「人間復興」のための提言』河出書房新社
150　山根純佳、2013「原発事故による「母子避難」問題とその支援――山形県における避難者調査のデータから」『山形大学人文学部研究年報』10: 37-51
151　山本薫子・佐藤彰彦・松薗祐子ほか、2014「原発避難者の生活再編過程と問題構造の解明に向けて」『災後の社会学』2: 23-41
152　山本薫子・高木竜輔・佐藤彰彦ほか、2015『原発避難者の声を聞く――復興政策の何が問題か』岩波書店
153　山本薫子・高木竜輔・山下祐介ほか、2013「原発避難をめぐる社会調査と研究者の役割――社会学広域避難研究会富岡班による研究活動」『災後の社会学』1: 35-46
154　除本理史、2012a「原発事故による住民避難と被害構造」『環境と公害』41（4）: 32-38
155　除本理史、2012b「福島原発事故と地域の固有価値――福島県飯舘村の被害を念頭に」『経営研究』63（3）: 55-70
156　除本理史、2013a『原発賠償を問う――曖昧な責任、翻弄される避難者』岩波書店
157　除本理史、2013b「原発賠償と生活再建」平山洋介・斎藤浩編『住まいを再生する――東北復興の政策・制度論』岩波書店、205-223
158　除本理史、2013c「「復興の加速化」と原発避難自治体の苦悩――避難指示区域の再編と被害補償をめぐって」『世界』845: 208-216
159　除本理史、2013d「原発事故被害の回復と賠償・補償はどうあるべきか――「ふるさとの喪失」を中心に」『環境と公害』43（2）: 37-43
160　除本理史、2013e「福島原発事故における絶対的損失と被害補償・回復の課題――「ふるさとの喪失」と不動産賠償を中心に」『經營研究』64（3）: 25-41
161　除本理史、2014a「原子力損害賠償紛争審査会の指針で取り残された被害は何か――避難者・滞在者の慰謝料に関する一考察」『経営研究』65（1）: 1-28
162　除本理史、2014b「被害者が求めるものは何か」『世界』862: 169-175
163　除本理史、2015「原発賠償の問題点と分断の拡大――復興の不均等性をめぐる一考察」『サステナビリティ研究』5: 19-36
164　除本理史・尾崎寛直・土井妙子、2013「現地報告 福島県大熊町の原発避難者に対する聞き取り調査」『環境と公害』42（3）: 50-54
165　吉田耕平、2012「原発避難と家族――移動・再会・離散の背景と経験」山下祐介・開沼博編『「原発避難」論――避難の実像からセカンドタウン、故郷再生まで』明石書店、138-197
166　吉田耕平・原田峻、2012「原発周辺自治体の避難の経緯」山下祐介・開沼博編『「原発避難」論――避難の実像からセカンドタウン、故郷再生まで』明石書店、365-389
167　吉原直樹、2013a「地域コミュニティの虚と実――避難行動および避難所からみえてきたもの」田中重好・舩橋晴敏・正村俊之編『東日本大震災と社会学――大震災を生み出した社会』ミネルヴァ書房、47-69
168　吉原直樹、2013b『「原発さまの町」からの脱却――大熊町から考えるコミュニティの未来』岩波書店
169　吉原直樹・仁平義明・松本行真編、2015『東日本大震災と被災・避難の生活記録』六花出版
170　渡戸一郎、2014「東日本大震災と都市／地域社会学の課題――原発被災地／避難者の問題を中心に」『明星大学社会学研究紀要』34: 49-75

あとがき

　福島の子どもたちを守る法律家ネットワーク（Save Fukushima Children Lawyers' Network 略称SAFLAN）は、原発事故に伴う区域外避難（自主避難）者への支援が遅れていることを懸念した東京や福島の子育て世代の弁護士を中心に、原発事故後の2011年7月に結成された。自分たち自身の多くが20代〜30代の子育て世代であり、子どもたちを抱えたまま途方に暮れていた親御さんたちに共感と連帯の気持ちを持ったことが活動の発端だった。必ずしも放射線被ばくや公害問題の専門家が集まって組織となったのではなく、共に歩みながら学び続けた4年間であったといえる。

　以来、現地での法律相談活動や講演会を皮切りに、自主避難問題の社会問題化、損害賠償の基準設定への働きかけ、立法運動、各種のADRや訴訟手続きへの支援を継続して行ってきた。

　私たちは被災された方々への現場活動をベースにしながら、法的問題解決（損害賠償）と、立法的問題解決（政策提言）の二本柱で活動を続けてきた。そうした中、原発避難の全体像があまりに大きく、複雑化しており、また、国がそれらの基礎データを十分に把握していないこと、そして、そうした基礎データの不在が、放射線被ばくの健康リスクを巡る議論において、建設的な討論を阻害していることを痛感した。

　10年、20年先を見て、現時点で集められる限りのデータと知見を集めながら、歴史の検証に堪えうる基礎資料を作る必要がある、との思いが、本白書プロジェクト参加に繋がった。

　放射線被ばくの健康被害をめぐる議論は、その多くが乱暴な言葉の用い方や感情的な対立でデッドロックに陥り、ますます当事者間の亀裂を深める方向に作用しがちである。

　本書に示された多くの基礎データが、冷静で建設的な議論の一助になることを願っている。

SAFLAN共同代表・弁護士
河﨑健一郎

　関西学院大学災害復興制度研究所は、1995年1月の阪神・淡路大震災をきっかけに、主として人文・社会科学の側面から災害復興の研究に従事する機関として2005年1月に設立された。以降、日本では数多くの災害が発生し、研究所においても、毎年1月に全国各地から被災した当事者を招き「全国被災地交流集会」を開くなどして、復興の過程にある当事者と専門家との間で知識の共有に努めた。その根底にあるのは、設立当初から変わらない「人間復興」の理念−すなわち、「被災者の再生」「個人の復興」に焦点を当てた姿勢である。実は、復興の過程において「居住地から遠く離れて避難生活を送らざるを得ない人々」の存在は、設立当初から研究所の主要な関心のひとつであった。阪神・淡路大震災における「県外避難者」が実態把握されるのに2年も要し、行政対応も不完全だったという点、また三宅島噴火災害（2000年）後の全島避難では農漁業に従事していた人々が職を転々とせざるを得なかった事実などを調査によって明らかにし、紀要や刊行物にまとめてきた。次に東海・東南海の巨大地震や首都直下地震が発生すればより大規模に「広域・長期避難」が発生することは明らかであったから、そのために避難者の把握、生活支援を一貫して行える諸制度の整備を主張していた。

　しかし、広域避難対策についての議論は成熟することなく、2011年3月に東日本大震災と東京電力福島第一原発事故は発生した。2013年の「全国被災地交流集会」には福島や関東地域から避難した方々が多数参加したが、自治体間格差の話題を聞いた関西の聴衆が「繰り返されていることに驚いた」と感想を述べた。

　こうした中、原発避難問題に関する「白書」をつくろうという動きは、2013年度の「広域避難者支援制度研究会」の参加者、なかでもJCNやSAFLANのメンバーと対話を重ねるなかで生まれた。その当時の問題意識は、「原発避難」という大

規模で複雑な現象の大枠を描きたい、避難者一人ひとりの課題が個別化してゆく中で、できるだけ網羅的に記録を残しておきたい、そもそも誰もまとめない、政府にも把握する気がないのなら、自分たちでまとめなければならない、といったものだった。

このようにして企画が始められた「原発避難白書」が、このたび多くの方の協力を得て刊行される。原発避難問題は現在、福島県が自主避難者への住宅支援打ち切りを発表するなど、日本が経験した数多の災害や公害問題の教訓に加えられるどころか、避難者自体の存在が「なかったこと」にされるという危険的な状況にある。これでは、今を生きる避難者にさらなる苦悩を強いた上に、私たちはこの経験から何も学ばないことになってしまう。

この「白書」ができるだけ多くの人の手に渡り、現在進行形の問題が少しでも避難者の意向に沿った形で解決されること、および、将来にわたり原発避難問題の不条理さが伝達されていくことを願っている。

関西学院大学災害復興制度研究所研究員・特任准教授
松田曜子

真っ黒な巨大津波が防潮堤を乗り越えてくるあの映像は、今でも脳裏に焼き付いている。あの日、全国のNPO・NGO・ボランティアが力を合わせて支援をしなければならないと考え、有縁の人々が集い、JCNは誕生した。発足当初は、修羅場と化した広範な沿岸部被災地、加えて、原発事故の影響でゴーストタウン化してしまっていた強制避難区域と周辺の市町、また原発避難者で溢れかえり混乱を極めた郡山市ビッグパレットふくしまや各避難所などへの対応に、支援者側も奔走した。そして、震災から約2ヵ月後のGWを過ぎたあたりから、「広域避難者」は全国に及ぶことが明らかになった。

おおよそ人の道理として、加害者が被害者に償うことは当然のことである。しかし、今回の事故を巡っては、東電や国の対応が十分であるとは言い難い現状が続いている。例えば、2013年9月にパブリックコメントが実施され、結果として4963件もの多くの意見が寄せられた。文句があるなら出せと言わんばかりに、被害者が加害者に届け出なければならないとは、そもそもいかがなものか。そして、件の意見はことごとくないがしろにされ、子ども被災者支援法においても、このまま骨抜きにされたまま、「風化」という自然消滅を待っているかのような状態にある。つまり、端から『対話』自体が成立していない。まるで、あの真っ黒な巨大津波にも似た「不誠実」が、被害者の心をことごとくなぎ倒しているかのようだ。自然現象は止められないが、人間の行為は改められるはずである。

だから、せめて『場』づくりは、民間レベルであっても続けなければならない。避難した地域によって受ける行政サービスが違うということはそもそもおかしいが、それでもよく目を凝らすと、『対話』ができ、可能な対策を講じてくれる行政もある。

避難者に一番近い位置にいる私たち支援者は、全国各地で本当に悲痛な様々な叫びを聞いてきた。「故郷を離れ、自分たちだけ避難してきた私は本当に罪深い」と自らを責め続けるAさん、「主人が病で倒れ、今無収入で暮らしが本当にきつい」と訴えたBさん、「生まれ育った故郷へ帰りたい、でも帰るということは親が我が子を殺すことだ」と涙ながらに叫んだCさん、「私たちが笑っていても、心から笑っているとは思わないで」と漏らしたDさん……。すべては、原発事故さえなかったら、それぞれの幸せの中で普通に暮らしていた一般市民である。

JCNでは2011年から全国各地の情報を集め、2012年からは避難者支援に取組む様々な団体を対象にした『場』として「広域避難者支援ミーティング」を全国各地で開催するなど、避難者支援に取組む市民団体のネットワークの構築、拡充を支援している。そして2013年からはこれらの活動を通じて、どこにもまとめられていない「原発避難」という問題を関西学院大学復興制度研究所、SAFLANとともに白書にするという活動を始めた。

この白書が多くの方々に読まれることで、より多くの理解と支援の輪が広がることを願ってやまない。どうか、どんな状況に陥っても「決して絶望しないでほしい、あなたの声を聴かせて」と強く叫びたい。

東日本大震災支援全国ネットワーク（JCN）代表世話人
栗田暢之

編集・執筆者一覧

[編集幹事（執筆者）]
- 松田　曜子　関西学院大学災害復興制度研究所 特任准教授
- 河﨑健一郎　弁護士・福島の子どもたちを守る法律家ネットワーク（SAFLAN）
- 橋本　慎吾　東日本大震災支援全国ネットワーク（JCN）
- 津賀　高幸　東日本大震災支援全国ネットワーク（JCN）
- 木野　龍逸　ジャーナリスト
- 吉田　千亜　ママレボ編集部
- 大城　　聡　弁護士・福島の子どもたちを守る法律家ネットワーク（SAFLAN）
- 福田　健治　弁護士・福島の子どもたちを守る法律家ネットワーク（SAFLAN）
- 江口　智子　弁護士・福島の子どもたちを守る法律家ネットワーク（SAFLAN）

[編集委員（執筆者）]
- 栗田　暢之　東日本大震災支援全国ネットワーク（JCN）代表世話人／認定特定非営利活動法人レスキューストックヤード 代表理事／愛知県被災者支援センター センター長
- 石垣　正純　弁護士・福島の子どもたちを守る法律家ネットワーク（SAFLAN）
- 丹治　泰弘　司法書士・福島の子どもたちを守る法律家ネットワーク（SAFLAN）
- 市村　高志　特定非営利活動法人とみおか子ども未来ネットワーク 理事長
- 高橋　征仁　山口大学人文学部 教授
- 田並　尚恵　川崎医療福祉大学医療福祉学部 准教授
- 原田　　峻　立教大学コミュニティ福祉学部 助教

[編集委員]
- 岩田　　渉　特定非営利活動法人市民科学者国際会議 代表
- 丸山　輝久　東日本大震災による原発事故被災者支援弁護団 共同代表・弁護士
- 柿崎　弘行　弁護士
- 定池　祐季　東京大学大学院情報学環総合防災情報研究センター 特任助教
- 山中　茂樹　関西学院大学災害復興制度研究所 顧問

[執筆者]
- 日野　行介　毎日新聞特別報道グループ
- 尾松　　亮　ロシア研究者
- 津久井　進　弁護士・阪神・淡路まちづくり支援機構
- 町田　徳丈　毎日新聞社会部（前特別報道グループ）
- 遠藤　智子　一般社団法人社会的包摂サポートセンター 事務局長
- 太田　久美　特定非営利活動法人チャイルドライン支援センター 専務理事・事務局長
- 成　　元哲　中京大学現代社会学部 教授／福島子ども健康プロジェクト 代表
- 原口　弥生　茨城大学人文学部 教授／ふうあいねっと 代表
- 西城戸　誠　法政大学人間環境学部 教授
- 林　　浩靖　東日本大震災による原発事故被災者支援弁護団・弁護士

[編集協力者]
- 畠山　順子　特定非営利活動法人あきたパートナーシップ 副理事長
- 齋藤　和人　特定非営利活動法人山形の公益活動を応援する会・アミル 代表理事
- 目崎智恵子　ぐんま暮らし応援会
- 千明　長三　社会福祉法人片品村社会福祉協議会
- 吉田　真也　社会福祉法人東京都社会福祉協議会
- 加納　佑一　広域避難者支援連絡会in東京／東京ボランティア・市民活動センター
- 金子　和巨　特定非営利活動法人かながわ避難者と共にあゆむ会
- 村上　岳志　一般社団法人 FLIP 代表理事
- 佐藤勝十志　滋賀県内避難者の会 世話人代表
- 古部真由美　まるっと西日本 代表世話人
- はっとりいくよ　うけいれネットワークほっと岡山
- 飯田　真一　一般社団法人 市民ネット　代表理事
- 古田ひろみ　『うみがめのたまご』〜3.11ネットワーク〜 代表
- 桜井　野亜　福島避難者のつどい 沖縄じゃんがら会 会長
- 熊澤　美帆　福島の子どもたちを守る法律家ネットワーク（SAFLAN）
- 吉原　博紀　福島の子どもたちを守る法律家ネットワーク（SAFLAN）
- 稲村　宥人　福島の子どもたちを守る法律家ネットワーク（SAFLAN）

原発避難白書

2015年9月10日　初版第1刷発行
2017年3月15日　初版第3刷発行

編　者　関西学院大学 災害復興制度研究所
　　　　東日本大震災支援全国ネットワーク（JCN）
　　　　福島の子どもたちを守る法律家ネットワーク（SAFLAN）
発行者　渡辺博史
発行所　人文書院
　　　　〒612-8447
　　　　京都市伏見区竹田西内畑町9
　　　　電話　075（603）1344
　　　　振替　01000-8-1103
装　幀　田端 恵　㈱META
印　刷　株式会社文化カラー印刷
製　本　大口製本印刷株式会社
©JIMBUNSHOIN, 2015 Printed in Japan
ISBN978-4-409-24104-2　C0036
（落丁・乱丁本は小社郵送料負担にてお取替えいたします）

JCOPY 〈(社)出版者著作権管理機構　委託出版物〉
本書の無断複写は著作権法上での例外を除き禁じられています。複写される場合は、そのつど事前に、(社)出版者著作権管理機構（電話　03-3513-6969、FAX　03-3513-6979、e-mail: info@jcopy.or.jp）の許諾を得てください。

好評既刊書

日野行介・尾松亮
フクシマ6年後　消されゆく被害
―― 歪められたチェルノブイリ・データ

1800円

福島原発事故後、多発が露見している甲状腺がん。だが国は、唯一の参照先であるチェルノブイリ・データを都合よく歪め、事故との因果関係を否定する根拠として用いることで、強引に幕引きを図ろうとしている。気鋭のジャーナリストとロシア研究者が暴くこの国の暗部。

佐藤嘉幸・田口卓臣
脱原発の哲学

3900円

福島第一原発事故から5年、ついに脱原発への決定的理論が誕生した。科学、技術、政治、経済、歴史、環境などあらゆる角度から、かつてない深度と射程で論じる巨編。小出裕章氏・大島堅一氏推薦。

アドリアナ・ペトリーナ 著／粥川準二 監修／森本麻衣子・若松文貴 訳
曝された生
―― チェルノブイリ後の生物学的市民

5000円

緻密なフィールドワークに基づいて、放射線被害を受けた人々の直面する社会的現実を明らかにするのみならず、被害自体が、被災者個人、汚染地域、ウクライナ国家の、また国際的な科学研究、政治・経済的かけひきの契機となっている現状を鮮やかに捉える。

小熊英二・赤坂憲雄 編著
ゴーストタウンから死者は出ない
―― 東北復興の経路依存

2200円

大震災が徐々に忘れられる中、原発避難者には賠償の打ち切りが迫り、三陸では過疎化が劇的に進行している。だが日本には、個人を支援する制度がそもそもない。復興政策の限界を歴史的、構造的に捉え、住民主体のグランドデザインを描くための新たな試み。

赤坂憲雄
司馬遼太郎　東北をゆく

2000円

イデオロギーの専制を超えて、人間の幸福を問いつづけた司馬遼太郎は、大きな旅の人であった。その人は見つめようとしていた、東北がついに稲の呪縛から解き放たれるときを。いくつもの東北へ。いま、それぞれの道行き。

山本昭宏
核エネルギー言説の戦後史 1945-1960
――「被爆の記憶」と「原子力の夢」

2400円

敗戦からの15年間、原爆と原子力という二つの「核」をめぐって何が言われ、人々はそれをどのように受け止めたのか、中央メディアから無名作家たちのサークル誌までを博捜し社会全体を描き出す、1984年生まれの新鋭デビュー作。

トム・ギル、ブリギッテ・シテーガほか編
東日本大震災の人類学
―― 津波、原発事故と被災者たちの「その後」

2900円

3・11被災地での徹底したフィールドワークを基にした民族誌。被災地となった東北への思い、避難生活の在り様、あるいはジャーナリストやボランティアとして被災地に集まった人々が直面した困難など、それぞれ独自の視点から描く。

表示価格（税抜）は2017年2月現在